수학은 어떻게 문명을
만들었는가

수학은 어떻게 문명을 만들었는가

—

2022년 9월 21일 초판 1쇄 발행
2024년 6월 5일 초판 8쇄 발행

—

지은이 마이클 브룩스
옮긴이 고유경
펴낸이 김관영
책임편집 유형일
마케팅지원 배진경, 임혜솔, 송지유, 장민정

—

펴낸곳 (주)로크미디어
출판등록 2003년 3월 24일
주소 서울시 마포구 마포대로 45 일진빌딩 6층
전화 02-3273-5135
팩스 02-3273-5134
편집 02-6356-5188
홈페이지 http://rokmedia.com
이메일 rokmedia@empas.com

—

ISBN 979-11-408-0028-5 (03410)
책값은 표지 뒷면에 적혀 있습니다.

—

- 브론스테인은 로크미디어의 건강, 과학 도서 브랜드입니다.
- 잘못 만들어진 책은 구입하신 서점에서 교환해 드립니다.

인간의 문명과 역사를 이끈 놀라운 수학에 관하여

수학은 어떻게 문명을

→ *The Art of More* ←

마이클 브룩스 지음

고유경 옮김

만들었는가

BRONSTEIN

저자·역자 소개

저자 · 마이클 브룩스

마이클 브룩스는 서식스 대학교에서 양자 물리학 박사 학위를 받은 과학 전문 작가이자 저널리스트로, 복잡한 과학 연구와 발견을 대중에게 쉽게 풀어내는 일로 명성을 얻었다. 〈뉴 사이언티스트〉 에디터를 거쳐 현재 자문위원으로 활동 중이며, 〈가디언〉, 〈인디펜던트〉, 〈옵서버〉, 〈타임스 하이어 에듀케이션〉 등 여러 매체에 글을 기고하고 있다. 과학과 수학의 중요성을 강조하는 브룩스는 2010년에 뉴 사이언티스트의 동료 에디터였던 수미트 폴 차우두리Sumit Paul-Choudhury와 함께 영국의 과학적 역량을 끌어올리기 위해 과학당Science Party을 창당하기도 했다. 영국 헤이 페스티벌Hay Festival, 에든버러 페스티벌Edinburgh Festival, 첼트넘 문학 페스티벌Cheltenham Literature Festival, 상하이 문학 페스티벌Shanghai Literature Festival, 선데이 타임스 교육 페스티벌Sunday Times Festival of Education, 미국 자연사 박물관American Museum of Natural History, 뉴욕대학교 등에 초청돼 과학 강연을 진행한 바 있으며, 영국 문화원British Council에서 과학 저널리즘 강의를 진행하기도 했다. 브룩스는 영국 BBC 2 뉴스나이트Newsnight, BBC 라디오 4 투데이Today에 여러 차례 출연했으며, 미국 폭스 비즈니스 네트워크Fox Business Network, 캐나다 TV온타리오TVOntario 등 다양한 나라의 방송 프로그램에 출연하기도 했다. 주요 저서로는 베스트셀러 《이해할 수 없는 13가지 일들13 Things That Don't Make Sense》, 2017년에 데일리 텔레그래프가 올해의 책으로 선정한 《양자 점성가의 지침서The Quantum Astrologer's Handbook》 등이 있다.

역자 · 고유경

영국 카디프대학교 저널리즘 스쿨에서 언론학 석사학위를 받았다. 입시 학원에서 수학을 가르치면서 글밥 아카데미 출판 번역과정을 수료해 바른번역 소속 번역가로도 활동하고 있다. 《수학님은 어디에나 계셔》, 《내 생애 한번은 수학이랑 친해지기》, 《밤의 살인자》, 《너는 여기에 없었다》, 《나, 책》, 청소년 과학 교양잡지 〈OYLA〉(공역) 등을 우리말로 옮겼다.

수학을 좋아하든 싫어하든, 아니면 단지 수학을 더 잘 이해하고 싶든 이 책을 펼친 모두를 환영합니다. 수학을 경험할 수 있는 영역은 무척 많습니다. 그리고 처음부터 저는 이 책이 그 모든 영역에 다가갈 수 있길 바랐습니다. 그래서 되도록 쉽게 그곳으로 안내하고 싶었지만 때로는 뭔가를 제대로 이해하려면 아주 조금은 노력을 들일 만하다고 생각했습니다. 말하자면 학교에서 배우는 현실 수학, 즉 그래프, 방정식, 미적분 등이 이 책에 약간 포함돼 있습니다. 물론 제가 친절하게 설명할 테지만 그중 하나라도 성가시거나 그냥 마음 편히 이 책을 즐기고 싶다면 그 부분은 건너뛰세요. 인생은 이미 너무 짧답니다.

머리말

숫자를 다루는 기술이 인간의 가장 위대한 업적인 이유

1992년 6월 미국 심리학자 피터 고든Peter Gordon은 브라질 아마조니아 마이시 강변의 나뭇잎이 우거진 초가집 마을로 여행을 갔다.[1] 외따로 떨어져 있는 피라하족Pirahã族 사이에서 기독교 선교사로 활동하는 친구 대니얼 에버렛Daniel Everett을 만나기 위해서였다. 에버렛은 고든에게 피라하족은 숫자를 다소 너그럽게 대한다고 말했다. 기본적으로 그들은 굳이 숫자를 신경 쓰지 않는다는 것이었다. 흥미를 느낀 고든은 좀 더 알아보기로 했다.

고든은 정글에 가져온 AA 건전지 뭉치로 실험을 시작했다. 그는 건전지 몇 개를 한 줄로 늘어놓은 뒤 피라하족에게 그 옆에 같은 개수의 건전지로 다른 줄을 만들어 달라고 부탁했다. 피라하족은 별 어려움 없이 건전지 1개, 2개 또는 3개짜리 줄을 늘어놓았다. 하지만 4개, 5개, 6개짜리 줄은 정확히 맞추기 힘들어했고 건전지 10개로 된 줄은 아예 만들지 못했다. 종이 위의 표식을 옮겨달라고 요청했을 때도 마찬가지였다. 표식이 1개나 2개라면 곧잘 따라 적었지만 6개부터는 그 누구도 감당하지 못했다. 고든이 보기에 피라하족은 숫자를 모르는 것 같았다. 아마도 그럴 필요가 없었기 때문인 듯했다. 피라하족의 단순한 삶의 방식만 봐도 그들의 뇌는 숫자 개념을 형성할 이유가 없었다.

숫자가 없어도 사람들이 행복하게 지낼 수 있다는 건 놀라운 일이다. 우리는 숫자가 우리 일상에 깊이 자리 잡고 있다는 사실을 무의식적으로 인식하고 있기 때문이다. 다만 우리가 주목하기 전까지는 숫자가 우리 생활 방식이나 제도, 사회 기반시설을 구축했다는 사실을 알아주지 않을 뿐이다. 사업이나 주거, 의료, 정치, 전쟁, 농업, 예술, 여행, 과학, 기술 등 우리 존재의 거의 모든 면이 수학적 토대 위에 세워진다. 그래서 수학이 반드시 있을 필요가 없다는 걸 알게 되면 더욱 놀랍다.

타고난 숫자 능력에 관한 한 우리는 수많은 다른 종보다 더 나을 게 없다.[2] 인간은 현재 '대략적인 숫자 감각'이라고 알려진 것만 지닌 채 태어난다.[3] 우리 뇌는 원래 3개 이상의 것이 있으면 구체적으로 따지지 않는다. 아기가 4개의 사과를 보면 아기 눈은 그 장면을 '많음' 또는 '더 많음'으로 기록한다. 따라서 우리가 숫자를 세는 방식은 '1, 2, 3, 더 많음'이다. 쥐나 침팬지, 새, 원숭이의 뇌 역시 대략적인 숫자 체계를 사용한다. 지렛대를 5번 누른 쥐에게 보상을 주면 쥐는 다시 한 번 보상을 바라며 5번에 가까운 횟수로 지렛대를 누른다. 사람들은 침팬지도 숫자와 관련된 더 정교한 작업을 하도록 가르쳤다. 예를 들어 숫자의 순서를 기억하는 것이다. 이따금 침팬지는 훈련받지 않은 성인보다 숫자를 더 잘 기억한다. 하지만 훈련에는 보상이 따라야 한다. 침팬지는 재미 삼아 수학을 시작하진 않는다. 물론 인간도 마찬가지다. 인간은 문화적 압박 때문에 숫자 세는 법을 익혔다. 이런 압박은 흥미로운 지점, 즉 수학이 중요하다는 뿌리 깊은 문화적 지혜에서 비롯됐다.

튜더 왕가의 수학자이자 신비주의자인 존 디John Dee는 수학을 일컬어 '초자연적이고 영원하고 이성적이고 단순하고 나눌 수 없는 것과 자연적이고 영원하지 않고 감성적이고 복잡하고 나눌 수 있는 것을 묘하게 넘나드는 것'이라고 했다.[4] 말장난처럼 들릴지 모르지만 수학은 초자연적이다. 우리가 자연을 넘어서기 위해 수학을 이용했다는 점에서 그렇다. 수학을 발전시키는 동안 마치 신처럼 자연의 양식과 대칭을 해부하거나 분해하며 우리 삶에 도움이 되는 쪽으로 재구성할 수 있었다. 수학을 통해 우리 자신이 인간으로서 더 나은 경험을 누릴 수 있도록 주변 세상을 형성했다. 그 첫 번째 도약은 4까지 세는 것이었고 결국 우리는 문명을 탄생시켰다. 우리 뇌는 '더 많음'을 세는 기술을 익히자 복잡한 추상적 개념을 다룰 수 있게 됐다. 단지 많고 적음을 세야 하는 것이 아닌, 도형, 점, 선, 각 등 기하학에도 숫자를 활용할 수 있는 세상에서 편안하게 성장했다. 그래서 우리는 종이 위나 나무 구체 위 또는 머릿속에서 지구처럼 거대하고 복잡한 물체를 재구성하고 그 주위를 탐색하는 능력을 기를 수 있었다. 또 아는 숫자와 모르는 숫자를 세상을 통제하고 재설계하기 위해 조작 가능한 기호로 재창조했다. 그 기호는 주문, 최적화 및 운송이라는 놀라운 위업을 수행하고 있다. 혹시 궁금해할까 봐 말하는데 이게 대수학이다. 심지어 우리는 주변에서 일어나는 변화가 가져올 미래를 계산으로 예측할 수 있다. 이 계산을 미적분이라고 한다. 미적분을 이용하면 자유 시장 자본주의에서 달 착륙에 이르기까지 인간의 다양한 열망을 실현할 수 있다.

우리는 이런 수학을 일찍 배우거나 배우도록 돼 있다. 학교에서 수학은 필수 지식이고 성공으로 향하는 여권이며 꼭 배워야 하는 과목이 틀림없다. 그래서 우리는 고분고분하게 때로는 마지못해 수학적 도구를 이해하고 사용하는 법을 열심히 배운다. 몇몇은 그 시간을 즐기지만 대부분은 그렇지 않다. 그러다 어느 순간 우리는 거의 모두 수학을 포기하고 만다.

그 순간 이후로는 수학을 배우는 사람이 거의 없을 것이다.

그 뒤로 몇 년이 지나는 동안 어렵사리 얻은 수학 기술은 쇠퇴하고 기초 지식만 손가락 끝에 남는다. 요즘에는 밥값을 똑같이 나누는 데 필수 도구인 휴대전화 계산기 같은 기술의 도움이 없으면 비교적 간단한 숫자만 더하거나 뺄 수 있다. 어쩌면 곱셈과 나눗셈도 조금은 할 수 있을지 모른다. 그 외에는 다 잃어버렸다. 심지어 숫자와의 접촉은 어떻게든 피하는 '수학 공포증'에 걸렸을 수도 있다. 아니면 수학이 자신의 능력 밖이라고 생각할지도 모른다. 수학은 '나와 맞지 않아' 하고.

만일 그 사람이 당신이라면 이 책이 당신의 마음을 바꾸길 바란다. 수학이라는 놀라운 업적은 모든 사람의 것이다. 숫자를 잘 다루든 아니든 상관없다. 우리는 모두 수천 년 동안 인간의 뇌가 수학으로 작업해 온 방식에서 혜택을 입었다. 그리고 수학으로 얻은 교육적 성취가 무엇이든 우리에게는 그 성취에 관여할 권리가 있다. 왜 뉴턴의 미적분이 타지마할만큼 경이롭고, 바빌로니아 대수학에도 그들의 공중 정원만큼 대단한 아름다움이 있다는 걸 알아볼 수 없을까? 수학에 대한 적절한 감상은 단순히 우리가 전통적으로 아름답다고 여기는 것과 같지 않다. 어떻게 아름다운 것으로 가치 있는 것을 만들었는지 아는 것에 가깝다. 예술품이든 건축물이든, 페르메이르Vermeer의 그림이든 이스탄불의 장엄한 성소피아대성당Hagia Sophia이든 수학이 그 창조를 도왔다는 사실을 깨닫는 것이다. 수학의 이런 영향력은 미학적 주제를 뛰어넘는다. 인간의 이야기는 그 자체로 수학과 떼려야 뗄 수 없는 관계다. 신대륙을 향한 콜럼버스의 여정은 삼각형의 속성을 이해하는 데 의존했고 현대 기업 세계는 숫자를 파악할 수 있는 능력에서 탄생했다. 수학은 르네상스를 만든 조각가의 끌과 수 세기 동안 군사적 성공을 이끈 탄약을 제공했다. 언어가 다른 사람끼리 상호 이익이 되는 무역을 할 수 있게 한 통역관이었고 인간을 달에 데려다준 연료였다. 20세기 초 세상을 전기화한 불꽃이자 고대 모든 왕좌의 뒤를 지킨 힘이다. 그러니 4,000년 전 우르 왕조의 슐기왕King Shulgi of Ur이 수학적 능력으로 숭배받은 건 당연한 일이다.

나는 이런 내용을 학교에서는 전혀 배우지 못했다. 단지 모든 수학 시험에 어떻게 통과하는지, 때로는 자동차 가속도 혹은 로켓을 궤도로 보내는 추진력을 어떻게 수학으로 계산하는지만 배웠다. 하지만 수학이 우리 종족에 어떤 영향을 미쳤는지, 우리가 어떻게 수학을 발명할 수 있었는지는 전혀 배운 적이 없다. 그래도 아직 늦지 않았다. 수학 실력 쌓기를 포기한 지 수십 년이 지났다 해도 우리는 여전히 수학에서 기쁨과 의미를 찾을 수 있다.

내가 수학적 한계에 부딪혔던 순간이 아직도 떠오른다. 1987년 10월 영국 남부 서식스대학교에서 물리학 학사 과정을 막 시작했을 때, 나는 한 강의실에 있었다. 정확한 주제는 기억나지 않지만 고급 수학 기법을 배우는 첫 수업이었다. 하지만 수업 내용이 너무 어려운 데다 어차피 선택 과목이라 그냥 강의실을 걸어 나왔다. 당신의 사연은 나와 다르겠지만 어느 순간 우리는 모두 마지막 수학 수업을 떠났다. 다행히도 우리 뒤에 있는 강의실 문은 닫히지 않았다. 그러니 다시 돌아가 보자.

차례

CHAPTER ❻ 허수
우리는 어떻게 전기 시대의 불을 밝혔을까 279

CHAPTER ❼ 통계
우리는 어떻게 더 나은 세상을 만들었을까 327

CHAPTER ⑧ 정보이론
우리는 어떻게 현대를 창조했을까

산술

우리는 어떻게 문명을 이룩했을까

인간은 숫자를 세야 한다는 강박으로 진화하지 않았다.

하지만 숫자와 산술을 발명한 뒤에는 결국 그 발명품에 의지할 수밖에 없었다.

사람들은 숫자로 나라를 다스리고 세금을 부과하고 물자를 거래할 수 있었다.

그 결과 상호의존적인 거대한 공동체에서 살아갈 발판을 마련할 수 있었다.

마침내 산술과 그 산물, 즉 분수, 음수 그리고 0의 개념은

경제적, 정치적 성공의 원동력이 됐다.

수치를 다루는 사람은 노동자와 국가, 심지어 지구의 미래까지 결정하고 있다.

그리고 이 모든 일은 숫자 4를 이해하는 지적 도약에서 비롯됐다.

15세기 초반 메디치 은행은 피렌체의 자랑이자 유럽의 선망 대상이었다.[1] 메디치 은행의 성공 비결은 간단했다. 메디치 은행 회계 담당이었던 조반니 벤치Giovanni Benci는 장부를 꽤 열심히 작성하는 데다 거래 약정서도 꼼꼼히 확인하는 인물이었다. 그리고 매년 모든 지점의 계좌를 감사해 채무자 상태와 지급 불이행 가능성을 점검했다. 만약 당신이 은행 지점 중 하나를 관리하는데 그 지점의 회계장부가 제대로 맞지 않는다면 벤치가 당신을 불러 목을 잘랐을 것이다. 하지만 1455년 벤치가 세상을 뜨자 모든 게 무너졌다.

깐깐한 벤치에게서 갑작스레 해방된 메디치 은행 직원은 모든 투자에 10퍼센트 수익을 보장하겠다고 큰소리치는 요즘 은행처럼 고객에게 너무 후한 수익을 약속하기 시작했다. 하지만 약속한 이자를 지급하려면 돈을 조달해야 했고 이는 치명적인 대출 정책으로 이어졌다. 메디치 은행은 터무니없는 금리로 대출을 제공했고 전쟁 자금이 절실했던 유럽 왕실과 귀족은 은행의 제안을 흔쾌히 받아들였다. 하지만 그들은 부채를 갚을 의향이 없었다. 결국 메디치 은행은 대출을 상환받을 방법이 없어 돈을 잃고 말았다. 한편 메디치 은행의 동업자들은 보이지 않는 지급 약속으로 부풀려진 장부에 눈독을 들였고 사적인 지출을 위해 사업에서 부당이득을 취했다. 그들의 사치와 허영은 기승을 부렸고 은행의 현금은 고갈됐다. 1478년 메디치 은행은 붕괴하기 시작했다. 메디치 은행 설립자의 증손자인 로렌초 데메디치^{Lorenzo de' Medici}는 개인 파산에 직면하자 공금을 횡령했다. 격분한 피렌체 시민은 1494년 메디치궁을 습격해 모든 은행 기록에 불을 질렀다. 한 세기 동안 유럽의 문화, 정치, 금융 자본을 지배한 메디치 은행은 연기처럼 사라졌다.

세상을 바꾼 회계의 힘을 보여준 역사적 증거의 다음 타자는 프랑스혁명과 함께 등장했다. 프랑스혁명의 발발 원인은 회계사 자크 네케르^{Jacques Necker} 해임 사건을 추적하면 알 수 있다. 네케르는 망가진 프랑스 금융 체계를 바로잡고 심각한 국가 부채를 줄이려고 부단히 노력했다. 그리고 그 과정에서 프랑스 왕실의 방탕하고 부도덕한 만행을 폭로했다. 금융 개혁으로 엄청난 돈을 잃은 지배계급은 네케르의 간섭이 너무 부담됐다. 결국 네케르는 재무장관직에서 물러나야 했지만 충성스럽고 위험한 추종자들을 얻었다.

역사학자 프랑수아 미네François Mignet는 프랑스혁명이 일어난 순간을 이렇게 묘사한다. 격앙된 카미유 데물랭Camille Desmoulins이 권총을 손에 든 채 탁자 위로 뛰어올랐다.[2] "시민 여러분! 지체할 시간이 없습니다!" 젊은 반란군 데물랭이 외쳤다. 그리고 네케르의 해임이야말로 모든 프랑스 국민의 애국심을 향한 모욕이자 위협이라고 힘줘 말했다. "이제 방법은 하나뿐입니다. 모두 무기를 듭시다!" 데물랭의 구호에 군중은 거리로 몰려들었다. 그리고 해임된 재무장관 네케르의 흉상을 어깨에 메고 시위를 벌였다. 미네는 이 순간을 다음과 같이 평가한다. '모든 위기에는 지도자가 필요하다. 그리고 지도자의 이름은 그 무리의 기준이 된다. 국민의회가 법원과 논쟁을 벌이는 동안 그 지도자는 네케르였다.'

네케르의 개혁 운동은 혁명과는 거리가 먼 부분에 초점을 맞췄다. 네케르는 장부의 균형을 맞추고 싶었다. 그래서 모든 회계장부를 공개한 영국 의회에 주목했다. 영국 의회는 전쟁 자금 마련을 위해 해외에서 막대한 돈을 빌렸지만 국가 재정은 탄탄했다. 네케르는 프랑스도 영국과 같은 투명함을 갖추게 하겠다고 결정했다. 네케르에 따르면 균형 잡힌 장부야말로 도덕적이고 번영하며 행복하고 강력한 정부의 토대였다. 네케르는 프랑스 정부의 무질서한 장부를 자신이 직접 감사할 장부를 기반으로 한 단일 계정으로 간소화하려 했다. 권력자들은 네케르의 개혁이 탐탁지 않았지만 평민들은 크게 호응했다. 역사학자 제이컵 솔Jacob Soll이 말했듯이 '프랑스혁명은 부분적으로 정부의 책임과 정확한 숫자에 대한 싸움에서 시작됐다'.[3]

외국 금융 체계를 부러워한 나라는 프랑스뿐만이 아니다. 미국 경제를 떠받치는 기둥인 세입 및 달러, 중앙은행은 주로 네덜란드와 영국의 금융 관행을 따랐다. 당시 미국은 은행도 없는 데다 빚에 허덕이고 있었다. 1781년 알렉산더 해밀턴Alexander Hamilton은 '무역 발전을 위해 발명된 가장 바람직한 엔진'이 은행이라고 주장했다.[4] 또 영국의 통치에서 벗어나려면 회계장부를 이해하고 통제해야 한다고 강조했다. 해밀턴은 '전쟁을 통해서가 아니라 공공 신용 회복을 통해 국가 재정의 질서를 세워야 한다. 그래야 마침내 우리 목적을 이룰 수 있다'며 '대영제국이 그토록 수많은 전쟁에서 대승을 거둘 수 있었던 엄청난 노력은 사실상 이 같은 토대에서 키운 막대한 신용 구조에 빚지고 있다. 이것만으로도 그들은 우리의 독립을 위협한다'고 말했다.

해밀턴은 초대 재무장관으로서 필요한 모든 대책을 세워 초기 미국을 파산의 수렁에서 구해냈다. 1803년 해밀턴의 재정적 기지 덕분에 미국은 충분한 국채를 마련하며 당시 영토의 2배에 달하는 루이지애나주를 프랑스로부터 매입할 수 있었다. 어쩌면 사람들은 뮤지컬 〈해밀턴〉을 즐기며 미국 건국의 아버지 중 1명을 추앙할지 모르지만 경제 사학자들은 해밀턴의 재정적 신중함에 찬사를 보낸다. 수학자들은 그 신중함이 숫자를 터득하는 데서 오는 힘의 증거라고 생각한다.

숫자 세는 법 배우기

수학을 당연하게 생각하면 안 된다. 현생 인류, 즉 '슬기로운 사람'인 호모사피엔스는 약 30만 년 동안 존재해 왔고 인류가 만든 최소 10만 년 된 공예품도 발견됐다. 하지만 셈에 관한 가장 오래되고 믿을 만한 기록은 약 2만 년 전 것으로, 현재 콩고민주공화국으로 알려진 이상고Ishango 지역에서 발견된 이상고 뼈다. 이상고 뼈 표면에는 일련의 긴 눈금이 3칸으로 나뉘어 새겨져 있고 각 칸은 다시 여러 묶음으로 나뉘어 있다. 정확하게 알 수는 없지만 눈금 하나가 '1'을 나타낸다고 생각해도 그리 큰 무리는 아닌 것 같다. 아마 눈치챘을 테지만 2개의 눈금은 '2'를 말한다. 전체적으로 이 눈금은 달 주기 계산 방식처럼 보인다.[5]

비교적 최근에 만들어진 이 뼈는 셈법이 지능에 따른 당연한 결과물이 아니라 대기만성형 기술임을 시사한다. 우리 머릿속 뇌는 최초의 호모사피엔스 머리뼈 속 뇌와 대체로 비슷하다. 우리 종족의 역사 대부분 동안 슬기로운 사람은 숫자에 전혀 신경을 쓰지 않았던 것 같다.

하지만 일단 우리가 숫자를 이해하고 나자 그 이점은 분명했다. 그래서 아마 숫자 세는 법을 배웠다는 기억조차 떠올리지 못하는 것 같다. 셈은 대부분의 인류 문화에서 매우 귀중한 기술이라 인간은 기억을 영원히 저장하기 전부터 숫자를 세기 시작했을 것이다. 그리고 장담컨대 당신도 손가락으로 숫자 세는 법을 배웠을 것이다.[6]

내가 처음으로 손가락셈을 진지하게 생각해 본 건 쿠엔틴 타란티노Quentin Tarantino 감독의 폭력적인 전쟁 영화 〈바스터즈: 거친 녀석들Inglourious Basterds〉(2009)을 봤을 때였다(물론 공공장소나 슈퍼마켓에서 그날 밤 저녁 파티 손님 수를 손가락으로 세고 있다는 걸 깨달은 당황스러운 순간을 제외하고). 지하 술집이 배경인 어떤 장면에서 한 영국인이 독일인인 척하고 있었다. 그 남자는 검지, 중지, 약지를 들고 술집 주인에게 술 3잔을 달라고 했다. 영국인과 함께 나란히 바에 앉아 있던 독일 장교는 자신의 술친구가 사기꾼임을 바로 알아차렸다. "방금 자네 정체를 드러냈군, 대위." 독일 장교가 말했다.

독일인은 '1'을 셀 때 엄지손가락을 쓴다. 따라서 독일인이라면 엄지와 다음 두 손가락으로 술 3잔을 주문했을 것이다.[7] 아시아는 손가락셈 방식이 다르다. 인도에서 자란 내 친구 소날리는 손가락 마디 선으로 셈하는 법을 배웠다. 인도 마하라슈트라주 상인들은 또 다른 방식으로 숫자를 센다.[8] 독일인처럼 처음에는 엄지로 시작하지만 5가 되면 다른 쪽 엄지(일반적으로 오른쪽)를 들어 '5'가 됐음을 나타낸다. 이때 다시 왼손으로 주먹을 쥐고 오른쪽 엄지를 들면 '6'이 된다.

마하라슈트라주 상인과 거래한다고 상상해 보자. 처음에는 혼란스럽겠지만 말을 전혀 하지 않아도 얼마를 내야 하는지 금세 알아낼 수 있을 것이다. 손가락셈 덕에 글이나 대화 없이도 상거래가 가능하기 때문이다. 당신은 그저 원하는 값을 양손으로 나타내고 1에서 수백, 수천으로 늘어나는 숫자를 손가락으로 셈하는 법을 알기만 하면 된다.

그래서 고대사회의 거의 모든 구성원에게는 손가락 기호 교육이 꼭 필요했다. 심지어 가장 고립된 공동체조차 언어가 다를지 모를 뜨내기 장사꾼들과 물물교환도 했을 것이다. 아리스토파네스Aristophanes는 기원전 4세기에 쓴 책에서 손가락셈은 고대 그리스와 페르시아의 흔한 관행이라고 말한다. 로마 작가 쿠인틸리아누스Quintilianus는 손가락셈을 망설이다 호되게 망신을 당한 변호사 얘기를 쓴 적도 있다. 아즈텍족은 손가락 기호를 쓰는 남성들을 그림으로 묘사했고 중세 유럽에서는 손가락셈이 매우 보편적이어서 루카 파치올리Luca Pacioli가 1494년 쓴 유명한 수학책 《산술집성Suama de Asscemetica, Geometica, Propotiolo e Propotalita》에 완전한 그림으로 설명한 손가락셈이 포함되기도 했다. 18세기 후반 독일 탐험가 카르스텐 니부어Carsten Niebuhr는 아시아 시장 상인들이 다양한 형태로 서로의 손가락을 잡고 비밀 협상을 진행하는 모습을 설명했다. 니부어에 따르면 상인들은 자기들만 볼 수 있도록 넉넉한 소매 안이나 손목에 걸친 큰 천 조각 아래 손을 숨겼다.

언제나 숫자를 나타내는 수단은 문화마다 다양했기 때문에 장사꾼이 되려는 학생들은 숫자 기호를 꼼꼼히 익혀야 했다. 고대 아랍 세계의 노력에서 엿볼 수 있듯이 시인이나 교사는 운율이나 격언으로 이를 가르쳤다. '칼리드는 90디르함을 갖고 떠났고 돌아왔을 때는 그 돈의 3분의 1만 남아 있었다.' 우리에게는 도움이 될 것 같지 않지만 아라비아 손가락 기호로 90이라는 숫자는 엄지 아래쪽으로 검지를 단단히 감아 나타냈다. 90의 3분의 1인 30은 검지 끝에 엄지 끝을 붙여 훨씬 넓은 원으로 나타냈다. 여기에는 칼리드가 돈을 도둑맞았을 뿐만 아니라 비역질당했다는 뜻이 함축돼 있다. 아마 이제 당신도 90과 30을 나타내는 고대 기호를 평생 기억할 것이다.

손가락 기호가 어디에나 있는 이유는 인간이 숫자의 가치를 깨닫자마자 숫자에 능숙해진 이유와 관련 깊다. 바로 이런 거다. 세상에 태어나 첫 5년 동안 우리 뇌는 놀이나 실험, 자극을 접하며 손가락 감각 또는 '그노시스gnosis'를 발달시킨다. 그노시스란 각 숫자를 따로따로 처리하고 감지하는 능력이다. 얼마 후 당신의 뇌는 손가락의 내적 표상을 지니기 시작하고 이 표상은 당신이 처음 숫자를 다루기 시작할 때 도움을 준다.[9] 손가락의 장점은 보고 느끼고 움직일 수 있다는 것이다. 5개씩 2개의 조합이 있고 각각에는 굴곡이 다르게 배열된 마디가 있다. 만약 당신이 눈앞에 있는 사물에 '몇 개'라는 개념을 부여할 수단을 조합한다면 열심히 손가락 끝을 붙였다 뗄 것이다.

뇌 스캔 사진을 보면 뺄셈과 같은 수학적 작업을 할 때 손가락 입력을 처리하는 뇌 영역이 행동을 개시한다는 사실을 알 수 있다. 만약 처리하는 숫자가 크면 뇌 회로가 더욱 활성화된다. 흥미롭게도 뺄셈을 특히 잘한다면 뇌의 손가락 회로는 그리 활성화되지 않는다. 달리 말하자면 일에 능숙하기에 수고를 덜한다는 것이다. 어릴 적, 특히 〈하나, 둘, 신발 끈을 매One, two, buckle my shoe〉와 같은 노래로 숫자를 셀 때 손가락 쓰는 법을 배우지 않았다면 실제로 숫자 개념을 '갖지' 못할 수도 있다는 점에 주목할 필요가 있다.[10] 이것이 바로 몇몇 사람들이 수학을 어려워하는 이유 중 하나다.

이제 손가락으로 숫자를 셀 줄 알게 됐다면 다음 단계에서는 분명 그 숫자를 적기 시작할 것이다. 하지만 숫자를 사용할 필요가 없다면 굳이 적을 필요도 없다. 필경 맞흥정과 물물교환 같은 거래를 하는 순간에도 이를 계산하고 확인할 필요가 없다. 그럼 우리는 무엇 때문에 숫자를 기록하게 됐을까? 숫자를 기록하면 종교의식과 관련 있는 천체 현상, 즉 초승달이나 일식 등을 예측할 수 있다. 또는 재고와 가격 목록을 만들거나 향후 어느 시점에 매매하겠다는 약속을 문서화할 수도 있다. 어쩌면 숫자를 적는 일은 종교적 관행으로 시작됐겠지만 거래라는 그 다음 단계로 나아갈 수 있게 해줬다. 그 기원이 어떻든 숫자 기록은 오늘날 우리가 누리고 있는 번영으로 곧장 이어졌다.

회계 혁명

누가 처음으로 숫자를 기록했는지는 아무도 모른다. 어쩌면 이 상고 뼈의 눈금은 인류의 수학적 여정이 시작된 지 한참 뒤에 새겨졌을지도 모른다. 하지만 두 가지는 확실하다. 첫째는 무수한 형태의 숫자 표기법이 있었다는 것이다. 눈금 새긴 뼈를 시작으로 잉카 매듭, 바빌로니아 점토판, 이집트 파피루스 그리고 마침내 20세기에는 전자회로가 내장된 마이크로 칩 등이 등장했다. 둘째는 재정 장부를 기록하는 새로운 능력의 혁명성이다. 회계란 남이 나를 위해 해주는 허드렛일 정도라고 생각하겠지만 회계의 발명은 인류 문화의 축을 바꿔놓았다.

상업 회계의 가장 오래된 증거는 약 4,000년 전 메소포타미아 무역상이 양 매매 계약을 기록한 흔적이다. 각 계약은 진흙 공으로 나타냈다. 속이 빈 구에 진흙 공을 봉인하고 구 표면에 안에 든 공 개수를 표시했다. 구는 매매 기록이 바뀌지 않도록 구웠다. 고의든 아니든 계약 내용을 잘못 기억하지 않도록 하기 위한 일종의 보험이었다.

이 시스템은 훨씬 단순한 기록으로 진화했다. 즉, 점토판 표면에 표시를 남겨 구운 것이다. 이제는 어떤 계약을 하고 무엇을 매매하고 얼마를 지급했는지 알아보기 쉬웠다. 그리고 이 무렵 인간은 숫자를 다룰 줄 알면 거래 이상의 것을 얻을 수 있다는 사실을 이미 깨닫기 시작했다. 숫자는 권력도 가져다줄 수 있었다.

기원전 2074년 현재 이란 남서부 지역에 있었던 우르 왕조의 슐기왕은 학자들이 '최초의 수학적 국가'라고 일컫는 것을 일궜다.[11] 그는 군사 개혁으로 시작해 뒤이어 행정 개혁을 진행했다. 이를 위해 우르 왕조의 서기는 왕국의 모든 것에 관한 복잡한 장부를 기록해야 했다. 또 노동자 감독관은 노동 시간, 질병, 결근 그리고 돈을 받고 빌려준 노예의 생산량을 기록으로 남겼다. 만약 매달 30일 치 노동을 노동자에게 강제했다는 사실을 보여주지 못하면(그 달에 며칠이 있었는지 상관없이) 국가에 그 적자를 지급해야 했다. 만약 감독관이 적자를 안고 사망하면 그 빚은 감독관 가족에게 돌아갔다. 슐기왕의 회계 방식은 나랏돈을 빼돌리려는 시도를 되도록 쉽게 탐지할 수 있어야 한다는 놀라운 원칙에 바탕을 두고 설계됐다. 알고 보니 회계감사야말로 문명의 진정한 요람이었던 것이다.

우르 왕조가 최초의 수학적 국가였다면 슐기왕은 최초의 수학적 신이었다. 슐기왕은 재위 23년째에 스스로를 신성하다고 선포했다. 이때부터 신하들은 슐기왕을 숭배하고 그의 자질, 특히 숫자에 대한 예술성을 찬양하라는 지시를 받았다. 슐기왕을 칭송한 찬가에 관한 기록이 남아 있는데, 이에 따르면 슐기왕의 신성한 자질 중 하나는 분명 그가 태블릿 하우스Tablet House에서 덧셈, 뺄셈, 계산, 회계 등 광범위한 수학 교육을 받았다는 것이었다.

슐기 왕국은 수학을 중심에 둠으로써 수학이 한 세대 동안 가장 뛰어난 예술이자 서기 교육의 필수 요소가 되는 이점을 얻었다. 기원전 2000년에 들어설 무렵 완벽한 자격을 갖춘 서기는 수메르어와 바빌로니아어를 읽고 쓸 수 있었고 음악과 수학도 잘 알았을 것이다. 당시 수학은 회계사의 공리적인 숫자 논쟁이 아니라 대단히 어렵고 얼핏 쓸모없는 계산을 위한 숫자 처리였다. 사실상 '원둘레와 지름, 넓이를 더했더니 115였다' 같은 수수께끼 등도 수학에 포함됐다.[12] 서기의 임무는 반지름을 찾는 것이었다. 이때부터 수학을 위한 수학이 시작됐고 수학은 '미덕'의 하나로 여겨졌다. 그래서 학식 있는 서기는 오직 수학적 능력을 갖춰야만 남루울루Nam-Lú-Ulu의 장인, 즉 '인간다움의 조건'을 갖춘 수메르인이라 생각했다. 다시 말해 수학 교육이 가장 먼저 인문학 커리큘럼에 자리 잡은 것이다.

그러니 단순한 설명 이상의 내용을 상세히 기술한 수만 점의 고대 점토판이 발견됐다는 사실은 놀랍지 않다. 수많은 점토판이 수학적 보조 도구로 사용됐다. 곱셈 표, 나눗셈에 유용한 역수 표, 제곱수 목록(같은 수를 곱한 결과)과 그 역인 제곱근 등이 점토판에 기록돼 있다. 또 분수와 대수를 다루는 방법, 파이 값이나 2의 제곱근의 근삿값을 구하는 기하학적 방법도 새겨져 있다. 이런 수학적 방법과 기술의 중요성은 다음 장에서 알게 될 것이다. 일단은 문명이라는 것이 태동할 무렵 숫자가 사회 중심에 놓여 있었다고만 말해두겠다.

믿을 수 있는 숫자에는 뛰어난 힘이 있었다. 적어도 어떤 면에서는 고맙게도 슐기왕이 수학의 쓸모를 이해한 덕에 슐기 왕국의 영토가 유례없이 넓어졌다. 슐기왕은 아버지가 건설한 우르 지구라트를 완성했고 광범위한 도로망을 구축했으며 아랍과 인더스 공동체와의 무역 확장을 이끌었다. 이 모든 일이 가능했던 이유는 수학이 발명돼서가 아니라 그것이 정치적 목적을 위해 구현됐기 때문이었다. 그리고 곧 다른 곳에서도 그렇게 됐다.

우리는 아마 바빌로니아와 수메르의 수학적 독창성에 지나치게 집착하고 있을 것이다. 이유는 단순하다. 그들이 일상생활을 기록하는 데 사용한 점토판이 누구나 감상할 수 있는 예술품으로 남았기 때문이다. 구전 전통에 의존한 사회는 어떻게 늘 수학이 문명 구조를 조직해 왔는지에 관한 이야기에서 과소평가된다. 예를 들어 서아프리카 아칸Akan족은 교역에 사용된 금무게를 재는 정교한 수학 체계를 식민지 이전에 정립했다. 두 부분으로 이뤄진 체계의 하나는 아랍과 포르투갈처럼 무게로 재는 방법, 다른 하나는 네덜란드와 영국처럼 양으로 재는 방법이었다. 세계 각지의 박물관에 소장된 유물에서 아칸족의 수학 체계를 종합한 학자들은 그 방식이 숨 막힐 정도로 복잡해 유네스코 세계문화유산으로 지정하자고 제안했다.[13]

따라서 노예 교역선 선장들이 그들과 흥정한 아프리카 노예 거래상을 '똑똑한 산술꾼'이라고 표현한 것도 놀랍지 않다.[14] 한 설명에 따르면 '거래상 중 1명은 매매할 노예가 10명 정도 있다면 노예마다 서로 다른 계약 조항을 달아 총 10개의 계약서를 요구했다. 그리고 즉시 암산으로 막대기나 구리, 온스 등 자신이 거주하는 지역에서 널리 쓰이는 교환 수단에 따라 인원수를 줄여 수지를 맞췄다.' 이 계산법에 대한 지침이 입으로 전해졌다는 점이 훨씬 인상적인 게 사실이지만 노예무역이 그 사용을 쇠퇴시켰음을 의미하기도 한다. 얼마나 많은 위대한 수학적 사고가 유럽이나 카리브해, 아메리카 대륙으로 전파되고 다시는 사용되지 않았는지 이루 말할 수 없다. 결과적으로 아프리카의 풍부한 수학적 전통은 아마 이집트에서 번성했던 방식을 제외하고는 제대로 인정받지 못했다.

분수의 진보

제목에서 보듯 《모든 어두운 것을 아는 방법Directions for Knowing All Dark Things》은 놀라운 책이다. 마치 신비로운 서점의 습한 지하에서 우연히 마주칠 법한 책, 즉 음흉한 목적으로 영혼을 소환하는 비법서처럼 들린다. 하지만 천만의 말씀, 이 책은 고대 이집트의 수학 교과서다.

　서양에서는 1858년경 테베에서 이 책을 사들인 스코틀랜드 변호사의 이름을 딴 린드 파피루스Rhind Papyrus로 더 잘 알려져 있다. 이 책의 대부분(두루마리 총길이는 18피트)은 런던 대영박물관에 소장돼 있고 또 다른 부분은 뉴욕 역사 협회가 보관하고 있다. 하지만 린드 파피루스의 모든 내용은 약 3,500년 전 이집트 서기 아모스Ahmos(달에서 태어난 사람이라는 뜻)가 작성했다. 아모스는 이집트 사제들의 수학 지식을 요약한 1,000년 전 문서를 베껴 린드 파피루스를 만들어 냈다.

고대 이집트 왕국은 나일강의 연간 홍수량을 꾸준히 계산하고 있었다. 기술자들은 강의 깊이를 재서 수위가 어떻게 상승하는지 보고했다. 천문학자들은 시리우스가 나선형으로 떠오르는 순간, 즉 위치상 태양과 멀리 떨어져 있어 지구에서 다시 보이는 날을 달력에 기록해 시민들이 나일강 범람을 대비할 수 있게 했다. 시민들에게는 바로 그날이 수로 준설과 제방 보수를 마칠 수 있는 마지막 날이었다.

이들의 계산 덕분에 이집트인은 불어난 강물을 수로를 통해 비옥한 토사가 자리 잡은 농경지로 마음 놓고 보낼 수 있었다. 일단 강물이 땅으로 스며들거나 강 본류로 돌아가면 새 농사를 시작할 수 있었다. 말하자면 땅이 다시 구획돼 분배됐다.

나일강이 갑자기 불어나면 모든 경계와 표식을 씻어냈으므로 서기는 전년도에 각 가구당 얼마나 많은 땅을 경작했는지 기록해야 했다. 그러면 집행관이 가구마다 새로 비옥해진 농지를 할당했다. 할당 방법은 꽤 기본적인 산술로 해결했다. 물론 고대 이집트인에게도 다소 기본적인 계산이었을지 모르지만 서기가 그 과정을 묘사하는 파피루스 문서 사본을 정기적으로 남길 만큼 상당히 중요한 방법이었다.

린드 파피루스 대부분은 사실상 분수 계산법을 소개한 안내서다. 분수가 학생들을 고문하기 위해 발명된 게 아니라 경제를 운영하는 데 필수적이었다는 사실을 알면 깜짝 놀랄지도 모르겠다. 원통형 저장고에 곡물이 얼마나 있는지 알아야 하거나 토지나 식량, 임금 분배에 관한 정부의 요구를 수행하는 문명인에게는 자연수, 즉 지금까지 우리가 다뤘던 숫자만으로는 충분하지 않았다.

자연수 또는 정수 또는 숫자 세기는 우리 뇌가 '일원oneness', '이원twoness' 등의 추상적 개념에 우리 환경의 사물을 연결하고 그 양을 처리해야 할 때 손가락을 활용하는 방법이다(운이 좋다면 우리 뇌에 가상의 손가락이 존재한다). 분수는 다르다. 분수는 자연수를 비교할 다른 자연수로 나누는 수단이다. 그래서 어렵다. 자연수의 부분이라는 개념은 그런 수를 상상하도록 진화하지 않은 뇌에는 무시무시한 도약이다.

학교에서 분수 계산이 고통스러울 만큼 어려웠다면 당신만 그런 건 아니었다. 어쩌면 레오나르도 다빈치도 그 바로 옆에서 머리를 쥐어뜯고 있었을 것이다. 예술, 발명, 천문학에서 이룩한 모든 위대한 업적에도 불구하고 다빈치는 분수에 젬병이었다.[15] 그래서 다빈치의 공책을 보면 분수를 곱하거나 나누는 데 서툰 사람이 등장하기도 한다. 예를 들어 다빈치는 어떤 수를 1의 일부(예를 들면 2/3)로 나누면 그 크기가 더 커진다는 사실을 이해하지 못했다.[16]

다빈치는 분명 요즘 학생들이 배우는 수학을 어려워했을 것이다. 미국 학교의 커리큘럼에 따르면 12~13세 정도의 학생은 분수를 계산할 줄 알아야 하고 1/2, 5/9, 2/7 등과 같은 분수를 크기순으로 나열할 수 있어야 한다. 당신은 할 수 있는가? 12~13세 학생 대부분은 바로 알아내지 못한다.

또 다른 예가 있다. 1, 2, 19 또는 21 중 어떤 수가 12/13 더하기 7/8과 가장 가까울까? 미국의 12~13세 학생 중 4분의 3은 분수 덧셈을 잘못 생각한다.[17] 가장 흔한 실수는 분자와 분모(위 및 아래 숫자)를 따로 더하는 것이다. 즉, 자연수 덧셈처럼 분모는 분모끼리, 분자는 분자끼리 더한다. 놀랄 일은 아니다. 바로 그 시점까지 배운 대로 실천하는 것이니까. 하지만 분수를 더하려면 어림을(12/13과 7/8 모두 1에 가까우므로 그 합은 2에 가까움) 이용하거나 분모를 통분해 분자만 더해야 한다. 분수 계산을 생각하기 시작하면 분수가 얼마나 잔인한지 깨닫게 된다. 우리는 이미 자연수 계산 능력도 어렵게 얻은 승리라는 걸 안다. 분수를 처리하려면 그 승리를 떨쳐내야 한다.[18]

분수가 아무리 어려워도 문명 이후의 문명은 분수에 정성을 쏟을 만한 보람이 있음을 깨달았다. 바빌로니아인이 기원전 2000년경 먼저 발을 들여놓았고 이집트인, 힌두인, 그리스인 그리고 중국인이 그 뒤를 이었다. 내 계산이 맞는다면 30만 년 동안 존재했던 종은 그중 마지막 100분의 1만(대충 말하자면) 분수를 사용해 왔다. 기초 수학에조차 자연적이거나 선천적인 것이 없다는 증거가 필요하다면 바로 여기 있다.

우리가 알고 있는 문명의 열쇠, 즉 회계를 발명하려면 음수와 0의 개념이라는 두 수학적 혁신이 필수적이었다. 물론 오늘날에는 널리 쓰이고 있지만 두 개념 모두 지금과 같은 지위를 얻기까지 수백 년이 걸릴 만큼 엄청나게 많은 논란이 있었다.

음수의 필요성

누군가 '1 빼기 2는 얼마일까?'라는 질문에 답할 수 있기 전부터 수천 년간 뺄셈을 해왔다고 생각하면 정말 놀랍다. 하지만 다시 한 번 우리 뇌를 탓해야 한다. 우리는 사과 -1개는 상상할 수 없으므로 음수에 대한 타고난 감각이 있을 리 만무했던 것이다. 음수는 또 하나의 거대한 도약이자 상상 속 개념이었다. 하지만 분수와 마찬가지로 너무 쓸모 있는 수였기에 발명될 수밖에 없었다.

음수에 대한 역사적 흔적은 엉망이다. 기원전 300년경 고대 인도 교사 카우틸랴Kautilya가 펴낸 《아르타샤스트라Arthasastra》에는 인도 회계가 이미 자산과 부채, 수익, 지출 그리고 수입에 관한 개념을 포함할 만큼 꽤 정교했고 당시 인도 회계사들이 음수를 이용해 부채를 나타냈을지도 모른다는 몇몇 증거가 있다. 중국 고대 수학서 《구장산술The Nine Chapters on the Mathematical Art》에도 음수를 이용한 기록이 있다. 《구장산술》이 언제 쓰였는지는 확실치 않지만 가장 합리적인 추측은 기원전 200년에서 50년 사이로, 빨간 막대로 양수를, 검은 막대로 음수를 나타냈다. 《구장산술》은 음수를 산술적으로는 사용했어도 방정식을 푸는 연산 등에 나오는 음수는 용납하지 않았다. 아마도 음수는 무역과 상업에서만 사용되는 순전히 실용적인 장치였던 것 같다.

서기 628년 인도 수학자 브라마굽타Brahmagupta는 부채를 음수로 표현하면 된다고 제안했다. 심지어 양수(재산)와 음수(부채)를 쓸 때의 곱셈(곱)과 나눗셈(몫) 규칙까지 제시했다.

두 재산의 곱이나 몫은 재산이다.
두 부채의 곱이나 몫은 재산이다.
부채와 재산의 곱이나 몫은 부채다.
재산과 부채의 곱이나 몫은 부채다.

이 뜻을 현대적 용어로 설명하면 다음과 같다.

두 양수를 곱하거나 나누면 양수가 된다.
두 음수를 곱하거나 나누면 양수가 된다.

음수를 양수와 곱하거나 나누면 음수가 된다.

양수를 음수와 곱하거나 나누면 음수가 된다.

아마 이 규칙들은 '$(-) \times (-) = (+)$'나 '음수끼리 곱하면 양수'처럼 익숙할 것이다.

분명 당시 인도 회계사는 음수에 익숙했다. 하지만 서양에서는 음수 개념을 훨씬 느리게 익혔다. 서양 수학은 그리스에서 전해졌는데 그리스인이 정수에 집착했다는 게 문제였다. 정수를 짝지어 분수로 만들 순 있었지만 그 수는 아무리 작아도 결코 음수가 되지 않았다.

서양에서 최초로 음수를 탐구한 시험적 시도는 1202년 《산반서Liber Abaci》라고 불리는 책에서 등장했다. 이 책의 저자는 피보나치Fibonacci로 아마 누구에게나 친숙한 이름일 것이다. 하지만 피보나치의 진짜 이름은 레오나르도 다피사Leonardo da Pisa였고 피보나치란 이름은 6세기 후 전기 작가가 지어낸 것이다. 레오나르도 다피사는 굴리엘모 보나치Guglielmo Bonacci의 아들(보나치의 아들fi이라는 뜻에서 피보나치)이었고 피보나치라는 이름이 워낙 입에 착 붙다 보니 이제는 위대한 수학자의 이름 중 하나로 불리고 있다.

피보나치는 이탈리아 알제리에서 세관 공무원으로 초반 경력을 쌓았다. 아버지와 함께 시리아나 이집트 같은 지역을 돌아다닌 덕에 이탈리아 전통을 벗어난 수학과 일찍 접촉해 급진적이고 혁명적이며 때로는 꽤 유용해 보이는 온갖 종류의 연산과 수학적 개념을 발견했다. 《산반서》에는 수많은 수학적 발명과 퍼즐, 해법 및 호기심과 더불어 오늘날 피보나치수열(토끼 수가 늘어나는 문제를 기준으로)이라 불리는 숫자 규칙도 포함돼 있다.[19] 하지만 이 책에는 음수를 공식적 수학 도구로 어떻게 사용할지에 관한 논의도 담겨 있다. 피보나치는 4명의 남자가 지갑에 있는 돈을 특정 비율로 나눠 갖는 예제로 음수를 설명한다.

남자 4명이 있다. 첫 번째 남자가 지갑을 가지면 두 번째와 세 번째 남자가 가진 돈의 2배가 되고, 두 번째 남자가 지갑을 가지면 세 번째와 네 번째 남자가 가진 돈의 3배가 된다. 세 번째 남자가 지갑을 가지면 네 번째와 다섯 번째 남자가 가진 돈의 5배가 된다. 마찬가지로 네 번째 남자가 지갑을 가지면 첫 번째와 두 번째 남자가 가진 돈의 5배가 된다⋯

남자 4명을 순서대로 A, B, C, D로, 지갑을 P로 표시하면 다음과 같은 '연립방정식' 집합을 만들 수 있다.

$$A + P = 2(B + C)$$
$$B + P = 3(C + D)$$

$$C+P=4(D+A)$$
$$D+P=5(A+B)$$

이 방정식은 모든 미지수 사이의 수적 관계를 보여주고 있는데 피보나치는 그 해 중 가장 작은 것은 '두 번째 남자가 4, 세 번째 남자가 1, 네 번째 남자가 4 그리고 지갑이 11, 첫 번째 남자에게는 빚 1이 있는 것'이라고 말한다. 흥미로운 점은 '빚'에 있다. 피보나치는 '이 문제는 첫 번째 사람에게 빚이 있다고 인정해야 해결할 수 있다'고 분명히 밝히며 이 빚은 음수가 있는 산술과 관련 있다고 거듭 설명한다.

피보나치의 《산반서》는 동료 유럽인에게 몇몇 수학적 아이디어를 전파하는 데 성공했지만 음수에 대한 설명은 대부분 실패했다. 그래서 음수는 수백 년 동안 서양에서 그리 인기를 끌지 못했다. 예를 들어 '0에서 4를 빼면 얼마일까?'라는 질문에 대한 프랑스 수학자 블레이즈 파스칼Blaise Pascal의 답변을 보자. 파스칼의 답은 0이었다. 게다가 파스칼은 자신과 다르게 생각하는 사람을 경멸했다. 그리고 저서 《팡세Pensées》에 '0에서 4를 빼면 0이라는 사실을 모르는 사람들이 있다'고 썼다.[20] 때는 17세기 중반으로 현미경과 망원경, 뉴턴의 법칙 그리고 전기의 시대였다. 과학적 발견과 기술 혁신이 한창일 때 서양의 몇몇 훌륭한 지성은 음수의 존재를 받아들이길 거부했다.

상황이 바뀌기 시작한 건 옥스퍼드대학교 기하학 교수인 존 월리스John Wallis가 사람들은 그림이 있어야 더 잘 이해한다는 사실을 깨달았을 때였다. 1685년 월리스는 《대수학 논문A Treatise of Algebra》을 발표했다. 이 책에서 그는 선을 따라 숫자를 배치한 뒤 그 숫자가 음수까지 확장되도록 했다. 비록 추상적인 수를 고려하기는 어렵다고 인정했지만 거리 같은 물리적인 것이 어떻게 움직이는지 알 수 있다고 주장했다. 물론 정확히 이렇게 말한 건 아니다. 월리스의 주장은 다음과 같다.[21]

하지만 올바르게 이해한다면 (음수에 대한) 가정이 쓸모없거나 터무니없지 않다. 심지어 기본적 대수 표기법에서 아무것도 없음보다 적은 양을 도출한다. 물리적 응용에서는 +처럼 실제로 있는 양으로 나타낼 수 있고 당연히 의미는 반대로 해석된다.

다시 말해 음수는 양수의 반대라는 뜻이다. 기본적으로는 그렇게 말할 수 있다. 월리스의 '물리적 응용'은 정점에서 선을 따라 거리를 측정한 뒤 더 멀리 되돌아와 다시 거리를 측정한다. 월리스는 A에서 5야드 전진한 뒤 8야드 후퇴하면 출발점 A에서 얼마나 떨어져 있는지 묻는다. 그의 답은 의심할 여지 없이 -3이다.

이 주장에 대한 월리스의 장황한 변론이 흥미롭다. 월리스는

존 월리스의 수축

"즉, 움직이지 않은 것보다 3야드 덜 전진했다"라고 말하며 다양한 방법으로 음수 개념을 계속해서 설명한다. 오늘날 이 답은 9살짜리 아이 연습장에 있을 법하지만 월리스는 답의 의미를 탐구하는 데 엄청난 노력을 기울이며 -3의 의미에 17줄의 설명을 덧붙였다. 월리스는 -3이 급진적인 수라는 사실을 알고 있었다.

오늘날에는 음의 부호가 거대한 수학 표기법 상자에 있는 하나의 작은 도구임을 안다. 너무 익숙한 데다 그 의미도 잘 알고 있어서 이것이 얼마나 중요한 혁신을 보여주는지에 관심을 두지 않는다. 우리가 음수의 존재를 받아들이자 음수는 부채(빚)를 수량화하는 방법 이상의 세계를 열었다. 음수는 매우 다양한 현상을 자연스럽고 따라 하기 쉬운 수학적 방법으로 묘사한다. 물리적 힘은 하나다. 양수와 음수를 다루면 중력에 대항하는 포탄의 비행 범위를 예측할 수 있다. 똑같은 과정을 통해 모든 힘과 하중이 균형을 이루는 견고하고 안정적인 건축 구조도 만들 수 있다. 우주선과 중력, 수입과 지출, 배의 돛에 부는 바람과 뱃머리에 있는 바다의 저항 등 대립하는 두 대상에 음수를 적용하면 계산이 쉬워진다.

이 모든 능력이 있어도 음수만으로는 현대 세상을 설명하기가 충분하지 않았다. 어쩌면 월리스의 수축에 숫자가 없다는 사실을 눈치챘을지도 모르겠다. 그저 알파벳 A, B, C, D로 나타낸 짧은 수선만 있을 뿐이다. 이 선은 0, 5, 3, -3이라는 값과 같지만 월리스가 이런 숫자를 회피한 데는 그럴 만한 이유가 있었다. 또 다른 아주아주 중요한 수학적 도구, 0이 아직 받아들여지지 않았기 때문이다.

아무것도 없음의 문제
———————————————— • ————————————————

0 이야기는 슬기왕의 수학적 국가에서 '자리 표기법'을 시행할 때 시작된다. 우리는 1,234와 같은 숫자를 쓸 때 자리에 따라 각각 다른 값을 할당할 수 있다는 사실을 아주 어릴 때부터 배운다. 4는 가장 낮은 일의 자리에 있는 숫자로 1이 4개인 수, 즉 사과 4개와 같은 양이다. 알다시피 수학자들은 숫자를 10진법으로, 즉 숫자를 10개씩 묶어 나타낸다. 그래서 다음 자릿수는 1이 10개 모인 십의 자리고 10이 3개니 30이 된다. 왼쪽으로 이동하면 10이 10개 모인 자리므로 백의 자리가 된다. 1,234에는 100이 2개 있다. 마지막으로 100이 10개 모인 천의 자리가

있다. 1,234의 천의 자리에는 1,000이 1개 있다. 따라서 우리는 1,234라는 숫자를 일천이백삼십사라고 읽는다.

슐기왕의 자리 표기법은 10진법이 아닌 60진법이다. 숫자 표기 초창기에 왜 60진법이 지배적이었는지는 분명하지 않다. 일부 수학사학자들은 그 이유가 60이 1과 6 사이에 있는 모든 정수(그리고 또 다른 6개의 숫자)로 나눌 수 있는 숫자기 때문이라고 주장한다. 특히 60진법은 상품이나 비용 및 측정값을 나눌 때 유용하다. 다른 학자들은 당시 1년이 360일이었으므로 대략적인 날수를 다루기가 훨씬 쉬웠으리라 추정한다. 그 이유가 무엇이든 60진법은 유산을 남겼다. 마침내 중동 국가에서 탄생한 바빌로니아는 360도를 1바퀴, 60분을 1도, 60분을 1시간, 60초를 1분으로 정했다.

바빌로니아의 60진법은 우리의 10진법과 비슷하다. 예를 들어 34를 10진법으로 표기하면 10이 3개, 1이 4개인 수다. 하지만 60진법은 59까지만 표시할 수 있으므로 10진법 숫자 424,000을 60진법으로 표기하면 1574640이 된다. 즉, 일의 자릿수는 40, 60의 자릿수는 46, 60×60(60^2)의 자릿수는 57, 60×60×60(60^3)의 자릿수는 1이다.

60진법(그리고 10진법)은 숫자 사이에 너무 '많은' 숫자가 없는 한 사용하기가 참 좋다. 하지만 10진법으로 돌아가 4,005라는 숫자는 어떨까? 백의 자리에도, 십의 자리에도 아예 숫자가 없다. 이 숫자를 적을 때 '아무것도 없음'을 나타낼 방법을 찾아야 했다. 그래서 우리가 0으로 알고 있는 도구를 사용하기 시작한 것이다.

0이 처음부터 0이었던 건 아니다. 이 이야기에 관해서는 아직 모르는 게 많지만 바빌로니아인은 처음에 숫자가 없는 빈자리 표시를 비스듬한 쐐기 모양 ⟨으로 새긴 것 같다(이마저도 논란이 되고 있다).[22] 마야와 잉카도 빈자리를 표시할 때 추상적 기호 또는 상형문자를 사용했다. 어쨌든 이 두 표기 중 어느 것도 우리에게 익숙한 0은 아니다. 0이라는 기호는 힌두교의 슈냐 Shunya에서 유래한 것으로 보인다. 슈냐는 아무것도 없음, 공백을 나타내는 점이다. 동그란 기호로 빈자리를 채운 가장 오래된 자료는 자작나무 껍질 70장에 쓰인 고대 인도 문헌《바크샤리 Bakhshali》사본으로 알려져 있다. 바크샤리는 서기 224~383년 사이의 수학 문헌으로 추정되지만 승려 양성을 위한 지침서 역할을 했을 수도 있다. 슈냐는 수학적 0이 되기까지 시간이 좀 걸렸다. 음수를 받아들인 브라마굽타의 628년 책에서도 0은(이때는 힌두교의 슈냐) 처음으로 단순한 빈자리 이상의 가치를 지닌다. 이때 0은 수축 일부를 차지하는 그 나름의 양으로, 다른 양을 지배하는 같은 산술 법칙에 묶여 있다. 0이 다른 숫자, 즉 양수 및 음수와 어떻게 상호작용하는지에 대한 브라마굽타의 생각은 다음과 같다.

부채에서 0을 빼면 부채다.

재산에서 0을 빼면 재산이다.

0에서 0을 빼면 0이다.

0에서 뺀 부채는 재산이다.

0에서 뺀 재산은 부채다.

0에 부채나 재산을 곱하면 0이 된다.

0에 0을 곱하면 0이 된다.

　　10세기경 페르시아 수학자이자 천문학자 무함마드 이븐무사 알 콰리즈미Muhammad ibn Musa al Khwārizmī가 처음으로 서구에 0을 소개했다. 콰리즈미는 자신의 저서에서 우리가 현재 알고 있는 아라비아숫자를 사용했고 자릿수를 표기하는 방법으로 0을 포함했다. 그는 0을 시프르sifr 또는 '비어 있음empty'이라고 정했다. 라틴어에서는 이 단어가 제피룸zephyrum이 됐고 이탈리아인에게는 제로zero라는 이름을 얻었다.

　　하지만 콰리즈미에게 0은 그저 표기 도구만은 아니었다. 브라마굽타처럼 콰리즈미도 0을 대수학 도구로 사용했고 숫자를 다루는 데 그 중요성을 공고히 했으며 '원 모양의 10번째 도형'이라 불렀다. 콰리즈미에게 0은 하나의 숫자가 분명했고 그가 830년에 쓴《약분과 소거에 따른 계산론Al-kitab al-mukhtasar fi hasib al-jabr wa'l-muqabala(The Compendious Book on Calculation by Completion and Balancing)》

에서도 중요한 역할을 한다. 대수학을 뜻하는 '알게브라algebra'는 이 책 제목에서, '알고리즘algorithm'은 콰리즈미의 이름에서 얻었다. 콰리즈미는 상당한 영향력이 있는 인물이었다. 그래서 모든 사람이 그의 책을 활용할 수 있도록 '상속과 유산, 재산 분할, 소송, 거래 등의 경우에서… 토지 측정, 운하 발굴, 도형 계산 그리고 다양한 대상과 관련된…' 유용한 수치 도구를 마련했다. 하지만 응용할 수 있는 분야가 이렇게 방대한데도 서구 세계는 0의 개념에 고개를 갸우뚱거렸다.

오늘날 0은 워낙 확실하고 익숙한 숫자라 우리는 0이 없는 숫자 체계를 상상하기가 어렵다. 하지만 서구인들은 오랫동안 0을 멀리했다. 10세기경 프랑스 수사 오리야크의 제르베르 Gerbert of Aurillac는 스페인에서 이슬람 수학을 공부할 당시 0을 보고도 무시했다. 콰리즈미의 수학 개념을 높이 평가한 제르베르는 유럽 무역상에게 그 가치를 꾸준히 전파했다. 하지만 0은 제외한 채 주판 기술을 가르치는 데 집중했다.

제르베르가 유럽을 돌아다닌 지 200년이 지난 후에도 0은 여전히 환영받지 못했다. 영국 역사학자 맘즈베리의 윌리엄 William of Malmesbury은 0의 개념을 '아라비아인의 위험한 마술'이라 불렀다.[23] 피보나치는 유럽인에게 0이 지닌 힘을 소개했을 때조차 0을 숫자에 포함하지 않았다. 그는 《산반서》에서 '인도의 9개 숫자는 9 8 7 6 5 4 3 2 1이다. 이 9개의 숫자와 기호 0을 사용하면… 어떤 숫자든 쓸 수 있다'고 썼다. 피보나치가 0을 '기호'라고 부르는 데서 그가 콰리즈미와는 달리 0을 숫자에 포함하지 않았음을 알 수 있다.

왜 그랬는지는 정확히 말하기 어렵다. 한편으로는 뭔가의 부재를 존재와 같은 방식으로 취급할 수 없다고 판단해 거부했을 수도 있다. 그리스 수학 철학은 양의 정수의 신성한 성질 사이에서 음수를 위한 자리를 찾지 못했듯이 아무것도 없다는 개념을 주목할 만한 실체로 받아들이지 않았다. 아리스토텔레스는 저서 《자연철학Physica》에서 0으로는 유효하게 나눌 수 없으므로 0은 숫자로 셀 수 없다고 지적했다.[24] 하지만 아마도 더 중요한 사실은 중세 유럽 지식인의 주요 계산 도구인 주판 위에는 0이 들어설 자리가 없다는 것이었다.

당시 주판은 우리가 오늘날 생각하는 것처럼 언제나 줄에 꿰어진 구슬이나 돌이기만 한 것이 아니었다. 주판이라는 명칭은 먼지와 판자를 뜻하는 고대 중동 단어에서 유래한 것으로 보인다. 먼지를 덮은 판자 표면 위에다 손가락이나 돌 등으로 계산을 한 다음 새로운 계산을 할 때는 다시 말끔하게 지웠던 것 같다.

주판은 0이 필요 없도록 배열돼 있다. 깔끔하게 일렬로 늘어선 돌이나 표시를 볼 수 있으므로 굳이 '이 자리에 아무것도 없음'이라고 나타내지 않아도 암묵적인 위치가 생긴다. 그리고 일단 주판을 조작하는 모든 알고리즘을 익혔다면 숫자를 나타내는 새로운 방식을 거부할 게 뻔하다.

예전에는 주판 기술의 수요가 많았다. 심지어 주판을 잘 다루면 살짝 매력적이기도 했다. 제프리 초서Geoffrey Chaucer는 《캔터베리 이야기The Canterbury Tales》 일부인 '방앗간 주인 이야기The Miller's Tale'를 쓸 때 주인공 니콜라스를 (모든 면에서) 뻔뻔한 지성인으로 설정하기 위해 온갖 노력을 기울였다. '약삭빠른 니콜라스'는 천문학 측정을 위한 아스트롤라베(옛날 천체 관측기구_옮긴이)와 그의 사고에 영향을 주는 그리스어 문헌을 갖고 있다. 그리고 초서는 니콜라스가 주판 돌을 침대 옆 선반에 가지런히 놓아둔다고 묘사한다. 즉, 니콜라스는 마음만 먹으면 언제든 계산할 준비가 돼 있다는 뜻이었다. 게다가 그는 괴짜였다. 그래서 부유하지만 둔한 목수인 그의 집주인을 속이는 데 성공했다는 사실이 오늘날의 문화에서는 놀라운 반전이 될 것이다. 하지만 초서는 니콜라스를 목수의 아름다운 젊은 아내가 거부할 수 없는 존재로 설정한다.

학자들은 니콜라스가 초서의 절친한 친구인 리처드 2세가 매우 존경했던 주인공이라고 말한다. 《캔터베리 이야기》를 쓸 당시 초서는 리처드 2세의 가까운 동료였는데, 특히 우리 목적에 걸맞게 더 흥미로운 점은 그가 런던 항구 세관 감사실 주임이었다는 것이다. 주판이 등장한 이유도 바로 이 때문이다.

1380년대에는 주판을 소유하면 꽤 지성인처럼 보였다. 초서도 마찬가지였다.

오늘날에는 주판 형태가 다양하다. 예를 들어 중국에서는 수안판suanpan, 일본에서는 소로반soroban, 러시아에서는 쇼티schoty라 불리는 독특한 주판이 사용되고 있다. 여전히 주판은 어린 학생들에게 기초 산술 과정을 가르치는 시각적 방법으로 쓰이고 있으며 주판을 사용하는 사람의 뇌까지 재구성할 수 있다는 증거도 알려져 있다.[25] 오늘날 최고의 주판 능력자들, 주로 동아시아 학생들은 주판을 워낙 많이 다루다 보니 대다수가 암산에 능한 편이다. 숙련된 체스 선수라면 체스 판이나 말 없이 경기 상황을 짚어낼 수 있듯이 뛰어난 주판가도 주판알의 위치와 움직임을 상상할 수 있다. 심지어는 덧셈과 뺄셈 이상의 연산도 해낼 수 있다. 예를 들어 일부 주판 능력자들은 어떤 수의 제곱근을 주판으로 찾기도 한다. 하지만 주판에 대한 모든 놀라운 사실에도 불구하고 우리는 주판을 수 세기 동안 필요로 하지 않았다. 0을 나타내지 못하는 주판의 한계가 드러났기 때문이다. 누구든 필요한 만큼의 0만 적어두면 무한히 큰 숫자와 무한히 복잡한 계산을 자유롭게 처리할 수 있었다.

서구에서 최초로 0과 아라비아숫자를 공식적으로 사용한 건 1305년 이탈리아 피사에 있는 갈레라니Gallerani 회사의 장부로 보인다.[26] 하지만 여전히 로마숫자가 널리 유행했고 다음 세기에 걸쳐 회계를 지배했다. 특히 무역상과 은행원이 변화를 거부하고 있었다. 하지만 사람들은 점점 로마숫자나 0이 없는 다른 숫자 체계로 계산하기가 버거워졌다. 그리고 때마침 등장한 아라비아숫자 체계는 검증할 수 있는 서면 계산이 가능했다. 1부터 9까지의 숫자를 쓰고 0을 덧붙이면 엄청난 수의 곱셈과 나눗셈을 가볍게 할 수 있는 알고리즘(계산 방법)을 개발할 수 있었다. 주판은 점차 불필요해졌고 1500년경에는 명문 메디치 은행의 관리자들이 명확한 방침을 내세우기에 이르렀다. 은행 장부에 아라비아숫자만 사용한 것이다.[27] 서서히 그리고 거침없이 아라비아숫자의 영향력이 커져갔다. 그리고 몇 백 년 뒤, 사실상 거부할 수 없는 0을 포함한 아라비아숫자가 세상을 점령했다.

이런 사실이 인류 사회의 전례 없는 급속한 발전과 일치하는 건 우연이 아니다. 0과 음수만 있으면 메디치 은행, 프랑스혁명, 해밀턴의 훌륭한 금융 혁신 등 세계 무역과 번영의 시대를 열었던 숫자를 추적할 수 있다.

장부 균형 맞추기
·

깜짝 놀라겠지만 인류 사회가 빠르게 발전한 이유는 복식부기 때문이다. 복식부기란 가장 간단히 말해 회계에 오류가 발생하지 않도록 장부를 이중으로 기록하는 방법이다. 각 거래는 2개의 개별 장부에 기록되므로 서로 대조하며 확인할 수 있다. 앞서 숫자를 나타내는 손가락 기호를 언급한 파치올리의 1492년 저서 《산술집성》에 복식부기의 필수 요소가 명확하게 설명돼 있다.[28] "모든 대변creditor은 오른쪽 장부에, 모든 차변debtor은 왼쪽 장부에 표시해야 한다. 장부에 기재한 모든 항목은 복식부기여야 한다. 즉, 대변이 있다면 차변도 있어야 한다."

복식부기를 가장 먼저 사용한 이들은 아마 한국 상인일 것이다. 대한천일은행(현 우리은행_옮긴이)이 보관하고 있는 자료에 따르면 한국 상인은 중국 및 아라비아와 무역을 했던 11세기에 송도사개부치법, 즉 '사개 개성 부기'라는 방법을 사용했다. 여기서 사개는 주는 사람, 받는 사람, 주는 것 또는 주는 돈, 받는 것 또는 받는 돈을 말한다. 따라서 모든 거래는 복식부기여야 했다.

애석하게도 이 방법이 쓰였다는 직접적인 증거는 없다. 대한천일은행의 기록은 일화에 불과할 뿐 한국 상업에 대한 가장 오래된 기록은 19세기 중반의 것이다. 하지만 복식부기를 설명하는 15세기 문헌이 증거로 남아 있다. 1416년 두브로브니크에서 태어난 크로아티아 수학자 베네데토 코트룰리Benedetto Cotrugli, (크로아티아어로 Benko Kotruljevic)는 1458년에 쓴 《상업과 완벽한 상인에 관하여On Merchantry and the Perfect Merchant》에서 모든 거래에 장부가 2개인 방법을 제안했다.[29] 즉, 막대기를 샀다면 막대기값은 장부 대변 열에, 지급한 돈은 차변 열에 적는다.

하지만 유럽은 코트룰리의 책이 출판되기 전에 이미 복식부기를 사용하고 있었다. 이 사실은 베네치아 상인 자코모 바도어 Jachomo Badoer의 장부를 비롯한 다양한 회계 기록의 사례로 알 수 있다.[30] 1436~39년까지의 거래를 기록한 바도어의 복식 장부(또는 그와 비슷한 것)는 아라비아숫자 및 완전한 0으로 쓰여 있으며 콘스탄티노플에서의 모든 거래 상황을 자세히 담고 있다. 바도어는 콘스탄티노플에서 향신료와 양털, 노예 그리고 온갖 상품을 베네치아에 수출했고 베네치아에 있던 바도어의 형은 수입과 판매를 담당했다.

바도어의 사업은 15세기 이탈리아 북부에 설립된 금융기관에서 운영되는 수백, 수천 가지 사업 중 하나에 불과했다. 바로 여기서 동서양의 무역로가 만났다. 이 지역은 유럽 십자군들이 예루살렘을 오가는 도중에 쉬어가는 곳이었고 상거래를 위해 무수한 통화가 유통돼야 하는 곳이었다. 부채 개념을 나타내는 음수를 비롯해 모든 관련 수치를 추적하는 체계를 구현하면 언제나 유리한 장사를 할 수 있었다.

복식부기는 무역을 촉진했을 뿐 아니라 기업이 운영되고 성장하는 방식도 바꿔놓았다. 복식부기 방식은 자산＝부채＋소유주의 자기자본이라는 회계방정식 중심이다. 다시 말해 기업의 건전성은 모든 거래 후에 계산되는 부채와 보유 자산의 합계로 알 수 있다. 이 방식을 통하면 기업과 관련된 모든 사람이 그 기업의 가치를 한눈에 파악할 수 있다. 따라서 어떤 기업에 돈을 빌려줄지 물건을 빌려줄지 고민하고 있다면 부채와 운영비, 자산, 대출 및 순자산 면에서 당신이 관여하는 부분을 정확히 알 수 있다. 더는 기업 소유주의 말이나 유명세를 믿을 필요가 없다. 장부의 균형이 맞아 마음에 든다면 거래를 진행하면 된다. 이 개념은 또 기업체를 사들일 때도 적용된다. 복식부기는 기업체가 그 소유주와 구별되는 실체라는 전제에 바탕을 두므로 소유주는 본인이 선택할 경우 기업을 평가하고 매각할 수 있다. 복식부기가 처음으로 널리 사용됐을 당시 이것이 얼마나 혁명적이었을지 알기는 어렵다. 더는 가족 내부 사항을 철저히 지키며 하나의 사업에만 매달릴 필요가 없었다. 누구나 회사를 설립하고 처분 가능한 자본처럼 처리할 수 있었다. 만약 당신이 첫번째 사업과 함께 다른 사업을 시작한다고 상상해 보자. 복식장부는 당신의 사업적 통찰력을 입증해 줄 것이고 심지어 대출담보로도 사용될 수 있을 것이다.

정확한 부기 덕분에 해상 보험과 같은 다른 사업도 등장했다. 바다와 대양을 건너는 사업은 귀중한 화물이 해적에게 도난당하거나 천재지변에 가라앉을 수 있는 위험천만한 일이었다. 선내 자산에 대한 정확한 장부를 지키는 능력이 있으면 더 수월하게 위험 요소를 평가해 해상 보험에 서약할 수 있었다. 선박 자체의 가치도 점점 늘어났다. 소유권과 납세를 위한 회계 체계 덕분에 선박 소유주는 부족한 전쟁 자금을 간절히 채우길 원했던 군주의 압박에서 선박을 보호할 수 있었다. 상인 계급은 왕실에 모든 세금을 내고 필요한 서류 작업에 합의했다. 상인 계급이 그 대가로 요구한 건 오직 군주는 개인 자산으로 기록된 것을 마음대로 징발할 수 없다는 동의서였다. 육지에서도 농지를 두고 같은 일이 일어났다. 소유권을 지정, 증명하고 양도할 수 있는 능력은 지배 계층의 임의적인 토지 재분배에서 자유로워지게 했을 뿐 아니라 토지와 노동으로 수익을 창출할 수 있는 시장을 마련해 줬다.

수 세기가 지나는 동안 복식부기의 개방적이고 접근하기 쉬운 숫자는 자본주의의 부상을 촉진했다. 스탠더드 오일Standard Oil의 억만장자 소유주 존 D. 록펠러John D. Rockefeller는 복식부기를 가장 큰 지지자 중 하나였다. 회계사로 일을 시작한 록펠러는 대차대조표에 대한 엄격한 통제와 깊은 이해가 성공 요인이라고 자주 밝혔다.[31] 그는 회계사로 일하기 전 몇 년 동안 첫 직장의 장부를 꼼꼼히 들여다본 덕분에 사업적 통찰력을 많이 얻었다고 고백했다. 부기가 너무 즐거웠던 록펠러는 1855년 부기 보조로 첫 직책을 얻은 9월 26일을 해마다 기념했다.

도자기업계 거물 조사이어 웨지우드Josiah Wedgwood는 부기의 훌륭한 힘을 보여주는 또 다른 예다. 1772년 웨지우드는 어려움을 겪는 회사의 복식부기 장부를 여러모로 깊이 있게 분석해 사업을 극적으로 전환했다.[32] 그는 장부 수치를 보며 비용 상승과 지급 지연이 급성장한 회사에 어떤 타격을 입히는지 파악할 수 있었다. 그래서 대량생산이라는 첫 번째 포문을 시작으로 다양한 조치를 시행해 이익을 극대화했다. 엄청난 부자가 된 웨지우드는 그렇게 벌어들인 돈으로 자기 주머니를 채우는 데만 급급하지 않았다. 그는 다양한 사회적 관심사에 노력을 기울였는데, 특히 가장 유명한 것이 바로 노예제도 폐지 운동이다. 웨지우드 가문이 남긴 또 다른 위대한 유산은 조사이어의 외손자가 신진 박물학자가 돼 왕립 해군의 군함 비글호HMS Beagle를 타고 세계 일주를 했을 때였다. 복식부기가 부여하는 숫자와 그에 따른 이익 통제가 조사이어의 외손자 찰스 다윈Charles Darwin이 자연선택 진화론을 발전시키는 데 자금을 제공한 것이다. 인간이 발명한 숫자가 인간 기원에 대한 깊은 이해를 이끌어 내리라고 누가 감히 예상했을까?

마지막으로 칼 마르크스Karl Marx도 부기에 매료됐다는 사실에 주목할 필요가 있다. 자본주의의 기원을 연구하는 동안 마르크스는 영국 북부에 면화 공장을 소유한 친구 프리드리히 엥겔스Friedrich Engels에게 '이탈리아 부기 사례집'을 달라고 요청했다.[33] 그는 엥겔스 회사의 장부를 연구하며 장부 관리를 바탕으로 한 생산 비용 통제와 최적화가 자본주의 기업의 중추적 부분이라는 록펠러의 견해에 공감했다. 그렇다고 마르크스가 자본주의의 팬이라는 것은 아니다. 마르크스는 소수의 개인, 즉 생산 수단 소유자가 부를 축적하는 수단이 자본주의라고 생각했다. 그리고 그 부에는 대가가 따랐다. 그는 '모든 부의 원천인 땅과 노동자를 동시에 훼손해야만' 부가 발전할 수 있다고 주장했다. 즉, 복식부기에 자리 잡은 자본주의의 힘을 정면으로 비난한 것이다. 마르크스는 숫자를 통제하는 자가 모든 것과 모든 사람을 통제한다는 사실을 깨달았다.

자본주의가 어떻게 우리 발밑의 땅을 훼손하는지에 대한 마르크스의 주장은 묘하게도 선견지명이 있었다. 최근 몇 년간 평론가들은 환경 위기, 즉 치명적인 기후 변화, 전례 없는 멸종률, 삼림 벌채 가속화 그리고 심각한 토양 비옥도 감소 등이 복식부기에 뿌리를 두고 있다고 말하기 시작했다. 숫자의 힘에 대한 우리의 집착은 스프레드시트에 수치로 적을 수 있는 것만 가치 있게 만들었다. 그 결과 숫자로 다룰 수 없는 자산을 평가절하하고 그 자산이 창조한 작업에 어울리지 않는 조치를 만들어 냈다. 국가 경제가 임의로 정의된 하나의 숫자, 국내총생산으로 요약된 것이다. 정통 경제학자들은 어떤 대가를 치르더라도 국내총생산을 극대화해야 한다고 강조한다. 한편 우리는 숫자로 지배되는 기관, 즉 은행을 통해 세계경제를 운영한다. 은행은 국가 전체의 부를 통제하기 때문에 거의 처벌받지 않는다. 하지만 동시에 우리는 토양이나 숲, 야생동물, 특히 곤충과 극지방 만년설 같은 초국가적 자산의 가치를 고려하지 못하고 있다. 그래서 어떤 이들은 환경 파괴를 막는 알고리즘을 제안하기도 한다.[34]

기업은 나쁜 게 아니며 은행도 그 자체만 따지면 분명 나쁘지 않다. 반대로 은행 서비스가 없다면 우리 중 많은 이가 집을 갖지 못하거나 비교적 넉넉한 삶을 꾸릴 수 없을 것이다. 그러니 우리 중 몇몇은 자본주의 체제를 벗어난 삶을 거의 생각해 본 적 없는 게 당연하다. 하지만 단점도 있다. 숫자와 그 부속품이 있으면 대차대조표를 만들 수 있다. 대차대조표가 생기면 감사와 회계 책임이 가능하다. 만약 정직한 감사 기능이 없다면 대차대조표는 상상 속 거래를 만들어 수익을 올릴 방법에 대한 환상을 품게 하기도 한다. 심지어 관련된 돈이 존재하지 않을 때도 그 방법을 마련할 수 있는 길을 찾아 나서게 한다. 문제는 이따금 환상 속 돈의 부름을 받고 나면 은행이 파산한다는 것이다.

우리는 메디치 은행의 몰락에서 교훈을 얻지 못했다. 지난 4세기 동안 숫자를 소유한 사람들의 영향력과 중요성은 더욱 강해졌다. 2007년 금융 위기 당시 파산한 은행들이 각각 보유한 기본 자산, 즉 돈과 부동산, 부채는 상당히 많아 그중 일부만 합쳐도 그들이 거래하는 나라의 자산을 훨씬 뛰어넘었다. 경제적 지혜로 봤을 때 만약 정부가 은행들이 무너지고 몰락하게 내버려 뒀다면 너무 많은 이들의 생계 수단, 경제적으로 중요한 너무 많은 기업 그리고 경제성장을 꿈꾸는 너무 많은 거래국의 희망이 그대로 짓밟혔을 것이다. 그래서 은행들은 '대마불사'로 여겨져 막대한 비용을 들여서라도 구제돼야 했고 그 결과 전 세계는 혼란에 빠졌다.

이 혼란은 우리가 발명한 숫자가 자신의 힘을 제대로 보여준 증거다. 숫자의 힘은 회계사가 어떻게 프랑스혁명을 일으킬 수 있었는지, 미국의 독립 투쟁이 어떻게 은행 관행을 중심으로 형성됐는지 그리고 중세 시대 장부 담당자의 죽음이 어떻게 유럽을 금융 혼란에 빠뜨렸는지 설명한다.

회계의 모든 업적과 영향력에도 불구하고 우리 중 많은 사람이 더욱 매력적인 지표로 문명의 발전을 가늠할 것이다. 예를 들어 건축, 그림, 조각, 음악 등은 정교함이라는 보증서로 인정받는다. 하지만 여기서도 우리는 묘한 우연의 일치를 인정해야 한다. 회계와 예술은 둘 다 동시에 그리고 같은 장소에서 세상이 새롭게 바뀌는 사건을 경험했다. 바로 이탈리아 북부에서 출발한 르네상스였다. 지금까지 살펴본 것처럼 회계의 성장은 산술의 발전으로 그 기원을 추적할 수 있다. 하지만 훨씬 잘 알려진 르네상스의 영광은 또 다른 수학적 혁명 덕분이었다. 이 혁명을 탐험하려면 고대 그리스로 돌아가야 한다. 고대 그리스는 내가 학교에서 수학을 배운 첫해에 더없이 지루하게 보였던 주제가 탄생한 곳이었다. 그 당시 나는 늘 궁금했었다. 대체 기하학을 왜 배우지? 이제 곧 알게 될 것이다.

기하학

우리는 어떻게 정복하고 창조했을까

Geometry

How we conquered and created

•

기하학은 우주를 건설하는 완벽한 형태와 숫자를 찾는 데서 출발했지만

추상적 형태를 연구하는 학문으로 그리 오래 남아 있지는 않았다.

예를 들어 삼각형의 본질을 파악하면 우주 만물을 지도로 그려

무궁무진한 풍요를 향해 나아갈 수 있다. 신비로운 원의 특성을 더하면

원하는 무엇이든 창조하거나 그리거나 정복할 수 있다.

미신에서 시작한 기하학 이야기는

무모한 탐욕과 야망이 가득한 시대를 거치며 진화한 이후

가장 위대한 예술 작품은 물론 주머니에 세상을 담을 수 있는 수단이 돼준다.

프레스터 존Prester John이라고 들어본 적 있는가? 셰익스피어의
희극 〈헛소동Much Ado About Nothing〉에서 존이 언급된 대목을 발견
할 수 있을 것이다. 주인공 베네디크는 이 이상한 인물의 난해
함을 이렇게 언급한다. "폐하께서 원하신다면 세상 끝까지 갈
테니 아무 명령이나 내려주시겠습니까?" 그는 말한다. "아무리
하찮은 심부름이라도 폐하께서 원하신다면 지금 당장 지구 반
대편이라도 가겠습니다. 아시아의 가장 먼 곳에서 이쑤시개를
갖다 드리겠습니다. 프레스터 존의 발 길이도 알아 오겠습니
다. 참족 수장의 수염이라도 뽑아 가져오겠습니다. 하피harpy(여

자 머리와 몸에 새의 날개와 발을 가진 괴물_옮긴이)와 세 마디 대화를 하는 대신 피그미족에게 전갈을 보낼까요?"

발은커녕 그의 모습을 본 사람은 아무도 없다. 존은 오랫동안 아프리카 어딘가에 군림하는 왕, 중세 시대의 아서왕으로 여겨졌다.[1] 물론 존이 어디에 살았었는지, 아니면 전설이 전해진 이래 수백 년이 지나는 동안 여전히 살아오고 있는지 아무도 모른다. 그 당시 왕이나 교황, 황제 들은 존에게 탄원서를 보내 이슬람의 위협에 맞서 힘을 합치자고 간청했다. 존의 왕국은 에메랄드 강이 흐르고 황금이 사방에 흩어져 있으며 지금까지 살았던 어떤 전사들 못지않게 용맹하고 훌륭한 기독교인들의 고향이라 믿었기 때문이다. 간단히 말해 존은 다른 모든 기독교 통치자들이 가장 친한 친구로 원했던 기독교 통치자였다. 불행히도 이는 거의 확실히 불가능한 소망이었다. 이들은 수 세기 동안 전해진 사기극에 놀아난 희생양이기 때문이다.

1165년 비잔티움 제국 황제 마누엘 콤네노스Manuel Comnenus는 신성로마제국 황제 프리드리히 바르바로사Frederick Barbarossa에게 편지를 전달했다. 이 편지는 '프레스터 존'에게서 온 것으로 알려졌으며 '사제priest'와 비슷해 보이는 명칭 '프레스터Prester'가 '인도'에 있는 본인의 왕국 이야기를 들려주고 있었다. 편지에 따르면 존은 아기 예수를 방문한 3명의 동방박사 중 1명의 엄청나게 부유한 후손이었다. 흥분한 프리드리히는 바로 답장을 써

사절 편에 보냈다. 이 임무가 어떻게 됐는지는 모르지만 그건 단지 존과 관련된 실망의 서막일 뿐이었다.

15세기가 시작될 무렵 존의 열풍은 거세지고 있었다. 예를 들어 영국의 헨리 4세는 1400년 '아비시니아Abbysinia(에티오피아의 옛 이름_옮긴이)의 프레스터 존 왕'에게 영국-아비시니아 관계 개방을 모색하는 편지를 보냈다. (혹시 궁금해할지 모르겠지만 2세기 이상 지난 시간은 상관없었다. 존이 보낸 편지에서 그가 영원한 생명의 샘을 소유하고 있다고 언급됐기 때문이다.) 1402년 안토니오 바르톨리Antonio Bartoli라는 피렌체 출신 남자가 베네치아 총독 궁전에 나타나 모든 이의 관심을 끌었다. 바르톨리는 몇몇 아프리카인과 함께 진주, 표범, 동물 가죽 그리고 외래 약초를 갖고 왔다. 그리고 자신이 유럽 기독교 지도자들과의 결연을 원하는 인도 영주 프레스터 존의 사절이라고 주장했다. 베네치아 총독은 은으로 만든 성배, 성십자가 조각 그리고 1,000더컷(과거 유럽에서 사용된 금화_옮긴이)등을 비롯해 몇몇 기술자와 무기 제조자를 선물하며 바르톨리를 돌려보냈다.

아마 바르톨리는 전리품을 갖고 달아나며 다시는 모습을 드러내지 않거나 소리 소문 없이 살았을 것이다. 하지만 존의 재산에 관한 풍문, 기독교인이 이슬람 폭동을 몰아내길 바라는 그의 열망은 널리 퍼져 있었다. 존의 전설은 마침내 포르투갈에 전해져 포르투갈 왕의 독실하고 금욕적이며 지적인 셋째 아들,

헨리 왕자^{Prince Henry}의 비옥한 땅에 닿았다. 헨리 왕자는 존의 전설을 듣자마자 반드시 그를 찾아내 가톨릭의 대의명분을 위해 설득하기로 했다. 비록 그 결심이 지구 전체를 지도로 그리고 항해하겠다는 뜻이었을지라도.

헨리 왕자가 한 노력의 정확한 성격에 대해서는 많은 학술적 논쟁이 있다.[2] 어떤 학자들은 헨리 왕자가 선원과 항해사, 선박 설계자 양성을 위해 사그레스 항구에 항해 학교를 설립한 것이라고 강조한다. 반면에 다른 이들은 그보다는 덜 정밀하고 형식적인 일이었다고 주장한다. 어느 쪽이든 헨리 왕자의 목표는 남유럽의 모든 수학적 지식을 활용해 대양을 정복하고 찾기 힘든 존의 왕국을 발견하는 것이었다. 헨리 왕자는 조선, 항해, 지도 제작 기술 분야의 수많은 전문가를 포르투갈로 데려왔다. 이탈리아 학자이자 교황의 서기관 포지오 브라치올리니^{Poggio Bracciolini}는 헨리 왕자의 뛰어난 업적에 찬사를 보냈다. 그래서 1448년 '그런 용기와 결단력 그리고 지금까지 아무도 시도하지 않은 일을 감히 할 수 있을 만큼 계획적인 목표가 있는 유일한 사람이었다는 게 얼마나 대단한가'라고 기록했다. 또 '당신만이 한 번도 본 적 없는 곳에 있는 미지의 바다와 알려진 세계 밖에 사는 미지의 종족을 찾아냈다. 그리고 전에는 아무도 길을 열지 않았던 곳에서 태양 궤도의 규칙적 주기를 벗어난 아주 먼 곳에 사는 야만인들을 발견했다'며 감탄했다.

헨리 왕자가 존을 찾지 못했다는 사실을 알게 되더라도 아마 놀랍지 않을 것이다. 하지만 그는 유럽인이 세계를 정복할 수 있도록 모든 걸 준비했다. 어떻게? 우리가 학교에서 배운 기하학, 즉 직각삼각형의 사인, 코사인, 탄젠트, 원이나 구의 지름과 둘레의 관계 등을 이용했다.

헨리 왕자가 손에 쥔 기하학은 세상을 지도로 그리고 항해하고 지배하는 수단이 됐다. 예를 들면 포르투갈 해안에서 난파된 뒤 그곳에 정착한 크리스토퍼 콜럼버스Christopher Columbus는 헨리 왕자의 사그레스 프로그램 덕분에 지도와 해양 교육 그리고 장학금을 충분히 활용할 수 있었다. 그 결과가 어땠는지는 누구나 다 알고 있다. 그 후 몇 세기 동안 기하학은 우리에게 더 나은 뭔가를 선사했다. 바로 예술과 건축의 황금기였다.

삼각형의 숨은 힘

8살 때 나는 아서왕의 전설에 사로잡혔다. T. H. 화이트T. H. White의 《과거와 미래의 왕The Once and Future King》을 우연히 읽은 뒤 그 책에 나오는 기사 중 누가 가장 되고 싶은지(내 취향은 거의 매일 바뀌었지만) 상상했던 기억이 난다. 게다가 같은 나이에 처음으로 기하학을 배웠던 그 교실도 여전히 머릿속에 생생하다.

'기하학geometry'이라는 단어는 문자 그대로 '땅의 측량(그리스어로 geo는 땅, metry는 측량_옮긴이)'이라는 뜻이다. 하지만 학교에서는 주로 2차원 평면, 3차원 입체의 특성만 배우는 편이다. 대부분 삼각형이나 원을 다루지만 다른 도형도 배운다. 예를 들어 정사각형, 원뿔, 각뿔 같은 도형이라든지, 혹 모험심이 생긴다면 12면체도 만들 수 있다. 그다음에는 그래프, 선분과 각도를 반으로 나누는 법, 선 위에 있는 점 사이의 거리를 구하는 법도 살펴볼 수 있다. 이 모든 내용을 배우며 내가 가진 느낌은 집착의 정반대였다. 기하학은 재미없었다. 물론 피타고라스의 정리는 살짝 흥미로웠다는 걸 인정한다. 하지만 직각삼각형의 가장 긴 변인 빗변 길이의 제곱은 다른 두 변 길이 제곱의 합과 같다는 사실을 알았을 때 나는 눈과 귀를 닫은 채 모든 게 평등한 원탁에 앉은 아서왕을 상상 속에서 다시 불러냈다. 이제 기하학적 모양을 영감의 원천으로 사용하고 있었던 것이다.

아마 내 8살 자아는 선생님이 피타고라스를 그리스 아서왕처럼 전설 속 인물로 소개했다면 더욱 솔깃해했을 것이다. 알고 보니 그 모든 일을 했다고 전해지는 피타고라스가 실존 인물이라는 확실한 증거는 없었다. 피타고라스는 채식주의의 발흥에 영향을 준 것으로 두루 인정받았다. 그리고 아침저녁에 뜨는 별이 둘 다 금성이라는 사실을 알아차렸다. 지구가 구라는 사실을 알아냈고 행성들이 수학적 방정식에 따라 움직인다고 언급했다. 하지만 피타고라스의 존재 여부에 대해서는 확실히 알려진 것이 거의 없다.[3] 피타고라스의 글이 하나도 남아 있지 않기 때문이다. 심지어 출생지 같은 간단한 사실조차 알려진 바 없다. 다만 피타고라스가 에게해의 사모스섬에서 보석 세공사의 아들로 태어났다고 전해진다. 학자들이 꽤 확신하는 유일한 사실은 누군가가 결국 오늘날의 칼라브리아에 있는 크로톤섬에서 피타고라스의 이름으로 피타고라스학파라는 학자 집단을 만들었다는 것이다.

피타고라스학파는 숫자에 매료된 공동체였다. 비밀 서약으로 결속한 이 학파 신도들은 '만물의 근원은 수'라고 적힌 아치형 문으로 들어왔다. 피타고라스는 숫자가 우주를 지배한다고 여겼다. 숫자를 향한 집착은, 물론 전설일 가능성도 있지만 공동체의 맹세를 어긴 학자의 운명에 관한 이야기가 잘 보여준다.

피타고라스의 정리는 모든 훌륭한 기하학 이론이 그렇듯 직각삼각형에서 시작한다. 직각을 낀 두 변의 길이를 1이라고 하자. 피타고라스의 정리에 따르면 직각을 낀 두 변 A와 B의 길이를 제곱해 더하면 빗변 C 길이의 제곱과 같다. 이 정리를 등식으로 나타내면 다음과 같다.

$$A^2 + B^2 = C^2$$

두 변 A와 B의 길이가 1이라고 했으므로 이를 대입하면 다음 식이 된다.

$$1 + 1 = C^2$$

만약 C^2의 값이 2라면 C는 제곱해서 2가 나오는 수다. 즉, 2의 제곱근이므로 $\sqrt{2}$ 라고 나타낼 수 있다.

우리에게는 별일 아니지만 피타고라스학파에는 $\sqrt{2}$ 라는 값이 큰 문제였다. 피타고라스학파가 숫자를 쓰는 유일한 방법은 수학자들이 정수라고 부르는 수, 즉 1, 2, 3 등의 정수나 두 정수의 비로 표현하는 것이었다. 수학적 비율은 누구나 써본 적이 있을 것이다. 이를테면 밀가루와 지방의 비로 빵을 굽거나 각 재료를 일정한 비로 섞어 칵테일을 만든다. 한 예로 맨해튼 칵테일은 버번 2잔과 스위트 베르무트 1잔을 섞어 만든다. 비로 따지면 2 : 1이고 버번에 대한 베르무트 비율은 1/2이라는 분수로 나타낼 수도 있다. 피타고라스학파는 $\sqrt{2}$ 에 해당하는 수를 1/3 또는 5/6처럼 두 정수비로 나타내려 애썼다. 하지만 아무리 노력해도 그럴 수 없었다.

설상가상으로 피타고라스학파의 누군가가 2의 제곱근의 해를 찾는 필사적인 탐색이 헛수고였음을 가까스로 증명했다. 아무리 찾으려 애써도 $\sqrt{2}$ 는 단순히 두 정수의 비로 표현할 수는 없는 수였다. 이 수는 우리가 '무리수'라 부르는 수, 비율로 쓸 수 없는 수였기 때문이다. 파이$^\pi$도 무리수며 그 외에도 현대 수학에는 중요한 역할을 하는 무리수가 많다.

피타고라스학파는 정수의 보편성을 모욕하는 수에 너무 놀라 무리수의 존재를 철저히 비밀에 부치는 데 동의했다. 하지만 전설에 따르면 히파수스^{Hippasus}라 불리는 피타고라스의 제자가 그들의 신성한 영역 밖에 있는 누군가에게 무리수의 존재를 발설했다. 히파수스의 범죄를 알게 된 피타고라스학파는 히파수스를 아드리아해 한가운데 던졌고 히파수스는 결국 익사하고 말았다. 이 이야기의 교훈은 분명하다. 삼각형, 적어도 직각삼각형은 삶과 죽음의 문제다.

피타고라스와 그 학파의 활동은 불확실한 베일에 싸여 있지만 삼각형에 관심을 가진 확실히 존재하는 이가 있었다. 바로 밀레투스의 탈레스였다. 탈레스는 매우 총명하고 기회주의적인 인물로 지금의 터키 서부 해안에 살았다. 기원전 640년경 태어난 탈레스는 오늘날 과학철학의 아버지로 알려져 있다. 하지만 탈레스의 동시대인에게는 영리한 사업가로 유명했다. 일화에 따르면 탈레스는 성장기에 있는 올리브 작물이 대량생산될 것으로 보이자 선견지명을 발휘해 올리브 압착기 시장을 독점하고자 했다. 그래서 올리브 재배농에게 터무니없이 비싼 가격으로 올리브 압착기를 빌려줬다. 만약 그들이 올리브 압착기 임대를 거부하면 생올리브를 헐값에 샀다. 결국 탈레스는 중년에 은퇴해도 될 만한 재산을 모았다. 그리고 남은 생애를 학문 연구에 바쳤다. 철학 및 과학, 수학은 탈레스가 새로이 얻은 여가의 수혜였다. 탈레스는 자연계를 설명하는 검증 가능한 가설과 이론을 개척했고 오늘날 여전히 연구되는 기하학의 몇 가지 중심 명제를 처음으로 기록했다.

탈레스는 이집트를 여행하는 동안 이 명제들을 거의 분명히 배웠다. 수천 년 전 기하학은 피라미드 같은, 이집트의 위대한 건설 과제의 핵심이었다. 하지만 탈레스는 다양한 기하학 원리를 실제로 증명해 이집트 기하학에 보탰다. 예를 들어 오늘날 '이등변삼각형'이라 불리는 두 변의 길이가 같은 삼각형은 두 밑각의 크기도 같다는 사실을 보여줬다. 탈레스는 이등변삼각형을 반으로 접었을 때 생기는 두 삼각형의 모양이 여전히 똑같다는 점으로 이 사실을 증명했다. 또 삼각형 밑변 길이와 두 밑각 크기만 알면 삼각형에 대한 모든 것을 알 수 있음을 보여줬다. 이 정보는 유용하다. 만약 배가 해안가에서 얼마나 멀리 떨어져 있는지 알고 싶다면 우선 그 배를 위 꼭짓점으로 삼아 삼각형을 그리면 된다. 해안가 길이를 삼각형 밑변으로 잡은 뒤 그 한쪽 끝에 서서 밑변과 배 사이 각도를 잰다. 그런 다음 밑변 다른 쪽 끝으로 걸어가 다시 밑변과 배 사이 각도를 잰다. 이제 더 작은 삼각형을 만들어 보자. 원한다면 모래사장에 그려도 된다. 밑변과 위 꼭짓점 사이 각도가 같도록 삼각형을 그린다. 삼각형 높이 대 밑변 비율을 계산한 다음 원래 삼각형의 해안선을 따라 측정한 거리에 곱한다. 그럼 배와 해안가 사이의 실제 거리를 얻을 수 있다.

닮은꼴 삼각형을 그리면 배와 해안가 사이의 거리를 알 수 있다.

탈레스는 이 방법을 응용해 닮은꼴 삼각형에는 활용할 수 있는 유용한 비가 있다는 사실을 보여줬다. 기록에 따르면 피라

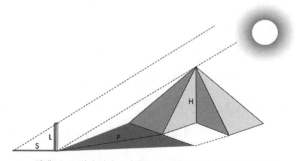

탈레스는 그림자 길이로 피라미드 높이를 구하는 방법을 보여줬다.

미드의 그림자 끝에 놓인 막대기 높이로 피라미드 높이를 계산해 이집트 왕 아마시스 2세$^{Amasis\ II}$를 놀라게 했다.

피라미드 그림자 길이 P와 막대기 그림자 길이 S의 비율은 피라미드 높이 H와 막대기 길이 L의 비율과 같다. 이 관계는 다음과 같이 쓸 수 있다.

$$\frac{P}{S} = \frac{H}{L}$$

이 수식을 다시 정렬하면 아래처럼 나타낼 수 있다.

$$H = \frac{PL}{S}$$

따라서 피라미드 높이는 막대기 길이와 피라미드 그림자 길이를 곱한 값을 막대기 그림자 길이로 나눈 값이다. 이 계산은 결국 비례식$^{Rule\ of\ Three}$으로 알려진 중세 항법의 중심축이 됐다. 만약 닮은꼴 삼각형에 관한 세 가지 사실을 안다면 미지의 네 번째 사실도 계산할 수 있고 세상이 당신 발밑에 놓인다.

탈레스가 가장 좋아한 삼각형에 관한 발견은 원 안에 삼각형을 만든 것이었다. 그는 원의 지름(원의 중심을 지나는 선분)을 밑변으로 하고 원주(원둘레)에 한 꼭짓점이 있는 삼각형을 만들면 해당 꼭짓점이 있는 각의 크기는 항상 직각임을 보여줬다. 전설에 따르면 탈레스는 이 통찰에 너무 충격을 받아 그 계시에 대한 감사로 신들에게 황소를 제물로 바쳤다.

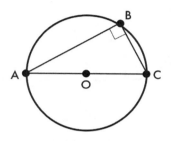

원의 지름과 원주 위 임의의 한 점으로 만든 삼각형은 항상 직각삼각형이다.

반원 안에 직각삼각형을 만드는 탈레스의 방법은 의심할 여지 없이 건축업에 사용됐다. 건물을 지으려면 선의 위치를 정해야 한다. 정오에 오벨리스크 같은 높은 기둥의 그림자가 드리워지는 곳을 관찰하면 완벽한 남북선이 보일 것이다. 이제 말뚝에 밧줄을 묶은 뒤 남북선 위에서 꼭짓점으로 삼고 싶은 한 지점(A)에 말뚝을 박는다. 밧줄의 다른 쪽 끝을 이용해 땅 위에 원을 그린다. 이 원과 남북선이 만나는 곳을 B라고 하면 B를 중심으로 처음 원과 반지름이 같은 원을 더 그릴 수 있다. 그 원이 첫 번째 원(C)과 만나는 곳을 지나고 B에서 C를 거쳐 D까지 가는 긴 선분을 그린다. 점 A, B, D를 연결하면 직각삼각형을 이루고 선분 AD는 동쪽과 서쪽을 똑바로 잇는 선이 된다. 태양을 숭배하는 신전을 짓는 출발점으로 더 좋은 방법이 있을까?

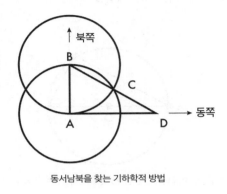

동서남북을 찾는 기하학적 방법

8살 아이들이 배울 수 있을 만큼 아주 기본적인 원리지만 건축가들이 처음부터 탈레스의 방법으로 직각을 만들지는 않았을 것이다. 기록에 따르면 기원전 2000년경 지금의 이라크에 살았던 학자들은 오늘날 어쩌다 피타고라스의 정리라고 부르는 방법을 사용했다. 직각삼각형을 이루는 변의 길이 사이에 엄격한 수학적 법칙이 있다는 사실은 건축업의 초석이었다. 우선 바닥 모양이 완벽한 사각형인 건물을 짓기 위해 인부들은 밧줄과 말뚝을 쥐었다. 이들은 밧줄을 12개의 똑같은 간격으로 나눈 뒤 한쪽 끝을 말뚝으로 고정했다. 벽 모서리로 삼고 싶은 곳에 밧줄 3단위만큼의 길이를 당겨 두 번째 말뚝을 박았다. 이제 약 90도 정도 꺾어 4단위 길이를 끌어당긴다. 세 번째 말뚝을 박은 다음 남은 밧줄을 첫 번째 말뚝으로 옮겼다. 남은 밧줄과 첫 번째 말뚝이 제대로 만나지 않으면 세 번째 말뚝을 움직여 조정했다. $3^2+4^2=5^2$이므로 두 번째 말뚝에서 완벽한 직각이 생긴다.

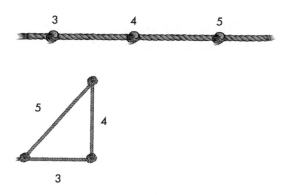

3, 4, 5 길이로 간격을 나눠 매듭지은 밧줄은 유용한 건축 도구였다.

삼각형, 원 그리고 각의 특성에 대한 이해는 우리 행성의 크기를 처음으로 엿볼 수 있는 기회가 됐다. 기원전 240년 이집트 알렉산드리아의 도서관장 에라토스테네스Eratosthenes는 이런 지적 도구상자를 이용해 지구 둘레를 계산했다.

고대 기록(아마 우리의 영웅이 사망한 지 몇 세기 후 기록)에 따르면 에라토스테네스는 1년 중 어느 날 정오가 되면 태양이 이집트 남부 도시 시에네(현재의 아스완)에 있는 깊은 우물의 바닥까지 비춘다는 말을 들었다. 그날은 바로 태양이 가장 북쪽에 있는 하지로, 오늘날 북회귀선이라고 불리는 위도의 도시들을 똑바로 비추고 있었다. 에라토스테네스는 이 정보를 알렉산드리아에 응용하면 (대략) 남북으로 뻗은 알렉산드리아와 시에네 사이 거리가 지구 둘레에서 차지하는 비율을 계산할 수 있다고 추정했다. 하짓날이 되자 에라토스테네스는 다림줄(수직이나 수평을 가늠할 때 쓰는 줄_옮긴이)을 이용해 땅에 수직으로 막대를 세웠다. 그리고 정오가 됐을 때 막대와 막대 그림자가 이루는 각의 크기를 측정했다. 7.2도였다. 지구 한 바퀴는 360도니 알렉산드리아와 시에네 사이 거리는 지구 둘레의 7/360이어야 했다. 에라토스테네스는 두 도시 사이 거리가 5,000스타디아(고대 그리스 길이 단위_옮긴이)라는 것을 알고 있었으므로 비례식으로 지구 둘레를 계산했다. 그의 답은 약 25만 스타디아였다.

에라토스테네스의 결과가 얼마나 정확했는지 알려주고 싶다. 불행히도 우리는 스타디아가 오늘날의 단위로 어떻게 변환되는지 잘 모르기 때문에 함부로 확신할 수 없다. 하지만 대략적인 값은 확실하다. 오늘날 적도 둘레는 대략 2만 4,000마일이다. 에라토스테네스의 측정값은 아마 2만 4,000~2만 9,000마일 사이일 것이다. '베타' 또는 '두 번째로 최고'라 불렸던 사람에게 이 성과는 참으로 의미심장하다. 많은 분야에 뛰어난 에라토스테네스였지만 실제로는 어떤 분야에서도 1등을 한 적이 없기 때문이다.

우리의 '두 번째로 최고 씨'는 여기서 멈추지 않았다. 에라토스테네스는 낮과 밤을 만드는 지구 자전축이 태양 주위를 도는 공전축과 평행하지 않다는 사실을 알아냈다. 이것이 바로 계절이 생기는 이유다. 자전축과 공전축이 기울어져 있다는 건 지구가 태양 주위를 도는 특정 지점에서는 북반구가 6개월 후 받는 양보다 더 강한 햇빛을 받고 있다는 뜻이었다. 에라토스테네스는 그림자의 기하학을 이용해 이 기울기가 얼마인지 계산했고 그 결과 11/83×180도, 즉 23.85도라는 값을 얻어냈다. 실제 각도는 약 23.4도다. 다시 한 번 꽤 잘해냈다.

사인, 코사인, 탄젠트

삼각형 이야기는 사악한 3인조를 마주해야 끝낼 수 있다. 바로 사인sine, 코사인cosine, 탄젠트tangent다. 이 세 단어를 명확하게 이해하는 사람은 거의 없다. 간단히 말해 사인, 코사인, 탄젠트는 직각삼각형 세 변의 길이 중 두 변 길이의 비다. 요즘은 계산기 버튼에서 가장 자주 접한다. 얼마 전까지만 해도 삼각비 표가 인쇄된 소책자가 흔했다. 내 첫 기하학 선생님은 수업 시작과 동시에 그 소책자 중 하나, 내 기억에 빨간색과 하얀색 표지로 된 책자를 학생들에게 건네줬다. 나 역시 무의미한 수학 문제의 답을 찾는 수단으로 사인과 코사인, 탄젠트 값을 이용했다.

대체 사인, 코사인, 탄젠트가 뭘까? 이 용어가 언제 널리 사용됐는지는 불분명하지만 그 값의 변형은 수천 년 동안 존재했을 수 있다. 이집트 서기 아모스를 기억하는가? 아모스가 정리한 린드 파피루스 사본에 다음과 같은 질문이 있다. '피라미드 높이가 250큐빗이고 밑변 길이가 360큐빗이라면 그 섹트seked는 얼마일까?' 직각삼각형 두 변 길이의 비를 포함한 아모스의 답에서 섹트는 오늘날의 코탄젠트cotangent, 즉 탄젠트의 역수임을 알 수 있다. 아모스의 문제에서는 피라미드 밑변과 면 사이 각도에 대한 탄젠트의 역수다. 하지만 너무 앞서가고 있으니 사인부터 알아보자.

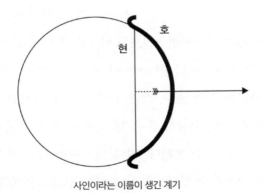

사인이라는 이름이 생긴 계기

사인이라는 이름은 실수로 붙였다. 왼쪽 그림에서 세로로 똑바르게 뻗은 선분을 보자. 이 선분을 호에 대한 '현'이라고 한다. 호는 활과 화살에서 활처럼 보이는 원주의 일부다. 산스크리트어로 현이라는 단어는 활시위를 뜻하는 jiya와 같다. 아랍어로는 이 단어를 jayb로 번역했지만 약칭을 쓰는 전통에 따라 jb로 기록됐다. 고대 기하학 문헌을 라틴어로 옮기는 사람들은 이 단어를 가슴이나 유방을 뜻하는 jaib로 착각해 라틴어로 가슴을 뜻하는 시누스sinus를 썼다.

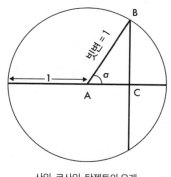

사인, 코사인, 탄젠트의 유래

하지만 사인이란 정확히 뭘까? 코사인이나 탄젠트처럼 사인도 삼각형 변 길이의 비율(이게 더 맘에 든다면 비교)에 불과하다. 각 a의 사인은 삼각형 ABC 높이(BC)와 원의 반지름(그림에서는 삼각형 ABC의 빗변, AB) 사이의 비다. 즉, 각 a의 사인은 높이를 빗변 길이로 나눈 값이다. 각 a의 여각의 사인, 즉 코사인은 삼각형 밑변(AC)과 빗변(반지름 AB)의 비다. 각 a의 탄젠트는 삼각형 높이(BC)와 밑변(AC)의 비다. 그리고 이 지식을 안전하게 배에 실으면 육지가 보이지 않는 곳으로 항해할 준비가 끝난다.

길을 찾아서

1683년 프랑스 항해사 기욤 데니스Guillaume Denys는 '항해란 직삼각형에 불과하다'고 말했다.[4] 데니스가 말한 직삼각형은 바로 직각삼각형을 일컫는다. 데니스는 선원이라면 직각삼각형의 특성만 알면 된다고 강조했다. 이 말은 수백 년 동안 확립된 진리로 지중해 선원들의 풍배도wind rose(바람장미)에서 비롯됐다. 풍배도는 항구나 다른 관심 장소를 선분으로 연결한 도표다. 이 도표를 올바르게 그리면 북쪽을 기준으로 한 선분의 각도가 항해를 위한 나침반 역할을 한다.

선원들은 이를 《포르톨라니Portolani》라는 지도책에 한데 모아 13세기 지중해를 항해하는 데 널리 사용했다. 하지만 항구에서 항구까지 직선으로 항해하는 경우는 드물었다. 배가 항로를 이탈하면 그 이유가 불리한 바람 때문이든, 진로에 방해되는 섬 때문이든 또는 길을 가로막는 해적 때문이든 선원들은 삼각형의 수학, 즉 삼각법을 이용해 항로를 되돌렸다. 그래서 사인이나 코사인 표 또는 사인 사분의처럼 항로 계산용 도구를 갖고 다녔다.

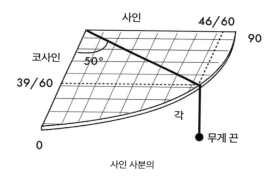

사인 사분의

사인 사분의에 대한 첫 설명은 9세기에 등장했다. 당시 바그다드 '지혜의 집House of Wisdom'의 수석 사서 콰리즈미(앞 장에서 0을 소개한 인물)는 4분의 1 원에 사각 격자를 놓은 뒤 그 원점에 끈을 고정했다. 끈의 다른 끝은 90도로 나뉜 곡선 가장자리에 닿았다. 두 직선 모서리에는 60개 간격으로 표시된 눈금이 있었다. 한 모서리는 각의 사인값을 계산하고 다른 모서리는 코사인값을 계산한다.

요즘은 인터넷에서 인쇄용 사인 사분의 그림을 내려받을 수 있다. 사인 사분의는 놀라울 정도로 사용하기 쉽다. 끈으로 각도를 설정한 뒤 사인 또는 코사인 모서리에서 끈이 가리키는 값을 읽으면 된다. 하지만 사인이나 코사인을 전혀 이용하고 싶지 않은 선원이라면 해상용으로 특별히 제작된 삼각법 표, 마르텔리오의 법칙Toleta de Marteloio을 사용하면 된다. 마르텔리오의 법칙은 바람이나 다른 뭔가가 항해를 방해할 때 경로를 바로잡는 방법을 알려줬다. 항로를 얼마나 벗어났는지, 원하는 항로에서 얼마나 떨어졌는지만 알면 마르텔리오의 법칙이 새로운 방향에서 이동할 수 있는 거리를 안내하므로 다시 항로에 오를 수 있었다.

이 법칙은 또 다른 표에 의존한다. 바로 나침도compass rose다. 나침도는 각 4분의 1을 8개 '방위'로 세세히 나눠 방향을 표시한다. 예를 들어 1사분면은 북미동, 북북동, 북미북동, 북동 등을 나타낸다.

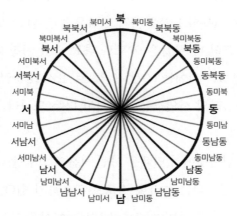

나침도. 각 이름이 방위를 나타낸다.

우리가 13세기 선원처럼 생각할 수 있는지 보자. 아테네에서 크레타에 있는 헤라클리온까지 항해하고 싶다고 상상해 보라. 크레타는 남남동쪽으로 약 212마일 떨어져 있지만 우리 배는 바람 때문에 남쪽으로만 항해할 수 있다. 그래서 에게해를 통과할 때 '추측항법Dead Reckoning'으로 현재 위치까지 항해한 거리를 계산하려 한다. 추측항법은 배를 지나가는 파도를 보고 속도를 추정하거나 배 밖으로 나무를 던져 나무가 배를 완전히 통과하는 데 걸리는 시간을 계산하는 기술이다. 남쪽으로 75마일을 항해하고 나니 바람이 바뀌어 이제는 동남쪽으로 항해할 수 있다. 하지만 원래 의도한 항로로 돌아가려면 얼마나 오래 그 방향으로 항해해야 할까?

데니스가 말했듯이 직각삼각형을 이용하면 된다. 그리고 마르텔리오의 법칙이 있으니 삼각법을 걱정할 필요도 없다. 원래 의도한 항로에서 멀어진 방위 수와 현재까지 항해한 거리를 알면 마르텔리오의 법칙이 이탈 항로의 거리를 알려준다. 그런 다음 원래 의도한 항로와 곧 항해하려는 '귀환' 항로 사이에 있는 적절한 방위 수를 고르면 귀환 항로를 따라 얼마나 가야 하는지 알 수 있다. 마지막으로 귀환 항로의 끝점에 이르면 마르텔리오의 법칙이 원래 의도한 항로로 항해할 때까지 남은 거리를 알려준다.

| 마르텔리오의 법칙 |

방위 수	이탈 항로	유효 항로	귀환 항로	유효 항로
	100마일당	100마일당	이탈 항로 10마일당	이탈 항로 10마일당
1	20	98	51	50
2	38	92	26	24
3	55	83	18	15
4	71	71	14	10
5	83	53	12	61/2
6	92	38	11	4
7	98	20	10 1/5	2
8	100	0	10	0

항로를 바로잡도록 도와주는 간단한 마르텔리오의 법칙

우리는 남쪽으로 75마일을 항해했으므로 이상적인 항로에서 2방위 떨어진 곳에 있다. 따라서 마르텔리오의 법칙을 이용해 계산하면 75/100×38마일, 즉, 28.5마일 벗어났음을 알 수 있다.[5] 그래서 원래의 이상 항로에서 4방위 더 나아가 (원래 항로로) 돌아오는 항해를 하게 될 것이다. 그렇다면 얼마나 항해해야 할까? 정답은 28.5÷10×14마일, 즉 40마일이다. 이렇게 하면 원래 의도한 이상 항로로 돌아와 헤라클리온으로 향하는 남은 거리를 항해할 수 있다.

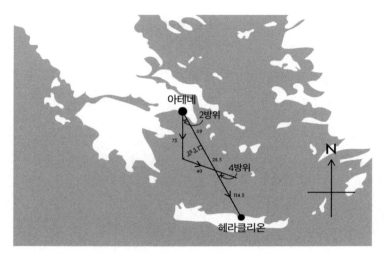

방위와 마르텔리오의 법칙을 이용하면 아테네에서 헤라클리온으로 가는 경로를 탐색할 수 있다.

이제 모든 계산이 잘 끝났다면 우리는 남쪽으로 75마일 그리고 동남동쪽으로 40마일 그리고 거기서부터 114.5마일을 항해해야 한다. 항로가 틀리면 이 과정을 반복하면 된다. 따라서 도표를 보며 항해 상황을 확인하고 배가 좌초될 수 있는 얕은 지역을 조심하면 음식과 식수가 바닥날 때까지 끝없이 항해하진 않으리라고 확신할 수 있다.

지도 제작

삼각측량법과 표는 항해사들의 필수 도구여서 항해사를 양성하는 학교를 세우거나 교과서를 제작하는 교육 사업가에게는 돈벌이가 됐다. 경험이 풍부한 교사들은 이 두 가지를 모두 했을 것이다. 그 결과 모든 학생은 선생님이 만든 교과서를 사야 했을 것이다. 프랑스 수학자 데니스는 삼각법 지식을 매우 노련하게 활용해 항구도시 디에프에 항해 학교를 설립했다. 그리고 그곳에서 프랑스 해군 훈련생, 민간 선원, 심지어 해적도 교육했다. 데니스의 왕립 수로 학교는 16세기와 17세기에 생긴 유럽의 많은 항해 교육기관 중 하나였을 뿐이다. 항해사들은 무지함이나 문맹, 야만적 행동으로 유명했지만 그들 중 수많은 이가 뛰어난 수학자였다.

하지만 그들은 한계를 깨달았다. 지중해 포르톨라니에서는 통했던 평평한 삼각형 기하학이 더 긴 항해에서는 통하지 않았다. 지구는 (대체로) 구인 데다 표면도 휘어 있어 삼각형과 다르다. 삼각법이 지구에 통하는지 알아보려면 오렌지 껍질에 삼각형을 그린 뒤 껍질을 벗겨보면 된다. 껍질 위 도형이 과연 삼각형처럼 보일까? 그렇지 않다. 삼각형의 세 변이 툭 튀어나와 있다. 따라서 각 꼭짓점에 있는 내각을 더하면 평면에 그린 삼각형 내각의 합 180도보다 더 크다는 걸 알 수 있다. 그러니 일정한 나침반 방향을 따라 바다를 항해한다는 건 지구 표면을 직선으로 가로지른다는 뜻이 아니다. 실제로는 항정선loxodrome으로 알려진 경로를 따라간다. 항정선은 항상 일정한 각도로 남북 자오선을 가로지르며 지구 주위를 휘감는 나선형 곡선이다.

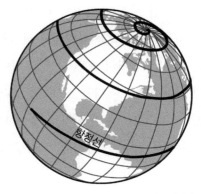

항정선

고정된 나침반 방향을 따라가면 항정선 위에서 지구 주위를 나선형으로 돌게 된다.

다시 말하면 미국 뉴욕에서 영국 브리스틀로 향하는 나침반 방향을 안다고 해도 그 방향으로 항해하는 게 가능한 가장 빠른 경로는 아닐 것이다. 따라서 구 위에서 두 지점 사이의 최단 경로를 택해야 한다. 두 지점을 모두 통과하며 원의 중심이 지구 중심에 있는 원주를 구하는 것이다. 이 원은 바로 지구 표면을 항해하는 데 적용되는 '대권great circle'으로 알려져 있다.

이제 뉴욕과 브리스틀을 오가는 대권항로 여행을 계획하며 배를 준비한다고 상상해 보자.[6] 항해할 거리를 계산하려면 먼저 구면삼각형(구면 위 세 점을 이어 만든 삼각형_옮긴이)을 떠올려야 한다. 구면삼각형의 꼭짓점 중 하나는 뉴욕에 있고 다른 하나는 브리스틀에 있으며 세 번째 꼭짓점은 북극에 있다고 하자. 뉴욕과 브리스틀의 위도(즉, 두 지점이 있는 적도의 위나 아래)를 안다면 표준 삼각법으로 두 지점 사이의 거리를 계산하면 된다. 하지만 이 과정은 길고 지루하다. 수많은 삼각형을 상상하는 것도 모자라 그중 일부는 지구 중심에서 표면 너머로 튀어나온 것도 있을 것이다. 이런 삼각형들로 거리를 구하려면 복잡한 삼각법 계산을 따라야 할 것이다. 그러다 각 삼각형 계산이 잘못되기라도 하면 곤경에 빠질 수도 있다. 그러면 대안은 항해 학교로 가 선생님께 지름길을 배우는 것이다.

지구의 둥근 표면이 지닌 복잡한 속성은 지도 제작의 주된 문제다. 기하학자들은 오래전부터 지구 곡면을 아무 왜곡 없이 지도처럼 평평한 표면으로 곧장 변환할 순 없음을 알고 있었다. 수천 년 동안 지도 제작자들은 지구 곡면을 평면으로 그릴 때 오차를 최소화할 수 있는 '투영법projection'을 추구해 왔다. 투영법은 곡면을 평면으로 옮길 때 위도와 경도를 측정해 수학적 연산을 수행하므로 모든 다양한 점 사이의 각도와 거리가 이치에 맞는다. 투영법과 관련된 수학은 구의 기하학과 삼각법을 조합한 것이다(그리고 현대에는 몇 장 후 얘기할 미적분학도 쓰인다).

지금까지 알려진 최초의 세계지도 투영법은 2세기에 살았던 알렉산드리아의 아가토데몬Agathodaemon of Alexandria이 시작한 것으로 보인다. 비슷한 시기 알렉산드리아에 살았던 그리스 수학자 프톨레마이오스Ptolemaeos는 저서 《지리학Geographia》에 아가토데몬의 지도를 실었다. 이 세계지도는 위도와 경도가 그려진 투영도로 당시에는 혁명적이었다. 하지만 위도선이 휘어져 있는데다 경도선도 평행하지 않고 최북단 지점에서 돌출돼 있었다.

거의 같은 시대에 티레의 마리누스Marinus of Tyre라 불리는 지도 제작자가 '등방형 투영법equirectangular projection'을 고안해 지역 지도를 만들었다. 등방형 투영법에서 위도는 수평으로, 경도는 수직으로 그려지고 모든 선은 똑같은 간격으로 설정된다. 여기저기 몇몇 수정 흔적이 있는 이 지도는 1,000년 넘게 항해자들의 여정을 충분히 행복하게 했다.

콜럼버스 역시 지도 제작자로서 그의 항해에 알맞은 정교하고 정확한 지도를 만들어야 했다. 15세기 말 스페인과 포르투갈 왕실은 동인도제도나 아메리카 대륙까지 안전하게 꾸준히 항해하는 사람에게 막대한 재산을 주겠다고 약속했다. 이 말은 곧 지도 제작자들이 항해자가 따라야 할 정확한 안내서를 담은 기하학적 구조를 만들어야 한다는 뜻이었다. 콜럼버스가 후원자들에게 보낸 1492년 일기를 보면 결정적인 뭔가를 만들려는 의도가 드러난다.[7]

저는 대양의 바다와 육지를 알맞은 위치에 두고 그 아래 각 위치의 풍향을 표시한 새로운 항해도를 그릴 작정입니다. 나아가 책을 써서 각 평분 위도와 서쪽 경도에서의 모든 것을 그려 넣을 겁니다. 무엇보다 중요한 건 내가 잠을 잊고 항해에 집중하는 일이겠지요. 그래야 임무를 완수할 수 있으니까요. 이 모든 건 힘든 작업일 겁니다.

하지만 구면기하학의 기본은 구체의 평면도가 모든 면에서 완벽하진 않음을 뜻한다. 우리에게 가장 친숙한 세계지도를 보자. 1569년 헤라르뒤스 메르카토르Gerardus Mercator가 투영법으로 제작한 세계지도는 선원들에게 유용해 널리 쓰였다. 메르카토르가 구면삼각법을 다루는 동안 그의 지도에 있는 어떤 두 지점 사이 각도는 지구 구면 그대로 유지됐다. 즉, 지도의 나침반 방위가 배의 나침반 방위로 변환된 것이다. 단점은 있었다. 적도에서 멀리 떨어진 광활한 육지와의 거리가 엄청나게 늘어났다. 실제로 세계는 메르카토르의 투영도와 비슷해 보이지 않았다. 예를 들어 알래스카는 브라질의 1/5 크기다. 하지만 메르카토르는 두 지역이 똑같아 보이게 그렸다. 그린란드도 아프리카보다 14배 더 크지만 메르카토르는 똑같은 크기로 그렸다. 하지만 북쪽이나 남쪽으로 너무 멀지 않은 바다를 항해하고 있다면 누가 신경이나 쓸까?

물론 오늘날의 지도는 매우 다르다. 요즘 지도는 '역동적'이

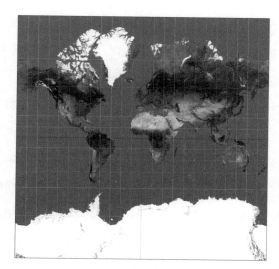

메르카토르투영법
출처: 스트레베^{Strebe}, CC BY-SA 3.0, 위키미디어 공용

다. 휴대전화의 GPS 지도처럼 필요에 따라 속성을 변경할 수 있다. 이런 지도는 항해자의 요구 사항에 따라 절충안을 바꿀 수 있어 유용하다. 이는 수학적 면에서 결코 쉬운 일이 아니다. 이 목표를 달성하는 데 필요한 수학적 묘기는 수십 년 동안 나사^{NASA} 최고 과학자들을 피해 다녔다.

결국 이 문제를 해결한 사람은 무명의 영웅 존 파 스나이더 John Parr Snyder였다. 아마 프톨레마이오스와 메르카토르는 익히 들어봤을 것이다. 하지만 스나이더라는 이름을 들어봤다면 깜짝 놀랄 일이다. 〈뉴욕타임스〉에 따르면 스나이더는 '어느 모로 보나 헤라르뒈스 메르카토르를 비롯한 역사상 모든 지도 제작자와 비슷한 인물'이었다.[8] 우리 삶에 더 직접적인 영향을 미친 기하학 수장을 찾기는 분명 어려울 것이다.

가장 좋은 의미에서 스나이더는 괴짜였다. 1942년 겨우 16살 때 지리, 천문학 그리고 수학을 공부하며 발견한 흥미로운 내용을 공책에 상세히 기록해 보관하기 시작했다.[9] 무엇보다 그 공책에는 삼각형에 관한 사실과 평면도형 및 입체도형에 대한 자기만의 생각과 통찰이 담겨 있었다. 이런 생각은 지도 투영법에 대한 매혹으로 빠르게 이어졌다. 스나이더는 수학 방정식이 지구의 점을 평면상 점으로 바꾸는 방법과 그 점들 사이의 기하학적 관계에 미친 영향에 사로잡혔다. 하지만 스나이더는 정식으로 지도를 공부한 적이 없었다. 대학에서는 화학공학을 공부했고 전공에 따라 직업을 찾아 나섰다. 스나이더가 전문적인 지도 제작 분야에 뛰어든 건 수십 년 후인 1970년대였다.

1972년 나사는 지구의 지리를 연구하기 위해 만든 첫 위성, 랜드샛-1Landsat-1을 발사했다. 나사 관계자들은 그 위성이 완전히 새로운 세계지도를 제공하리라 확신했고 2년 후 미국지질조사국United States Geological Surve, USGS 지도 책임자는 지도 제작에 알맞은 수학적 투영법을 설명하는 논문을 발표했다. 올던 콜보코르세스Alden Colvocoreses(친구들에게 콜보로 불렸다)는 위성 판독기 움직임, 위성 궤도, 지구의 자전과 '세차운동' 덕분에 지구 자전축이 2만

6,000년 주기로 진화하는 방식을 설명하는 지도를 상상했다. 지도 모양은 왜곡을 방지하기 위해 원통형이며 표면은 원통의 장축을 따라 앞뒤로 진동한다. 이렇게 하면 위성 데이터가 지도에 정리돼 처참한 왜곡은 없을 것이다. 대담한 생각이었다. 하지만 나사나 USGS의 그 누구도 투영도를 실제로 만드는 데 필요한 기하학적 분석을 할 줄 몰랐다.

스나이더는 1976년 아내에게 받은 다소 이상한 50번째 생일 선물 덕에 처음으로 이 문제를 알게 됐다. 그 선물은 오하이오 콜럼버스에서 열린 지도 제작 회의 '변화하는 측지 과학의 세계'에 참석할 수 있는 입장권이었다. 당시 콜보는 기조연설을 하며 지도 제작에 관한 자신의 문제를 개략적으로 설명했다. 스나이더는 콜보의 문제에 바로 꽂혔다. 그래서 5개월 동안 저녁과 주말을 반납하며 그 문제를 해결하는 데 매진했는데 남는 침실을 서재로 쓴 것과 텍사스 인스트루먼츠의 TI-56 휴대용 프로그래머블 계산기 외에는 어떤 기술도 사용하지 않았다. USGS는 스나이더를 거의 즉시 채용했다.

스나이더의 투영법은 '공간 사선 메르카토르투영법'이라 불린다. 한 전문가에 따르면 '지금까지 고안된 가장 복잡한 투영법 중 하나'였다. 무엇보다 각 데이터점에 82개 방정식을 적용하는 작업이 포함됐다. 그 결과 메르카토르투영법을 생성하면서도 움직이는 유리한 지점에서 위성 바로 아래 영역의 왜곡을 최소화했다. 그 투영법이 어떻게 작용하는지 여기서 깊이 살펴볼 순 없지만 배후 아이디어를 설명한 스나이더 논문에 사인, 코사인 그리고 탄젠트가 복잡하게 배열돼 있다는 점은 무척 흥미롭다. 삼각형의 성질을 처음 발견한 지 수천 년이 지났지만 우리는 여전히 삼각형의 힘을 이용하고 있다.

공간 사선 메르카토르투영법은 우리 행성의 위성 지도를 만드는 데 필수 단계였다. 위성 지도는 군사 작전과 항해부터 일기예보, 환경 보존, 기후 모니터링에 이르기까지 21세기 문명의 모든 것에 꼭 필요하다. 스나이더의 투영법은 구글 지도, 애플 지도, 자동차 위성 내비게이션 그리고 우리가 생각할 수 있는 또 다른 디지털 지도 기술을 마련해 줬다. 마침내 지구에 대한 신의 관점을 갖게 된 것이다. 항해사 헨리 왕자가 프레스터 존을 급히 찾던 데서 시작됐다고 가정하면 스나이더의 업적이 이뤄지기까지 600년이 걸렸다.

파이와 원

·

지금 내가 삼각형에 꽂혀 있다는 이유로 원의 성질을 수박 겉핥기로 지나치는 건 잘못이다. 원 역시 우리가 다룬 이야기에서 중요한 역할을 했다.

삼각형과 마찬가지로 원을 향한 인간의 관심에는 언제나 지극히 실용적인 동기가 있었다. 고대 통치자들은 삼각형과 직사각형의 넓이로 토지 소유자에게 부과해야 할 세금을 알 수 있었다. 그 모양이 어떻든 모든 토지는 직사각형과 삼각형으로 나눌 수 있기 때문이다. 그러면 해당 토지의 총넓이를 쉽게 계산해 납세자가 내야 할 세금을 통지할 수 있었다. 같은 방식으로 원통형 화분이나 곡물 저장기(또는 원뿔형 향신료 더미까지도)의 부피를 계산하는 일은 재배나 구매, 제조된 상품의 세금 인상 문제와 관련 있었다. 그리고 그 부피를 계산하려면 원을 알아야 했다.

첫 번째 실질적 관심사는 원지름에 대한 원주 비율, 즉 원주율의 정확한 값을 얻는 것이다. 원주율은 그리스문자 π로 알려진 값이다. 그리고 원주는 원지름×π로 구한다. 수많은 고대 문명은 π값을 정확하게 따지지 않았다. 바빌로니아와 초기 중국 기하학자는 3.0, 기원전 1500년경 이집트인은 3.16을 사용했다. 아르키메데스Archimedes는 먼저 원 안에 여러 개 변으로 둘러싸인 다각형을 그려 원주율의 근삿값을 찾았다. 그 모양을 다각형 변 중 하나(다른 두 변은 원의 반지름)인 삼각형으로 분할해 각 '이등변'삼각형의 넓이를 모두 더하면 다각형 전체 넓이를 알 수 있다. 삼각형을 많이 그릴수록 다각형의 넓이는 원 넓이에 가까워지고 π값도 정확해진다. 모든 삼각형의 넓이는 대략 원의 넓이와 같고 이 값은 πr^2이다. 반지름 r을 알면 π값을 얻을 수 있다. 기원전 240년 아르키메데스는 바퀴의 특징을 살펴보다가 π가 대략 3.140과 3.142 사이 값이라는 사실을 알아냈다 (정96각형을 통해).

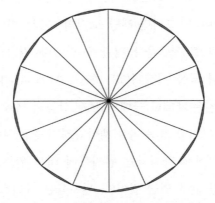

아르키메데스가 원에 내접한 삼각형으로 π값을 계산한 방법

서기 450년경 중국 기하학자 조충지祖沖之는 24,576각형을 만들어 π값이 3.1415926과 3.1415927 사이라고 계산했다. 오늘날 π값은 3.14159265358979…으로 알려져 있으며 소수점 이하 수조 자리까지 계산됐다.

만약 외계인이 지구에 착륙한다면 π에 푹 빠진 우리를 보며 깜짝 놀랄지도 모르겠다. 다른 어떤 숫자도 그렇게 집요하게 연구된 적이 없다. π는 장편영화나 다큐멘터리, 음악 및 예술 주제기도 하다. 아마 지금은 내가 삼각형을 너무 편애하고 있겠지만

π의 매력이 어디서 왔는지도 무척 궁금하다. 소수점 이하의 숫자가 무한하고 거기에 눈에 띄는 규칙도 없어서일까? 그건 꽤나 매력적이다. 원도 끝이 없으니까. 하지만 삼각형에서 온 2의 제곱근의 무한한 값과 그렇게나 다를까?

물론 π는 의심할 여지 없이 유용하다. 수학, 물리학, 금융, 건축, 예술, 음악 그리고 공학 등 몇 가지만 예로 들어도 어디서나 튀어나온다. π는 반복 현상에 대한 수학적 설명과 밀접한 관련이 있기 때문이다. 만약 파동의 수학을 알고 싶다면 그 파동이 소리, 물, 응용 전자기학, 주식시장 데이터 또는 다른 어떤 매개체에서 발생하든지 사실상 그 속성이 원을 그리며 순환하는 모습을 보고 있다는 것이고 그 이유로 π가 필요할 것이다. 하지만 지금 우리는 수학이 우리 문명에 미친 영향을 살펴보고 있다. 따라서 π를 가장 간과한 응용 분야 중 하나인 건축에 관해 짚어보려 한다.

숫자에 의한 건축

만약 오늘날 터키 이스탄불에 있는 성소피아대성당을 방문한 적이 있다면 아마 그 아름다움에 너무 압도돼 건물의 수학적 구성을 알아차리지 못했을 것이다. 사실 성소피아대성당은 두 수학자, 밀레투스의 이시도로스Isidore of Miletus와 트랄레스의 안테미우스Anthemius of Tralles가 설계했다.[10]

유스티니아누스Justinianus 황제는 폭도들이 파괴한 교회 터에 돌로 새로운 교회를 세우려고 이시도로스스와 안테미우스를 고용했다. 그 과정에서 수만 명의 사람이 무엇보다 높은 세금에 항의하다 목숨을 잃기도 했다. 유스티니아누스는 뭔가 위엄 있는 것, 그 도시에 황제의 권위를 깊이 새길 만한 것을 노리고 있었다.

성소피아대성당의 설계는 그 일에 안성맞춤이었다. 기하학적 구조는 길이가 82미터인 직사각형 바실리카가 56미터 높이의 돔이 돋보이는 중앙 정사각형 구조와 결합해 인상적이고 복잡했다. 이렇게 야심 찬 건축물은 지금껏 시도된 적이 없었다. 서기 537년 완공된 성소피아대성당은 당시 지구상에서 가장 큰 건물이었다. 이는 콘스탄티노플의 자랑이 됐고 경이로운 세계 건축물 중 하나로 빠르게 인정받았다. 건축가들은 어떻게 불과 6년 만에 이 놀라운 위업을 달성했을까? 그 이유는 바로 π의 근삿값과 2의 제곱근을 이용해 알렉산드리아의 헤론Heron of Alexandria이 고안한 기하학적 지름길을 따라갔기 때문이다.

헤론은 서기 10년경 태어난 유명한 수학자이자 발명가였다. 그는 물을 퍼 올리는 방법, 삼각형 넓이를 구하는 방법, 증기기관을 만드는 방법 등 수많은 위업을 달성했다. 헤론의 건축학

성소피아대성당
출처: 미 의회도서관 인화 및 사진부 공용, 워싱턴 D. C. 20540

저서《스테레오메트리카Stereometrica》는 알렉산드리아와 콘스탄티노플의 대학들에서 강의하던 이시도로스와 안테미우스에게 잘 알려져 있었을 것이다. 《스테레오메트리카》는 다양한 건축물의 부피와 표면을 계산해 필요한 자재와 운송 예산과 계획을 알려주는 실용적인 책이다. 또 건축 계획을 통해 진행 방향도 알려준다.

가장 유명한 건축 구조물에는 곡선과 원, 구면기하학이 필요하다. 즉, π를 사용한다는 뜻이다. 하지만 앞서 봤듯이 그리스인에게 π는 존재하지 않았던 무리수 중 하나다. 그래서 그 값을 기록할 수도, 석공에게 전달할 수도 없었다. 당연히 헤론도 π의 근삿값을 제안하기 전에 '측정하기 힘든 수'라고 적었다. 헤론은 π 대신 22/7를 제시한 다음 반지름이나 지름은 7의 배수로 설정하는 예제를 사용했다. 그래서 아치형 지붕이나 돔의 다양한 속성을 다룰 때 분수 아래쪽, 즉 분모를 쉽게 약분할 수 있게 했다. 게다가 헤론은 건축가의 삶을 훨씬 편하게 해주는 기하학 대가였다. 성소피아대성당에 있는 돔과 같은 '펜던티브' 돔은 두 부분으로 이뤄져 있다. 위쪽에는 속이 빈 반구가 있고 구면삼각형 모양으로 이뤄진 약간 큰 지지대가 반구를 떠받친다. 헤론은 그 구면삼각형의 정확한 계산 방법을 설명한다. 반구 안에 정육면체 절반을 내접한 뒤 반구에서 4개의 구면 단면을 뺀다. 그러면 부피(무게)와 겉넓이(그리고 필요한 석고의 양)를 쉽게 계산할 수 있다. 게다가 이 작업이 끝날 무렵 헤론은 건설업계에 '표준 해법'을 제공할 정도로 숫자 작업을 줄였고 현장 책임자가 머릿속으로 해야 할 계산을 최소화했다.

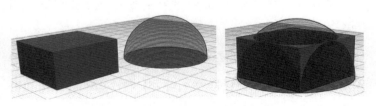

성소피아대성당의 돔은 반구에서 자른 정육면체 절반에서 파생됐다.

원래 성소피아대성당 돔은 한 변 길이가 100비잔틴피트인 정사각형 위에 지어졌다고 여겨진다. 여기서 100비잔틴피트는 어림한 수다. 1비잔틴피트가 정확히 얼마인지 알 순 없지만 오늘날 길이로 따지면 한 변 길이가 약 31미터인 정사각형으로 볼 수 있다. 따라서 한 변 길이가 100피트라면 비잔틴피트의 정의는 확실히 계산 가능한 범위에 들어간다. 하지만 전체 둘레가 100피트인 정사각형이라면 그 대각선 길이, 즉 정사각형 한 꼭짓점에서 맞은편 꼭짓점까지 거리는 이 정사각형 절반이 피타고라스학파에 많은 슬픔을 안겨준 직각삼각형의 축소판이라는 사실을 나타낼 것이다. 다시 말해 정사각형의 대각선 길이가 2의 제곱근의 배수라는 사실을 고려해야 한다. 그러면 성소피아대성당처럼 정사각형 꼭대기에 있는 돔 지름이 141.421356237…피트가 될 수도 있다. 비잔틴제국의 측량사는 어떤 도구로도 이 무리수를 처리할 수 없었을 것이다.

헤론처럼 먼저 원으로 계산해 보자. 만약 더 쉽게 계산하고 싶다면 정사각형의 대각선, 즉 돔 지름을 140피트로 설정하는 편이 훨씬 더 합리적일 것이다. 140은 7의 배수이므로 π의 근삿값 22/7와 쉽게 약분된다.

만약 대각선 길이가 140피트라면 이시도로스와 안테미우스는 현장 감독에게 정사각형 한 변 길이를 알려주고 나서 공사를 시작했을 것이다. 그리고 아마 변과 대각선 수열이라 불리는 피타고라스의 방법으로 그 길이를 계산했을 것이다. 이 방법을 사용하면 $\sqrt{2}$ 의 근삿값을 얻을 수 있다.

우선 한 변 길이가 1인 정사각형에서 시작하자. 그리고 그 정사각형의 대각선 길이도 1이라고 하자. 분명 이 값은 매우 대략적인 근삿값이다. 이를 개선하려면 더 큰 정사각형을 만들어 그 정사각형의 대각선에 접근해야 한다. 다음 정사각형의 한 변 길이는 이전 변 길이와 대각선 길이를 더해 얻는다(따라서 이 경우에는 2). 이 정사각형의 대각선 길이를 구하려면 이전 대각선 길이에 이전 변 길이의 2배를 더한다(이 경우는 3).

변에 대한 대각선 길이를 분수로 정리하면 3/2, 즉 1.5가 된다. $\sqrt{2}$ 에 살짝 더 가까운 근삿값이다. 이 정사각형이 점점 커질수록 7/5, 17/12, 41/29, 99/70 등을 얻는다. 즉, 정확한 $\sqrt{2}$ 값에 점차 가까워진다. 예를 들어 99/70은 1.41428…으로 $\sqrt{2}$ 에 꽤 가까운 값이 된다($\sqrt{2}$ 는 1.41421…).

이시도로스와 안테미우스는 이 분수들 중 공사하기에 가장 알맞은 값을 사용했다. 그리고 대각선 길이를 알고 있는 정사각형의 한 변 길이를 S라고 했다. 정사각형을 대각선으로 자른 삼각형은 세 변 길이의 비가 1, 1, $\sqrt{2}$ 인 삼각형과 닮은 삼각형이므로 1 : $\sqrt{2}$ 는 S : 140의 비와 같다. 여기서 $\sqrt{2}$ 대신 99/70을 대입하면 다음과 같다.

$$\frac{S}{140} = \frac{1}{99/70}$$

비례식을 이용해 이 식을 풀면 S값은 99피트에 가까울 것이다. 이때 99피트는 한 변 길이로 정할 수 있는 완벽한 근삿값이다. 성소피아대성당 건축가들은 그 정사각형을 그리기 어렵지 않았을 것이다. 그리고 돔 아래 정사각형의 대각선이 π의 배수였으므로 비교적 쉽게 돔을 건설할 수 있었을 것이다.

어쩌면 이시도로스와 안테미우스는 이렇게 많은 계산을 할 필요가 없었을지도 모른다. 헤론은 돔의 지름과 돔 건설에 관한 모든 숫자를 찾아 표를 만들었을 것이다. 그 어떤 표도 남아 있진 않지만 헤론이 다른 목적으로 만든 비슷한 표는 전해진다. 게다가 헤론은 건축가를 돕기 위한 도표도 그렸다. 그 도표는 돔 그리고 성소피아대성당 아치형 지지대 일부와 묘하게 비슷해 보인다.

이시도로스와 안테미우스는 거의 틀림없이 헤론이 만든 지름길을 이용했다. 몇몇 문헌에 따르면 이시도로스는 아치형 구조물 설계와 건축 계산 방법에 관한 헤론의 해설서(지금은 분실됨)를 참조했다. 분명히 말하지만 헤론은 다른 수학자들, 특히 아르키메데스의 어깨 위에 당당히 서 있었다. 전 세계에는 고대 기하학 비율을 보여주는 수많은 사례가 있다. 영국 북동부에 있는 더럼대성당Durham Cathedral은 확실히 정사각형 한 변 길이와 대각선 길이 비의 근삿값을 이용해 지어졌다. 14세기 후반 밀라노 대성당Milan Cathedral을 설계한 건축위원회는 수학자 가브리엘레 스토르놀로코Gabriele Stornoloco에게 도움을 요청해 대성당 구조를 'ad quadratic'으로 할지 아니면 'ad triangulum'으로 할지 논의했다. 즉, 정사각형의 대각선 비를 따를지 아니면 정삼각형 높이와 한 변 길이의 비를 따를지 고민한 것이다.[11] 스토르놀로코는 정사각형, 직사각형, 육각형으로 보완한 정삼각형을 사용했다. 학계에서는 스토르놀로코가 정삼각형 높이와 한 변 길이의 비, 즉 $\sqrt{3}/2 : 1$을 계산한 방법을 두고 의견이 분분하다. 성소피아대성당과 마찬가지로 모든 석공이 필요한 값을 계산하지 못했지만 스토르놀로코는 세 가지 특정 치수, 즉 본당 너비와 4개 통로, 본당 꼭대기를 가리키는 삼각형 높이, 본당과 기둥 사이 축간거리 및 그 비율 26/30을 알려준 것으로 보인다. 다른 중세 유럽의 건축물, 특히 랭스, 프라하, 뉘른베르크에 있는 대성당들은 정오각형 한 변 길이와 대각선 비율로 알려진 $(\sqrt{5}+1)/2$의 근삿값을 사용했다.[12] 대성당들은 이렇게 건축됐다. 왜 쓸데없이 시간을 낭비하겠는가? 어쨌든 기본 계산만 확실하면 나머지는 π만큼 쉽다.

한 줄기 빛

•

성소피아대성당은 고대 세계의 불가사의자 경이로운 고대 건축물 중 하나다. 그렇다면 세계 최고라고 널리 인정받는 모든 회화 작품이 그 1,000년 후인 15세기와 16세기를 시작으로 창작된 이유는 무엇일까? 그리고 왜 이런 회화 혁명은 해양 정복이나 유럽인의 세계지도 제작과 함께 일어났을까? 우연의 일치일까? 아니다. 두 사건 모두 수 세기에 걸친 거룩한 전쟁 중 사라진 수학적 예술을 새롭게 재발견해 활용했다.

7세기 초 이슬람 국가들은 서아시아와 북아프리카로 퍼져 수많은 지역을 정복하기 시작했다. 한 세기가 끝날 무렵에는 유럽까지 진출해 스페인과 발칸반도에 정착했다. 하지만 11세기 기독교 국가들은 한계점에 다다랐다. 이제 기독교인은 성지인 예루살렘 방문이 금지됐다. 1095년 교황 우르바누스 2세^{Urbanus II}는 제1차 십자군 원정을 이끌며 예루살렘 탈환에 나섰다. 그 후 200년 동안 7번의 십자군 전쟁이 더 있었으나 대부분 성공하지 못했다. 이슬람교도는 예루살렘과 주변 모든 땅을 지배하고 있었다. 이 끔찍한 상황 때문에 희망의 불쏘시개 같은 프레스터 존의 이야기가 강력한 영향력을 발휘했다. 하지만 그 덕분에 위대한 삼각법으로 이동하는 항해 이상의 뭔가가 등장했고 또 우리에게 예술의 황금기를 선사했다.

1260년대 로저 베이컨Roger Bacon이라는 영국 프란치스코회 수도사는 기독교국을 일으킬 목적으로 무력에 호소하는 편지를 썼다.[13] 그리고 더 나은 기하학 지식으로 기독교인이 예루살렘을 되찾자고 제안했다. 베이컨이 제안한 한 가지 예술적 응용은 고대의 전설적인 '볼록거울'을 되살리는 것이었다. 베이컨은 아리스토텔레스가 거대한 오목거울을 이용해 적의 함선에 태양 빛을 모아 불을 붙였다는 전설처럼 십자군도 똑같이 할 수 있어야 한다고 주장했다. 또 기하학이 예술을 통해 잠자는 기독교인의 열정을 다시 깨울 거라고 외쳤다. 당연히 신의 기하학적 아름다움으로 창조된 예술품은 열정을 자극하지 않았을까? 베이컨은 저서 《대저작Major Work》을 통해 '내 생각에 기하학적 형태의 작품만큼 하나님의 지혜를 열심히 연구하는 사람에게 알맞은 건 없다'고 말했다. 이 부분의 제목은 '이교도를 개종하는 광학적 경이로움의 가치에 대해'였다.

학계 이론 하나에 따르면 베이컨은 고대 연극 무대 장식의 부활을 제안했다. 즉, 영감을 주는 종교적 연극이 유럽의 투쟁가를 깨워 사라센의 위협에 대항할 수 있다고 생각한 것이다. 그래서 베이컨은 '라틴인Latins'의 기술을 모방해야 한다고 말했다. 여기서 라틴인이란 기원전 1세기 연극 무대 배경 화가들의 기술에 관해 잘 알고 있던 로마 건축가 비트루비우스Vitruvius를 의미했을 것이다.

눈의 바깥쪽 시선과 반경 돌출을 확보하기 위해 중심을 고정할 경우, 자연법칙에 따라 불확실한 물체로부터 불확실한 이미지가 무대 배경에 건물 외관을 보여주고 수직면이나 수평면에 묘사된 것이 한쪽에서는 멀어지고 한쪽에서는 가까워지는 것처럼 보이게 하는 선을 따라가야 한다.

비트루비우스는 원근법이라 불리는 기법을 얘기한다. 원근법이라는 단어는 '꿰뚫어 보다'라는 뜻의 라틴어에서 유래했다. 그래서 원근법은 광학이라 불리기도 한다. 광학은 빛이 어떻게 통과하는지 또는 다양한 대상에 따라 어떻게 반사되고 굴절되는지 연구하는 학문이다. 고대와 중세에는 원근법과 광학이라는 단어를 호환할 수 있었다.

광학과 원근법 이야기는 기하학계 거장에게로 거슬러 올라간다. 바로 유클리드Euclid다. 기원전 300년경 그리스 학자 유클리드는 권위 있는 수학책을 집필했다. 《원론Elements》이라 불리는 이 책은 성경을 제외하면 1,000년이 넘는 시간 동안 가장 많이 팔린 책으로 남아 있다. 살짝 덜 알려진 책은 《광학Optics》이다. 유클리드는 이 책에서 빛이 물체와 눈 사이 또는 장면과 눈 사이를 어떻게 이동하는지, 또 어떻게 렌즈를 통과하거나 거울에 반사되는지 설명한다. 유클리드의 수많은 관찰은 거의 상식처럼 친숙할 것이다. 예를 들어 유클리드는 빛이 더 높은 경로를 따라 이동하는 빛 때문에 더 높이 있는 물체를 볼 수 있다고 언급한다.

유클리드는 보이는 물체가 아니라 눈에서 빛이 나온다고 믿었다. 이런 유클리드의 생각은 당시 흔치 않은 견해였고 유클리드가 주장하는 시각 이론의 기하학과 전적으로 일치했다. 유클리드는 눈에서 나오는 빛이 광원뿔을 형성해 이 원뿔 내의 물체만 볼 수 있다고 생각했다. 유클리드에 따르면 '시각 광선visual rays'은 눈에서 멀어질수록 점점 퍼지며 밀도가 낮아지므로 멀리 있는 물체는 흐릿하게 보인다.

당시 유클리드의 광학 이론은 충분히 잘 통했다. 그래서 유클리드는 후속 문헌을 펴내 평면과 오목, 볼록거울에 따른 반사 그리고 렌즈가 확대 같은 광학 효과를 만들어 내는 방법 등 많은 현상을 설명하는 데 성공했다. 광학 현상을 선이나 삼각형, 호 등의 문제로 축소하는 능력 덕분에 유클리드는 모든 기하학적 지식으로 시각 인식에 대한 완전하고 적절한 이론을 정립할 수 있었다.

그러자 프톨레마이오스가 나섰다. 서기 165년경 프톨레마이오스는 유클리드의 작업을 수정했다. 가장 큰 변화는 눈에서 방출되는 빛이 원뿔이 아니라 선이라는 것이었다. 프톨레마이오스는 삼각형과 원을 이용한 기하학적 작업으로 굴곡진 거울 앞이나 뒤에 반사된 이미지의 위치 계산 등에 드러난 유클리드의 오류를 줄였다. 그 후 1,000년 동안 유클리드와 프톨레마이오스의 빛에 대한 기하학적 접근은 광학을 독점했다.

그렇다. 1,000년 동안 그랬다. 상황이 어떻게 그리 천천히 진행될 수 있는지 이해하기 어렵겠지만 광학 지식을 활용할 방법이 거의 없었다는 게 잔인한 사실이다. 사람들은 고대부터 기본적인 거울과 렌즈를 만들어 사용해 왔지만 독서 보조 도구처럼 유용하게 쓰일 만큼 품질이 좋지 않았다. 기독교인이 대의를 위해 기하학과 광학을 받아들이자 모든 게 바뀌기 시작했다.

기독교인들만 기하학과 그 용도에 관심이 있었던 건 아니다. 정복 활동이 급증하는 동안 이슬람 학자들은 유클리드를 재발견했고 각자의 논평을 덧붙이며 그의 책을 번역했다. 특히 이슬람 물리학자 이븐 알하이삼Ibn al-Haytham은 1011~1021년 사이 총 7권으로 이뤄진 영향력 있는 논평집 《광학의 서The Book of Optics》를 집필했다. 이 책에서 알하이삼은 시각 광선이 더 작은 닮은꼴 삼각형으로 이뤄진 삼각형을 만든다고 묘사한다. 그리고 기하학적 투영법에 따라 시각 광선이 눈에 가까워질수록 물체가 작아지는 이유를 설명하며 그 결과 작은 동공으로도 큰 사물을 볼 수 있다고 언급한다.

라틴어로 번역한 알하이삼의 논평집 《광학De perspectiva》은 유럽에 소개돼 엄청난 영향력을 발휘했다. 하지만 베이컨의 광학 무기와 무수한 장인이 끊임없이 개선하는 각종 거울, 렌즈 등에

알하이삼은 삼각형 모양의 시각 광선 덕분에 작은 눈으로도 큰 물체를 볼 수 있다고 주장한다.

도 불구하고 유럽의 군사적 성공에 급진적 변화는 없었다. 그 대신 예술 혁명이 일어났다.

원근법을 알아내다

선원근법의 탄생을 다룬 책을 찾으려면 책장이 무너질 수 있으므로 먼저 기하학의 영향력을 조금만 알아보려 한다. 출발점으로 쓸 만한 아주 좋은 순간이 있다. 바로 필리포 브루넬레스키 Filippo Brunelleschi가 5피트 9인치 키로 피렌체의 산타마리아델피오레성당 중앙 문 안에 서 있던 날이다.

성당 위치부터 브루넬레스키의 키까지는 정확히 알 수 있어
도 이때가 언제였는지는 딱 꼬집을 수 없다. 다만 1425년경이
라고 추정할 뿐이다. 당시 브루넬레스키는 유명한 건축가로 성
당의 돔을 설계하고 있었다. 성당 문 안쪽에 선 브루넬레스키
는 길 건너편에 있는 피렌체 세례당을 내다보고 있었다. 세례당
은 뚜렷한 기하학적 선이 돋보이는 팔각형 건물이다. 브루넬레
스키의 전기 작가 안토니오 디투치오 마네티Antonio di Tuccio Manetti
에 따르면 브루넬레스키는 완벽한 원근법으로 피렌체 세례당
을 그렸다.[14] 완성된 그림이 너무 완벽해 우쭐해진 브루넬레스
키는 약 12인치 크기의 패널 앞에 거울을 놓은 뒤 관람객이 거
울에 비친 실제 세례당의 모습과 그의 그림을 비교하게 했다.

브루넬레스키는 일단 패널에 작은 구멍을 뚫었다. 마네티에
따르면 '그림이 있는 쪽 구멍은 렌틸콩만큼 작았는데 패널 반대
쪽으로 갈수록 그 크기가 여성의 밀짚모자처럼 원뿔 모양으로
넓어지더니 더컷 둘레보다 살짝 더 넓어졌다'. 그러고 나서 브
루넬레스키는 그림을 보는 사람들이 팔을 쭉 뻗어 평평한 거울
을 든 뒤 그림 반대로 향해 구멍으로 들여다보게 했다. 사람들
은 거울에 반사된 그림 속 세례당을 봤다. 그런 다음 브루넬레
스키는 사람들에게 거울을 내리라고 말했다. 이제 사람들은 뚫
린 구멍으로 진짜 세례당을 바라봤다. 마네티는 그 차이가 거의
없었다고 기록했다.

피렌체 세례당
출처: 크리스토퍼 케츠Christopher Kaetz 촬영, 위키미디어 공용

　물론 마네티는 원근법 회화의 혁명이 확립된 지 한참 후에야 브루넬레스키의 전기를 집필했고 이것이 원근법 기술과 발전에 영향을 줬는지는 아무도 모른다. 하지만 브루넬레스키는 거울을 그림의 토대로 사용했다. 거울이 3차원 세례당을 2차원으로 투영했으므로 인간의 눈이 건물에서 나오는 빛을 해석하는 가장 좋은 방식을 굳이 찾을 필요가 없었다. 1460년대 안토니오 아베리노Antonio Averlino는 브루넬레스키에 대해 이렇게 썼다. '거울이 보여주는 규칙을 따르면 분명 미묘하고 아름다운 것을 발견한다.'[15] 아베리노(필명은 필라레테Filarete)는 거울을 이용해 올바른 선원근법으로 그림 그리는 방법을 단계적으로 제시했다. '무엇이 더 가까이 있든 거울을 들여다보면 윤곽이 더 잘 보일 것이다. 그리고 물체가 점점 멀어질수록 더 작게 보일 것이다.'

어린 시절 그림을 공부할 때 배우는 모든 규칙, 즉 멀리 있는 건 작게 가까이 있는 건 크게 그리기, 평행선은 먼 곳에서 한 점으로 모으기 등은 실제로 거울반사를 통해 확인할 수 있다. 그리고 그 사실을 알고 나면 굳이 거울을 사용할 필요가 없다. 이제 이 원근법 규칙은 그냥 기하학, 유클리드가 알아낸 기하학 같은 것이다. 만약 사원의 모습을 그리고 있다면 관찰자 시점을 정한 뒤 피사체 모습에서 관찰자 눈에 이르는 시각 광선의 기하학 배치도를 그린다. 그런 다음 그림을 그릴 지점에 평평한 면 (예를 들어 캔버스)을 놓는다. 사원의 형태에서 나온 시각 광선이 캔버스와 교차하는 곳을 본다. 이제 캔버스에 사원의 모습을 그려 넣으면 된다. 1435년 레온 바티스타 알베르티Leon Battista Alberti 는 브루넬레스키에게 헌정한 책에서 완벽한 선원근법을 이루는 데 필요한 모든 단계를 제시했다.[16]

분명 다음 세기 예술가들도 여전히 선원근법을 따르고 있었다. 알브레히트 뒤러Albrecht Dürer의 1525년 목판화 〈류트를 그리는 남자Man Drawing a Lute〉를 보면 류트 줄이 시각 광선의 대리 역할을 한다. 이것은 루트의 본체 같은 곡면을 사실적으로 '줄이는' 유일한 방법이다.[17]

물론 카메라오브스쿠라Camera Obscura(암상자_옮긴이)를 사용하지 않았다면 말이다. 이 기구의 기하학은 성소피아대성당 건축가 중 하나가 처음 소개했다. 바로 트랄레스의 안테미우스다.

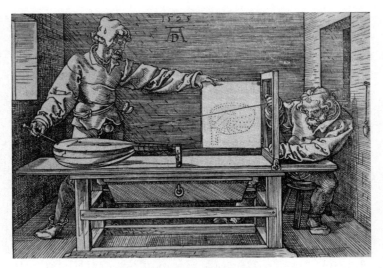

알브레히트 뒤러 <류트를 그리는 남자>
출처: 위키미디어 공용

서기 555년 안테미우스는 빛이 거울에서 작은 구멍으로 반사되는 경로를 보여주는 광선 다이어그램을 선보였다. 하지만 완전한 카메라오브스쿠라를 묘사한 이는 알하이삼이었다. 알하이삼은 《광학의 서》에서 촛불이 '어둡고 오목한 곳으로 열리는 창문을 마주 보고 있고 그 창문을 마주하는 어둡고 오목한 곳에 하얀 벽이나 (다른) 불투명한 바탕이 있을 때' 어떤 일이 일어나는지 설명한다. 사실상 벽에는 촛불 이미지, 재능 있는 예술가가 벽에 캔버스를 놓고 현장에서 바로 작업하면 영구적인 그림으로 쉽게 바꿀 수 있는 그런 이미지가 표시된다.

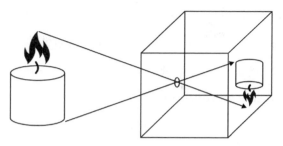

알하이삼의 카메라오브스쿠라

기하학적 스케치나 광학 기구가 선보인 선원근법은 혁명적이었다. 발명가들은 이 기법을 사용해 그들의 장치로 실제처럼 보이는 것을 창조하고 장인들은 이 장치를 위해 정확하게 측정된 부품을 만들 수 있었다(그리고 어떤 경우에는 작업대에 측정 도구를 들어 올리기도 전에 장치가 제대로 작동하지 않을 것이라고 지적하기도 했다). 원근법의 가치를 알려면 다빈치의 스케치북만으로도 충분하다. 하지만 가장 크고 직접적인 영향은 예술 세계에 있었다. 르네상스 시대의 수많은 화가가 새로운 규칙으로 피사체를 놀랍도록 생생하게 표현한 그림을 그리기 시작했다. 우리는 캔버스나 패널에 수학적으로 그려진 선에서 얼마나 많은 것이 탄생했는지 그리고 렌즈와 거울의 투사에서 얼마나 많은 것이 밝혀졌는지 알 수 없다. 영국 화가 데이비드 호크니David Hockney는 이 불확실함이 놀랍지 않다고 주장했다. 영업 비밀이었기 때문이다. 결국 사람들은 브루넬레스키의 방법을 모방한 능력으로 생계를 유지했다. 그래서 화가가 사업 속임수를 누설하는 건 현대 마술사가 자기 트릭을 발설하는 것이나 다름없었다. 하지만 일부는 영업 비밀을 당당히 밝히기도 했다. 예를 들어 1506년 뒤러는 친구 피르크하이머^{Pirkheimer}에게 볼로냐로 여행을 계획하고 있다고 편지를 썼다. 그리고 볼로냐에 대해 '원근법의 비밀을 배울 수 있는 곳, 내게 원근법의 비밀을 기꺼이 가르쳐 줄 사람이 있는 곳'이라고 말했다.[18] 아마 뒤러는 수업료를 두둑히 내고 원근법을 배웠을 것이다.

요즘에는 수업료를 내고 원근법을 배우는 사람이 거의 없을 것이다. 워낙 잘 알려진 데다 어느 책에서든 브루넬레스키의 통찰력을 접할 수 있다. 대부분 컴퓨터 지원 설계^{CAD} 소프트웨어 덕분에 삼각법이나 구면기하학 등을 사용하지 않고도 구조물을 만들 수 있다. 내가 알기론 수학자를 제외하면 여전히 기하학을 이용하는 사람들은 새로운 세상을 만드는 임무를 맡은 사람들뿐이다. 예를 들어 할리우드 영화를 위한 컴퓨터 그래픽을 만드는 시각 효과 디자이너는 여전히 가끔 각도기를 꺼내기도 한다. 비디오게임을 위한 현실 물리학을 개발하는 프로그래머도 이따금 계산기의 사인 버튼을 누른다. 하지만 우리에게 기하학은 역사다.

사실 오늘날 기하학의 주된 가치는 추상적 사고를 도와주는 뇌 뉴런 사이의 연결 고리를 개발하는 데 있을 것이다. 머릿속에서 정육면체 절반을 잡고 그 주위를 반구로 감싼 뒤 성소피아 대성당 돔의 모습을 상상하는 능력은 아마 별로 유용하지 않을 것이다. 하지만 그런 능력은 전혀 관련 없는 문제를 해결할 수 있는 기술일 수도 있다. 말하기 부끄럽지만 내게는 그런 능력이 없다. CAD 소프트웨어로 정육면체 절반과 반구를 만들어 같은 가상공간에서 합치고 나서야 그 모양을 상상할 수 있다. 그런 다음에는 헤론이 제거한 반구의 일부를 확인하며 그 입체를 빙글빙글 돌리고 위아래로 훑어본 후에야 마침내 제대로 이해할 수 있다. 그렇다면 내게 의문이 하나 남는다. 헤론과 유클리드는 대체 어떻게 기하학을 이해했을까?

고대 기하학자들은 구조물을 시각화할 수 있는 자원이 지금보다 훨씬 적었다. 하지만 어찌 된 일인지 그들의 뇌는 나와는 다른 방식으로 기하학을 할 수 있게 연결돼 있었다. 에라토스테네스도 마찬가지였다. 나는 태양과 북극성 위치, 지구의 자전축 그리고 지구가 밤낮으로 회전하는 방식을 보며 지구 밖에 있는 내 모습을 상상한다. 그래서 온종일 그림자가 어떻게 변하는지 관찰하고 지구 둘레를 어떻게 측정할지 고민해야 한다. 더불어 지축의 기울기를 측정하는 방법도 시각화할 수 있어야 한다. 그리고 어떻게 별과 관련된 지구 표면의 움직임이 내가 있는 곳을 정확히 알아내는 방법을 알려주는지 알 수 있어야 한다.

우리 대부분은 이런 일을 실제로 할 수 없다. 적어도 엄청난 노력을 기울여야 한다. 왜일까? 내 생각에는 우리가 이 모든 기하학적 현상이 소프트웨어에 장착된 21세기 기술 사회에 살고 있어서인 것 같다. 헤론, 유클리드, 에라토스테네스는 작은 모형은커녕 시각화 소프트웨어도 없었다. 그래서 기하학이 주는 혜택을 누리려면 기하학의 복잡함을 상상하도록 정신을 단련할 수밖에 없었다. 그들의 업적은 인간 두뇌의 힘을 보여주는 증거다. 우리는 현대 시대의 수많은 편의를 누리는 동안 두뇌의 힘을 곧잘 잊는다. 기하학적 구조물을 설계하고 싶다면 CAD 프로그램을 열면 된다. 내가 지구상 어디에 있는지 또는 특정 지점에 어떻게 도착하는지 알고 싶다면 휴대전화 앱으로 확인하면 된다. 비행기 조종사들은 GPS가 고장 날 경우를 대비해 여전히 항정선이나 등각항로를 활용하는 훈련을 받지만 그 외 사람들에게는 고대 방법이 필요하지 않다. 어떤 면에서는 우리가 전통 방식을 이해하는 문제에서 훨씬 부족한 사람이 아닌가 한다. 예를 들어 일부 학자들은 기하학과의 단절이 우리의 창의력을 방해한다고 주장한다.[19] 그들은 우리 뇌에 실제로 기하학적 사고를 한 학생에게 있던 능력의 차원이 부족하다고 푸념한다. 하지만 그 증거는 압도적이지 않을뿐더러 중요하지도 않을 것이다. 진실이 무엇이든 우리의 예술, 건축 그리고 탐험을 구체화하는 기하학의 역할에는 논쟁의 여지가 없다. 8살의 나를 배신한 나는 이제 기하학의 즐거움이 유용하든, 뇌를 변화시키든 상관없이 모두가 경험해야 하는 것이라 확신한다.

내가 대수학에 대해서도 똑같은 말을 할 수 있을지 모르겠다. 토머스 제퍼슨Thomas Jefferson은 대수학 연구를 '맛있는 사치'라고 묘사했고[20] 영국 작가 새뮤얼 존슨Samuel Johnson은 사고를 '덜 탁하게' 하는 수단으로 추천했다. 하지만 다른 이들은 대수학에 그리 열정적이지 않았다. 심지어 영국 수학자 마이클 아티야Michael Atiyah처럼 대수학에 정통한 인물도 이를 양날의 검이라 생각했다. 그리고 현실 세계와 연결된 기하학적 직관을 수학자에게서 앗아간다고 말했다. 말하자면 대수학은 인간성을 상실한 수학이라는 뜻이다. '대수학은 악마가 수학자에게 제안한 것'이라고 말한 적도 있다. '악마가 이렇게 말했다. 내가 당신에게 이 강력한 기계를 주겠다. 이 기계는 당신이 원하는 모든 질문에 답을 줄 것이다. 대신 당신의 영혼을 나한테 넘겨라.'[21]

과연 대수학에 그만한 값어치가 있을까? 곧 판단할 수 있을 것이다.

대수학

우리는 어떻게 세상을 조직했을까

숫자를 셀 수 있다는 건 아주 좋은 일이지만

만약 어떤 것은 설명되지 않는다면 어떨까?

이차방정식과 같은 수학적 도구를 만들고 사용하는 법에 대한 학습은

사라진 숫자를 찾고 자연계의 과정을 통제하는 힘을 부여했다.

국가에 내야 할 세금액 또는 전투(아무리 그 전투가 다른 수학자와의 싸움일지라도)에서

이기는 가장 좋은 방법과 같은 기본 문제는

행성의 움직임을 예측하는 일에서 자동차 운전 비용을 줄이고

인류가 냉전에서 살아남을 수 있게 하는 일까지

모든 종류의 문제를 해결하기 위한 정교한 알고리즘으로 바뀌었다.

1973년 4월 17일 화요일 작은 해운 회사가 그 필요성을 깨닫지 못한 산업에 혁명의 불꽃을 지폈다. 14대의 소형 비행기로 하룻밤 동안 25개 도시에 186개 소포를 배달한 것이다.[1] 이 혁명은 간단히 설명할 수 있다. 모든 여정은 테네시주 멤피스에서 시작됐다.

'허브 앤드 스포크Hub-and-Spoke'라 불리는 이 방식은 단 389명의 직원으로 시작돼 2년 후에야 수익을 창출했다. 하지만 오늘날에는 17만 명의 직원을 고용하고 있으며 연간 710억 달러의 매출을 올리고 있다. 알다시피 페덱스FedEx 이야기다.

페덱스의 성공은 미국 내 가능한 모든 배송지의 중심에 물류 거점을 두기로 한 설립자의 결정에서 비롯됐다. 어떻게 그럴 수 있었을까? 페덱스 설립자이자 CEO인 프레더릭 W. 스미스Frederick W. Smith는 미국 지도를 집어 들고 소포가 이동해야 하는 평균 거리를 최소화할 수 있는 지점에서 가장 가까운 공항을 물색했다. 다른 조건도 있었다. 공항은 1년 내내 날씨가 좋아 문닫는 일이 없어야 했고 공항 운영자들은 스미스의 사업을 수용하기 위해 인프라 일부를 기꺼이 수리해야 했다.

알고 보니 스미스는 이보다 더 잘할 수 있었다. 2014년 수학교수 켄트 E. 모리슨Kent E. Morrison이 허브 앤드 스포크 방식을 더욱 체계적으로 운용하는 알고리즘을 개발해 인구조사 자료를 토대로 미국 내 모든 사람의 거주 위치를 찾아냈다.[2] 모리슨은 인디애나주 그린 카운티의 인디애나폴리스에서 남서쪽으로 약 70마일 떨어진 곳이 최적의 거점이라는 사실을 알아냈다. 멤피스에 있는 스미스의 거점은 이보다 315마일 떨어져 있었다. 흥미롭게도 페덱스의 경쟁사인 UPS가 거기에 조금 더 가까웠다. UPS는 페덱스가 성공을 거둔 직후 허브 앤드 스포크 방식을 노골적으로 차용했고 미국 인구의 중심지에서 불과 275마일 떨어진 켄터키주 루이빌을 거점으로 선택했다.

페덱스와 UPS는 전형적인 물류 회사다. 물류는 라벨 표시, 분류, 집단화 및 수송에 관한 모든 것을 일컫는다. 인류 문명의 확립은 물류 문제 해결을 전제로 했다. 고대 이집트의 피라미드 건설이든 군대는 뱃심으로 행군한다는 나폴레옹의 깨달음이든 아니면 항공기 조종사나 아마존 배송 그리고 전 세계 웹을 통과하는 정보 패킷은 어떤 순간에도 정확한 위치에 있어야 한다는 현대 문제든 물류 해결이 우선이다. 이런 모든 도전은 수학자들이 대수학이라 부르는 수수께끼 해결법과 관련 있다. 따라서 당신이 인쇄본이든 전자 파일이든 이 책을 손에 쥐고 있는 것만으로도 대수학에 관여하고 있다고 말할 수 있다. 대수학은 문제를 해결하는 수학이다.

이차방정식 풀기

대수학이란 대체 뭘까? 전통적으로 배웠던 방법을 고려하면 대수학이란 당연히 방정식과 x, y, z, a, b, c 등의 문자, 몇몇 지수(^{2} 과 ^{3} 그리고 심지어 ^{4}까지)로 이뤄진 무시무시한 미로라고 생각할 것이다. 그래서 특별한 지식이 없는 사람에게는 정떨어지는 분야가 분명하다. 하지만 대수학이 문제 될 이유는 없다. 대수학은 그저 알고 있는 지식을 이용해 숨겨진 정보를 찾아내는 기술일 뿐이다.

알게브라(대수학)라는 용어는 콰리즈미가 9세기에 쓴 책(1장에서 만난 《약분과 소거에 따른 계산론》 제목에 포함된 알자브라Al-jabr에서 유래했다. 이 책은 특정 미지수를 찾는 이집트, 바빌로니아, 그리스, 중국 그리고 인도의 개념을 한데 모은 것이다. 콰리즈미는 $ax^2 + bx = c$와 같은 기본 대수방정식을 해결하는 방법(알고리즘이라고 부르는 공식) 그리고 14가지 다른 유형의 '삼차'방정식(x의 최고차항이 3차)을 푸는 기하학적 방법을 제안한다.

하지만 당시에는 x도, 거듭제곱으로 나타내는 식도, 실제로 콰리즈미가 썼다는 방정식도 없었다. 대수학은 원래 '수사적 대수학'이었다. 그래서 복잡하게 얽힌 단어를 이용해 문제를 내고 해법을 설명했다. 찾고 싶은 숨은 요소는 보통 코사cossa 또는 '어떤 것thing'으로 언급됐기 때문에 대수학은 왕왕 '코식 아트Cossick Art' 또는 '어떤 것에 대한 예술The Art of the Thing'로 알려졌다. 코식 아트를 처음 배우는 학생은 다음과 같은 문제와 조우했다.

두 사람이 소를 끌고 길을 가고 있다. 그중 한 사람이 다른 사람에게 말했다. "나한테 소 2마리를 주면 당신과 내가 가진 소의 수가 같을 거요." 그런 다음 소 2마리를 준 사람이 말했다. "이제 나한테 소 2마리를 주시오. 그러면 내가 가진 소의 수는 당신이 가진 수의 2배와 같소." 소는 총 몇 마리고 두 사람은 소가 각각 몇 마리씩 있을까?

또는

나는 길이 60피트, 폭 40피트짜리 리넨 천 1장을 갖고 있다. 그리고 이 천을 길이 6피트, 폭 4피트씩 작게 잘라 튜닉을 만들려고 한다. 각 조각은 튜닉을 만들기에 충분히 크다. 리넨 천 1장으로 몇 벌의 튜닉을 만들 수 있을까?

서기 800년경 요크의 앨퀸Alcuin of York은 위와 같은 문제를 한데 모아 《학생들을 위한 두뇌 회전 문제Problems to Sharpen the Young》라는 퍼즐 입문서로 펴냈다.[3] 이 책에 수록된 문제들은 우리가 수학 시간에 접한 내용과 크게 다르지 않다.[4] 하지만 우리는 이 문제들을 방정식으로 바꿀 수 있다는 점에서 유리하다. 그러니 대수학에 더 깊이 들어가기 전, 잠시 책 읽기를 멈추고 우리가 이 이점으로 어떤 특권을 누리는지 생각해 볼 만하다.

16세기에 이르러서야 대수학을 수사학에서 떼어버리려는 움직임이 있었다. 그 첫 주자는 프랑수아 비에트François Viète라는 프랑스 공무원이었다. 변호사 수련을 마친 비에트는 프랑스 왕실 변호사로 일하며 왕실이 요청한 일은 어떻게든 도와줬다. 그래서 비에트는 브르타뉴의 행정관이자 헨리 3세의 왕실 고문이자 헨리 4세의 암호 해독자로 활약했다. 비에트가 가장 의기양양했던 순간은 스페인 왕이 교황에게 프랑스 왕실이 마법을 부렸다고 고발한 때였을 것이다. 스페인 왕은 그렇지 않고서야 어떻게 프랑스가 스페인의 군사 계획을 예지할 수 있었겠냐고 교황에게 불평했다. 물론 마법 같은 건 없었다. 스페인 암호 제작자보다 훨씬 영리했던 비에트가 프랑스군이 가로챈 스페인군의 통신 내용을 해독했을 뿐이었다.

비에트는 민첩한 사고력으로 수사적 대수학이 기호로 바뀌면 더 쉬워진다는 사실도 알았을 것이다. 비에트는 자음으로 이미 알고 있는 양을, 모음으로 모르는 양을 나타냈다. 그래서 다음과 같이 썼다.

$$A \text{ cubus} + B \text{ quad. in } A, \text{ æquetur } B \text{ quad. in } Z$$

이 식을 오늘날의 식으로 쓰면 아래와 같다.

$$A^3 + B^2 A = B^2 Z$$

솔직히 말해 여전히 간단하고 쉬운 작업은 아니었지만 그건 시작에 불과했다. 비에트의 식에는 덧셈 부호가 포함돼 있지만 (다른 식에서는 뺄셈 부호도 사용했다) 등호(=)가 없다. 등호는 웨일스 수학자 로버트 레코드Robert Recorde가 1557년 펴낸《기지의 숫돌: 방정식 규칙을 이용해 해를 찾는 방법 및 연습 문제 그리고 무리수 연구를 다룬 산술책 제2권The whetstone of witte, whiche is the seconde parte of Arithmetike: containyng the xtraction of Rootes: The Cossike practise, with the rule of

Equation: and the woorkes of Surde Nombers》이라는 명쾌한 제목의 책에서 처음 소개됐다.

우리가 표기법을 얘기하는 동안에도 문자 'x'가 미지수를 가리키게 된 이유는 여전히 열띤 논쟁을 일으키고 있다. 문화사학자 테리 무어Terry Moore에 따르면 콰리즈미가 처음 대수학에 사용한 '알샤이운al-shay-un'이라는 말은 '결정되지 않은 어떤 것'을 의미했다.[5] 그래서 중세 스페인 번역가들이 이 단어에 해당하는 라틴어를 찾을 때 실제 스페인어에는 존재하지 않지만 'sh' 발음에 가장 가까운 문자를 사용했고 'ch'로 발음되는 문자 x가 쓰이게 됐다. 하지만 다른 출처에 따르면 르네 데카르트René Descartes가 1637년 발표한 《기하학La Géométrie》에서 단순히 알파벳 양쪽 끝에 있는 문자를 사용했기 때문이었다.[6] 데카르트는 알려진 양을 a, b, c로 나타냈고 알려지지 않은 양은 x, y, z로 정했다.

만약 수수께끼 같은 모든 대수학 표기법에 지레 겁을 먹었다면 기하학적 형태를 그냥 문자로 바꾼 방법이라 여기면 도움이 될 것이다.

나는 이 책을 구성하며 대수학과 기하학을 인위적으로 구분했다. 물론 학교에서는 대수학과 기하학을 별개 주제로 다룬다. 그래야 수업 과정을 설계하기가 훨씬 수월하기 때문이다. 하지만 대수학은 기하학에서 매끄럽게 파생된 분야다. 말하자면 대수학은 그림 없이 이뤄지는 기하학으로 기하학의 틀에서 벗어나 수학을 번성하게 한다. 어떻게 그럴 수 있을까? 언제나 처럼 고대의 세금 관행으로 돌아가 보자.

기하학에서 봤듯이 세금은 주로 땅 면적으로 정한다. 바빌로니아어로 면적을 뜻하는 'eqlum'은 원래 '땅'을 의미했다.[7] 그래서 현재 예일대학교가 보관 중인 고대 바빌로니아 점토판 YBC 6967에 있는 것처럼 바빌로니아 관리자들은 당연히 수학 문제 푸는 방법을 배워야 했다.

직사각형의 넓이는 60이고 직사각형 세로 길이는 가로 길이보다 7만 큼 길다. 가로 길이와 세로 길이는 얼마일까?

한번 풀어보자. 가로 길이를 x라 하면 세로 길이는 $x+7$이다. 직사각형 넓이는 가로×세로이므로 면적 A를 구하는 방정식은 다음과 같다.

$$A = x(x+7)$$

괄호 밖 x를 괄호 안의 각 항에 곱하면 다음과 같은 결과가 나온다.

$$A = x^2 + 7x$$

바빌로니아인은 대수학과 기하학 사이의 밀접한 관계를 보여주는 일련의 단계를 통해 이 문제를 해결했다. 이 과정을 '완전제곱식 만들기'라 한다.

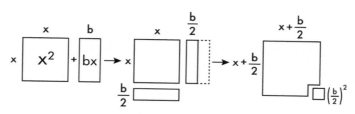

완전제곱식 만들기로 2차방정식을 푸는 바빌로니아인의 방법

x^2+bx 유형의 방정식을 간단히 풀려면 먼저 방정식을 도형으로 나타낸다. 여기서 x^2은 변의 길이가 x인 정사각형 넓이고 bx는 가로 길이가 b, 세로 길이가 x인 직사각형 넓이다. 그 직사각형을 반으로 길게 나눠 한쪽 직사각형을 정사각형 아래로 옮기면 거의 더 큰 정사각형을 만들 수 있다. 이제 더 큰 정사각형을 완성하려면 변의 길이가 $b/2$인 작은 정사각형만 추가하면 된다. 이 작은 정사각형의 넓이는 $(b/2)^2$이다. 따라서 원래 식은 $(x+b/2)^2-(b/2)^2$임을 알 수 있다.

방정식으로 나타내면 아래와 같다.

$$x^2+bx=c$$

바빌로니아인은 왼쪽 식을 완전제곱식으로 대신해 다음과 같이 나타낸다.

$$\left(x+\frac{b}{2}\right)^2 - \left(\frac{b}{2}\right)^2 = c$$

그런 다음에는 이 식을 정리해 공식화한다(물론 오늘날에는 공식으로 쓰이지 않지만).

$$x = \sqrt{\left(\frac{b}{2}\right)^2 + c} - \left(\frac{b}{2}\right)$$

이 문제의 답은 가로 길이 5, 세로 길이 12다. 하지만 당신이 바빌로니아의 공식에 익숙할지 의문이다. 원래 방정식을 다음과 같이 바꿔보자.

$$ax^2 + bx + c = 0$$

그러면 학교에서 배운 2차방정식의 근의 공식으로 이 문제를 풀 수 있다.

$$x = \frac{-b \pm \sqrt{b^2 - 4ac}}{2a}$$

분명히 알 수 있듯이 학교에서 배운 공식은 5,000년 된 세금 계산 도구에 불과하다. 하지만 우리 중 누구도 자라서 바빌로니아의 세무 공무원이 되진 않는다. 그렇다면 요즘 학생들은 2차방정식의 근의 공식을 왜 배울까? 이것은 정당한 물음이고 심지어 수학 교사 사이에서도 논쟁거리다.

우주의 곡선

2003년 영국의 베테랑 수학 교사 테리 블레이든Terry Bladen은 노동조합 회의에서 2차방정식은 수학을 진심으로 즐기는 학생들만 배우는 것이 가장 좋다고 말했다.[8] 그는 학생 대부분은 기본 산술만 알아도 잘 성장할 수 있다고 생각했다. 블레이든의 발언에 지나치게 격분한 다른 수학 교사들은 정치권에서 대응하기도 했다. 토니 맥월터Tony McWalter는 수십 년 동안 수학 교사로 근무하다 의회 의원으로 선출됐다. 맥월터는 하원 회의에서 '2차방정식은 가구가 없어 쪼그려 앉아야 하는 황량한 방과는 다르다. 인간의 지적 성취라는 완벽한 풍요로움이 가득한 방으로 통하는 문이 2차방정식이다. 만약 그 문을 통과하지 않는다면 혹은 그 일이 재미없다는 말을 듣는다면 인간의 지혜로 통하는 많은 문에 영원히 거부당할 것'이라고 의견을 밝혔다.[9]

과연 사실일까? 2차방정식이 어렵다고는 해도 인간의 지식과 지혜를 높이 평가하는 사람들을 막을 수는 없었다. 결국 우리 중 극소수는 공식적 시험 외에 다른 분야에서도 2차방정식을 사용해야 했다. 하지만 수학적 노력과 거리가 먼 삶을 누리는 성인에게는 여전히 사실대로 말할 수 있다. 대수학을 다룰 줄 알면 추상적 용어로 사고하는 능력, 우리 뇌가 미처 생각하지 못하는 것에 주목하는 능력이 향상된다. 수천 년의 경험과 흥미로운 현대 연구로 알 수 있듯이 추상적인 다양한 양과 그 사이의 수치 관계를 다루면 (기하학에서처럼) 사실상 우리 사고는 더욱 활발하게 이뤄진다.[10] 대수학은 우리를 창조적이고 생산적이며 끈질긴 사람, 생각을 끝까지 밀고 나갈 수 있는 수평적 사상가로 만든다. 독일 물리학자 게오르크 크리스토프 리히텐베르크Georg Christoph Lichtenberg가 좋은 예다.

1786년 리히텐베르크는 친구 요한 베크만Johann Beckmann에게 다소 겸손한 편지를 썼다.[11] '내가 대수학을 가르쳤던 한 젊은 영국 학생에게 과제 하나를 낸 적이 있네.' 리히텐베르크가 말했다. 그 과제는 '2절지, 4절지, 8절지, 16절지 등 모든 형태가 서로 닮은 종이를 찾는 것'이었다.

리히텐베르크의 과제는 닮은꼴 삼각형보다 닮은꼴 직사각형을 찾는 것과 조금 비슷하다. 리히텐베르크는 가장 큰 2절지를 반으로 줄인 4절지 그리고 그 크기를 반으로 줄인 8절지 등이 나오는 종이의 가로세로비를 묻고 있었다. 그래서 제자가 리히텐베르크 책상에 두고 간 과제의 답에 무척 관심이 많았다. '그 학생이 발견한 비를 봤을 때 일반 종이를 가위로 잘라 확인해 보고 싶었네. 그런데 그 종이도 이미 같은 비로 이뤄져 있다는 사실을 알고 정말 기뻤지. 내가 편지를 쓰고 있는 바로 이 종이일세.'

그러고 나서 리히텐베르크는 본론으로 들어갔다. 그는 베크만이 어느 제지업체 종이를 쓰는지 알고 싶어 했다. 그리고 제지업체가 어떻게 이 형식을 사용하고 있는지 궁금했다. 그는 베크만에게 '우연한 일은 아닌 것 같다'고 말했다. 그렇다면 제지업계의 누군가가 이미 대수학을 했다는 것일까?

그건 알 수 없다. 하지만 대수학 과제에 불과한 그리고 수학적 해법이 자연스럽게 진화했을지도 모른다는 놀라운 발견에 관한 이 편지는 유럽의 표준 종이 규격을 정하는 근원이 됐다. 1911년 노벨 화학상 수상자인 빌헬름 오스트발트Wilhelm Ostwald는 리히텐베르크 비를 국제 표준 종이 규격으로 사용해야 한다고 주장했다.[12] 1921년 리히텐베르크 비는 독일 표준 규격이 됐고 유럽 전역으로 빠르게 확산했다. 1975년에는 유엔UN 공식 문서 형식으로 채택됐다. 바로 'A' 시리즈로 알려진 규격이다. 리히텐베르크 비의 필요성을 전혀 느끼지 못한 북미 지역이 아니라면 아마 당신도 이미 A4 용지 1장을 손에 들고 있을 것이다. 예술 인쇄물을 확대하든, 종이비행기 도안을 축소하든 리히텐베르크의 비는 비율을 유지해야 하는 모든 사용자에게 귀중한 자원이다.

리히텐베르크의 종이 크기 문제는 수사학적 대수학으로 설명하는 게 효과적이다. 이 문제의 해법은 이미 우리가 접했다. 바로 1 : $\sqrt{2}$ 라는 가로세로비다. A0 종이 1장의 면적은 1제곱미터고 A0의 가로와 세로 길이는 각각 0.841미터, 1.189미터다. A0를 세로 방향으로 잡고 가운데를 반으로 자르면 A1 2장이 된다. 이때 A1의 세로 길이는 A0의 가로 길이와 같고 A1의 가로 길이는 A0 세로 길이의 절반과 같다. A1 2장을 세로 방향에서 반으로 나누면 각각 A2 4장이 나온다. 모든 A2 종이의 가로와 세로 비는 똑같다. A2를 세로 방향으로 잡아 반으로 자르면⋯ 음, 아마 그 결과는 짐작할 수 있을 것이다.

이 표준 규격을 탄생시킨 대수 공식은 쉽게 처리할 수 있다. 만약 리히텐베르크의 학생이 '상징적' 대수학을 이용해 가상 속 종이의 세로 길이를 x, 가로 길이를 y라고 했다면 x 대 y의 비율은 y 대 x 절반의 비율과 같아야 한다. 등식을 이용하면 다음과 같은 식이 된다.

$$\frac{x}{y} = \frac{y}{x/2}$$

이 식을 재정리하면 아래와 같다.

$$\frac{x^2}{y^2} = 2$$

따라서 다음 식이 나온다.

$$\frac{x}{y} = \sqrt{2}$$

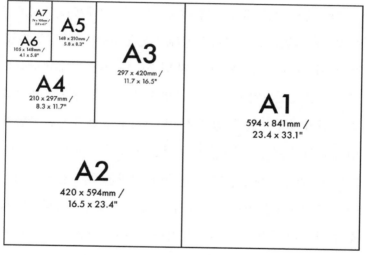

가로세로비가 모두 같은 A시리즈 종이 규격

대수학이 우리의 지적 성취를 실현한다는 맥월터의 주장은 옳았다. 표준 종이 규격은 2차방정식을 실생활에 적용한 무수한 사례 가운데 하나다. 또 2차방정식은 새로운 제품을 출시하는 기업이 수익을 계산하는 방법, 포물선 반사판으로 위성 신호를 포착하는 방법도 제공해 준다. 하지만 2차방정식을 가장 쓸모 있게 적용한 분야는 대부분 천체 궤적과 같은 자연적 과정을 설명한 이론에서 찾을 수 있다. 그 이유를 알아보기 위해 2차방정식이 만드는 곡선을 살펴보자.

각 x값에 대한 y값을 계산해 2차방정식 그래프를 그려보면 어떻게든 되돌아오는 선이 등장해 곡선을 만든다. 이 곡선은 포물선, 원, 타원, 쌍곡선의 네 가지 범주로 나뉜다. 그래서 당신이 무엇을 찾고 있는지 알고 있다면 방정식만 얼핏 봐도 어떤 모양의 곡선이 나올지 알 수 있을 것이다. x나 y 중 한 문자만 제곱하면 포물선이 된다. x와 y를 모두 제곱하고 각 문자 앞 숫자(계수로 더 잘 알려진 수)가 같으면 원이 된다. 타원은 원과 같은 방정식에서 출발하지만 x와 y의 계수가 서로 다른 양수다. x와 y의 계수가 서로 다른 부호, 즉 하나는 양수, 다른 하나는 음수라면 쌍곡선이 된다.

다양한 계수(각 도표의 a와 b)에 따라 그래프 폭 또는 원 크기가 결정된다. 더불어 이런 그래프의 모양은 원래 원뿔곡선으로 알려져 있다. 원뿔곡선이란 원뿔이 그 꼭짓점을 지나지 않는 평면

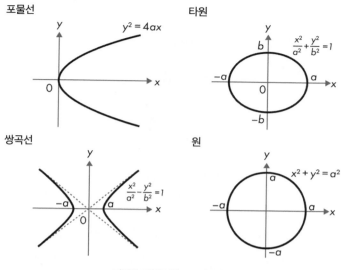

포물선 $\qquad$ 타원

$y^2 = 4ax$

$\dfrac{x^2}{a^2} + \dfrac{y^2}{b^2} = 1$

쌍곡선 $\qquad$ 원

$\dfrac{x^2}{a^2} - \dfrac{y^2}{b^2} = 1$

$x^2 + y^2 = a^2$

다양한 2차방정식으로 정의된 곡선들

과 교차할 때 생기는 단면의 곡선이기 때문이다. 가능하다면 어두운 방에 손전등을 켜 광원뿔을 만들어 보자. 그 빛을 바로 아래쪽으로 비추면 광원뿔과 바닥이 교차하며 원이 생긴다. 이 원이 가장 단순한 원뿔곡선이다. 이제 손전등을 약 45도 각도로 벽을 향해 비춘다. 이때는 광원뿔이 벽과 교차하며 길쭉한 원, 즉 타원을 만든다. 또 광원뿔의 측면 각과 같은 각도로 벽을 향해 손전등을 비추면 포물선이 된다. 손전등을 다시 조정하면 반 쌍곡선이 생긴다.

여기서 흥미로운 점은 이 모든 수학적 형태가 자연에 존재

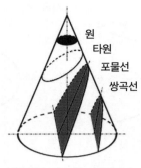

광추를 잘라 2차곡선을 만드는 방법

한다는 것이다. 물론 처음 접하는 정보는 아니다. 이미 누구나 포물선 모양 무지개나 태양계를 통과하는 지구의 타원 궤도 사진을 본 적이 있을 것이다. 그런데도 이 사실은 의미심장하다. 자연현상을 수학으로 설명하는 방정식을 적을 수 있어야 한다는 뜻이기 때문이다. 그러면 그 방정식이 깊은 이해로 향하는 길을 열어준다.

고대인은 혜성이나 일식, 합(행성이 태양과 같은 환경에 있게 되는 상태를 뜻하는 천문 용어_옮긴이) 등 다양한 천체 사건이 일어나는 빈도수를 상세히 기록한 수치 자료를 신중하게 보관했다. 그리고 그 자료에서 패턴을 찾아 다음 중요한 순간이 일어나는 날짜를 계산했다. 하지만 17세기 초 요하네스 케플러Johannes Kepler까지 포함해 이런 계산은 숫자 분석에 불과했다. 케플러는 티코 브라헤Tycho Brahe의 데이터를 사용해 행성궤도가 타원형이라는 사실을 알아냈지만 왜 그런지는 전혀 알지 못했다. 고대 그리스인은 항상 모든 천체는 완벽한 원을 그리며 움직인다고 믿었다. 그러니 우주가 타원 궤도를 따라 움직이는 물체로 가득 찬 이유를 누가 설명할 수 있었을까? 지금은 그 질문의 답이 명확하다. 행성의 운동을 관찰하면서 그 행성에 작용하는 하나의 힘을 떠올린 이들이 등장했다. 그 예가 아이작 뉴턴Isaac Newton이다.

뉴턴의 선구적인 수학 작업 덕분에 한 방향으로 움직이면서 동시에 다른 방향으로 하나의 힘을 경험하는 물체는 원뿔곡선처럼 보이는 경로를 따라간다는 사실이 밝혀졌다. 물체의 속도와 힘의 세기에 따라 그 움직임은 위성처럼 원을 그리거나 태양 주위를 도는 행성처럼 타원을 그리거나 지구를 지나가는 몇몇 혜성처럼 포물선이나 쌍곡선을 그릴 것이다. 운동방정식, 말하자면 중력을 설명하는 뉴턴의 방정식은 시간에 따라 그려지는 궤도의 방정식이기도 하다.

서양에서 처음으로 대수학을 야심 차게 적용한 분야가 행성 궤도 이해하기는 아니었다. 놀랄 것도 없이 군인들은 적의 위치에 따라 대포를 놓아야 할 각도를 대수학이 해결할 수 있는지 이미 질문했다. 답은 '그렇다'다. 대수학은 그 문제를 쉽게 날려 버릴 수 있다.

전쟁의 기술

자신의 연구가 군사적으로 쓰일 때마다 학자들이 개탄한다는 소식은 심심치 않게 들린다. 아마 가장 유명한 예가 맨해튼 프로젝트Manhattan Project를 이끌며 세계 최초의 핵무기를 개발한 원자력 과학자 로버트 오펜하이머Robert Oppenheimer일 것이다. 원자폭탄이 처음 폭발한 지 3년 후 오펜하이머는 "물리학자들은 죄가 무엇인지 안다. 이것이 바로 물리학자가 잃어서는 안 될 중요한 지식이다"라고 공표했다.[13] 16세기 수학자 니콜로 타르탈리아Niccolò Tartaglia도 같은 수치심을 드러냈다.

타르탈리아라는 이름은 사실 '말더듬이'를 뜻하는 별명이다. 사연은 타르탈리아가 브레시아에서 보냈던 어린 시절로 거슬러 올라간다. 당시 브레시아는 프랑스군의 공격을 받았다. 타르탈리아가 어머니와 함께 예배당에 숨어 있을 때 불시에 침입한 프랑스 군인의 칼이 타르탈리아의 혀에 상처를 입혔다. 가엾은 타르탈리아는 그 상처로 말하는 능력에 장애가 생겼지만 다행히 그는 대단히 강한 성격의 소년이었다. 그는 살아남았을 뿐 아니라(한편으로는 헌신적인 그의 어머니가 아들의 상처를 깨끗하게 유지했기 때문에) 가족의 비참한 가난을 극복하고 열심히 학업에 매진해 존경받는 수학자가 됐다.

타르탈리아의 연구 업적 중 하나는 '포병 문제', 즉 포신의 고

각과 발사 거리의 관계를 풀어냈다는 것이다.[14] 하지만 이 해법 때문에 타르탈리아는 양심의 가책을 느꼈다. 그는 대수학을 군사적으로 쓰는 건 '유해하고' '인류 파괴적'이며 '신이나 인간에게 무거운 처벌을 받을 만한 원망스럽고 모욕적이고 잔인한 짓'이라고 토로했다. 그래서 타르탈리아는 모든 연구 원고를 불태워 버렸다.

그러던 그가 마음을 바꿨다.

오스만제국의 술레이만Suleyman 황제가 모든 기독교국을 위협하며 봉기하자 새로운 포병 과학이 인류를 학살한다는 타르탈리아의 지나친 결벽은 기독교 형제자매의 헌신에 무릎을 꿇었다. 타르탈리아는 후원자 우르비노 공작Duke of Urbino에게 편지를 썼다. '늑대가 우리 양 떼를 학살하는 모습을 보며 더는 이 기술을 숨길 수 없었습니다.' 그래서 우르비노 공작과 대포의 대수학을 공유했다.

포탄의 궤적은 무엇이 결정할까? x축의 점 p에 있는 대포가 점 q에 있는 표적을 향해 수평으로 발사된다고 상상해 보자. 포신을 떠난 포탄은 속도 v로 날아간다. 공기저항은 무시될 것이고 포탄에 작용하는 유일한 가속도는 중력 a다. 즉, 포탄은 원뿔곡선 중 하나인 포물선을 그리며 날아간다. t시간 후 포탄이 점 q에 도달한다. 이 상황을 등식으로 옮기면 다음과 같다.

$$q = p + vt + 1/2at^2$$

다시 말해 x축을 따라 움직인 포탄의 최종 위치는 초기 위치의 총합이다. 즉, 처음 위치와 속도 $v \times$ 시간 t(속도×시간은 거리이므로)와 중력가속도 a의 절반×t제곱의 합이다.

하지만 대포를 수평으로 발사하고 싶지 않다면 어떻게 될까? 특정 범위를 얻기 위해 포신을 각 A만큼 올린다면 포탄의 비행 궤적에 미치는 수평 및 수직 구성 요소를 생각해야 한다. 이제 우리는 삼각법의 영역으로 돌아왔다.

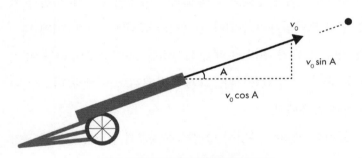

대포의 사정거리를 찾으려면 삼각형을 이용한다.

수직속도는 $v \sin A$이다(여기서 v는 초기 속도). 수직속도는 포탄이 최대 높이에 도달하면 0으로 감소한다. 중력처럼 속도를 줄이는 힘이 지면을 향해 포탄을 점점 끌어당기면 포탄이 떨어지기 시작한다. 새로운 힘이 작용하지 않기 때문에 떨어지는 시간은 올라갈 때의 시간과 같다. 반면 수평속도인 $v\cos A$는 일정하게 유지된다(공기저항은 무시). 대수학을 이용하면 포탄이 지면에 닿기 전에 걸리는 시간과 수평으로 날아가는 거리를 알아낼 수 있다. 만약 포탄을 발사하고 싶은 거리를 안다면 각 A를 조정해 완벽한 사정거리를 얻으면 된다.

타르탈리아의 연구는 대수학을 군사적으로 활용한 첫 번째 사례에 불과했다. 또 다른 사례로는 수용 병사 수에 따라 막사 크기를 결정하는 문제가 있다. 아니면 대대에 필요한 급여와 보급품량, 주어진 시간에 주어진 크기의 참호를 파는 데 필요한 병사 수를 할당하는 간단한 방법, 총기에 필요한 화약량을 계산하는 방법 등도 대수학으로 알아낼 수 있다. 1579년 레너드 디기스Leonard Digges는 저서 《스타티오티코스라는 산술적 전쟁 논문 An Arithmetical Warlike Treatise called Stratioticos》에서 대수학으로 이 모든 문제를 해결하는 방법을 설명한다.[15] 예를 들어 소지한 총기 절반 크기에 필요한 화약량을 안다고 단지 그 양을 2배로 늘려서는 안 된다고 경고한다. 이 문제는 '비례의 법칙'에 따라 '세제곱 수'를 이용해 계산해야 한다. 다시 말해 총기 크기가 2배라면 화약량은 단순히 2배가 아니라 2^3배(즉, 8배)가 있어야 한다. 또 디기스는 무기 배분에 관한 다음과 같은 질문을 던진다.

장군에게 60개 보병대가 배치되고 각 보병대에는 창 160개와 단거리 무기가 있다. 장군은 이 보병대를 하나의 소함대로 묶어 그 소함 대를 7개의 창 부대로 무장하길 원한다. 장군이 가장 강대한 소함대 를 꾸리려면 창은 몇 개, 미늘창은 몇 개 있어야 할까. 그리고 전투에 서는 얼마나 많은 부대가 필요할까.

당시에는 무기 분배가 초미의 관심사였다. 지휘관들은 여러 보병대에 무기를 분할하고 배분하는 최적의 방법을 알아야 했다. 적군의 기병대가 돌격하는 동안 잠재적 퇴각으로 보병대를 보호하며 무기 효과를 극대화하기 위해서였다. 역사적으로 이 당시에는 대부분 기하학적 대형으로 정렬한 군대로 전투에 임했다. 올바른 대형을 갖추는 건 군대의 사활이 걸린 문제였고 국가 운명에도 결정적 역할을 했다. 디기스가 낸 문제의 답은 미지수를 찾는 대수학으로 구할 수 있다. 첫 번째 질문의 정답 은 무엇일까? 바로 2,520개다.

타르탈리아가 대포의 대수학을 연구하던 때와 거의 같은 시 기에 수학은 매우 색다른 방식으로 무장하고 있었다. 역사상 이 시기의 대수학 능력은 여전히 진귀하고 인상적이어서, 한 수학 자가 다른 수학자에게 자신의 우월함을 증명하고 어쩌면 일자 리도 얻게 되는 수단이었다. 패배한 수학자는 굶어 죽을 수도 있는 수학 대결의 심각한 결과는 새로운 대수학적 해법의 다원 주의적 진화를 재촉했다. 수학적으로 가장 적합한 사람은 생존

했지만 그렇게 살아남은 생존자도 조심해야 했다. 그리고 전문 수학자들은 어떤 제자에게 대수학을 교육할지 신중해야 했다. 그래서 자신의 경쟁자에게 비밀을 공유하거나 일자리를 위해 스승에게 도전하는 제자는 절대 원하지 않았다. 그 결과 수학의 전파는 더뎠고 수학자들 사이에는 끊임없는 불신이 늘어갔다. 우리는 수학을 비밀이나 질투, 편집증과 관련짓지 않지만 2차 방정식을 넘어 3차(x^3)와 4차방정식(x^4)을 풀이하는 방법에 관한 사연에는 이 모든 게 담겨 있다.

3차방정식 공방

이 이야기는 익숙한 이름으로 시작한다. 바로 파치올리다. 파치올리는 1494년에 쓴 《산술집성》에서 2차방정식을 푸는 일반 공식(이 장에서 살펴본 근의 공식)은 있지만 x의 최고차항이 3차인 방정식의 일반해를 찾는 건 불가능해 보인다고 단언했다. 3차방정식의 일반형은 다음과 같다.

$$ax^3 + bx^2 + cx + d = 0$$

파치올리의 단언은 순전히 지적인 관심이었을 뿐 3차방정식을 적용한 식은 소개하지 않았다. 하지만 한때 파치올리의 협력자였던 볼로냐 출신 수학자 스키피오네 델페로Scipione del Ferro가 3차방정식의 해를 찾는 문제에 도전했다. 그리고 3차방정식의 한 형태로 일반해를 구하는 방법을 찾아냈다. 델페로가 이용한 3차방정식은 b값이 0, 즉 x^2항이 없는 '압축된depressed' 형태였다.

$$ax^3 + cx + d = 0$$

당대의 현명한 수학자들처럼 델페로도 절대 해법을 누설하지 않았다. 임종을 앞두기 전까지 이를 함구하던 델페로는 세상에 연연할 필요가 없음을 깨닫게 되자 제자 안토니오 피오르Antonio Fior와 사위 아니발레 델라나베Annibale della Nave를 머리맡으로 불러 해법을 전수했다.

두 사람은 성격이 완전 딴판이었다. 명예를 존중한 델라나베는 귀중한 수학적 지식을 얻었다는 사실을 아무에게도 말하지 않았다. 하지만 피오르는 탐욕스럽고 야심만만했다. 그래서 2차항이 없는 3차방정식 해를 비장의 무기로 여겼다. 피오르는 타르탈리아를 첫 번째 희생자로 삼기로 결심했다.

1535년 피오르가 도전장을 내밀었을 때 타르탈리아는 베네치아에서 유클리드의 정리를 가르치는 교사로 일했다. 타르탈리아의 지위를 탐낸 피오르는 표준 규약에 따라 타르탈리아에게 수학 대결을 요청했다. 두 사람은 서로에게 30문제를 냈다. 피오르가 낸 모든 문제는 2차항이 없는 3차방정식 변형 문제의 해를 구하는 것이었다. 타르탈리아는 피오르에게 해법이 있다는 사실을 곧바로 깨달았고 일자리를 뺏기지 않으려면 그 해를 스스로 알아내야 했다. 천재 수학자였던 타르탈리아는 결국 해냈다. 2월 12일 타르탈리아는 2차항이 없는 3차방정식 $x^3+px=q$를 푸는 방법을 발견했다. 다음 날 $x^3=px+q$ 유형의 문제를 푸는 방법도 알아냈다. 얼마 후에는 $x^3+q=px$도 풀어냈다. 타르탈리아는 피오르가 제시한 3차방정식 문제를 모두 해결했다. 반면 피오르는 타르탈리아가 만든 문제들과 사투를 벌였다. 이 경쟁은 타르탈리아의 승리로 끝났고 타르탈리아는 교사직을 지켜냈다. 그리고 우승자의 권리인 30번의 호화로운 연회를 공공연하게 포기하며 더욱 명성을 쌓았다. 내기에 진 럼펠슈틸스킨 Rumpelstiltskin(독일 만화에 나오는 난쟁이로 이름 맞히기에서 저 자취를 감춤_옮긴이)처럼 굴욕감을 느낀 피오르는 대중 앞에서 사라졌다.

하지만 그 이후로 타르탈리아를 위한 행복은 존재하지 않았다. 피오르와의 결투 당시 밀라노의 유명한 수학자 제롬 카르다노 Jerome Cardano는 당대의 모든 대수학 지식을 상세히 담은 책을 만드는 거창한 프로젝트를 진행하고 있었다.[16] 카르다노는 타르탈리아가 2차항이 없는 3차방정식을 정복했다는 소식을 들고 해법을 알려달라고 요청했다. 타르탈리아는 그 해의 가치를 알았기에 당연히 거절했다. 카르다노는 타르탈리아의 해법을 책으로 출판하지 않겠다고 단단히 약속하며 다시 그를 설득했다. 타르탈리아 역시 다시 거절했다. 그 뒤에 카르다노는 타르탈리아에게 그의 포탄 수학을 사려는 돈 많은 장군들과 만나게 해주겠다고 제안했다. 그래도 타르탈리아는 꿈쩍하지 않았다. 결국 카르다노는 묘한 제안을 했다. 타르탈리아가 수학자 대 수학자로 그 해법을 알려준다면 무척 감사하겠지만 출판하지는 않겠다고 굳게 맹세했다. 그리고 무슨 영문인지 바로 이때 타르탈리아는 카르다노의 끈질긴 요구에 굴복했다.

타르탈리아의 해법으로 무장한 카르다노와 제자 로도비코 페라리Lodovico Ferrari는 그 해법을 완전한 3차방정식 해법으로 개발하기 시작했다. 두 사람은 성공했고 심지어 여기서 더 나아갔다. 타르탈리아의 혁신적인 연구 결과를 토대로 페라리는 x^4항이 추가된 4차방정식의 해법도 생각해 냈다. 3차방정식과 마찬가지로 4차방정식의 해법도 별 쓸모는 없었지만 카르다노는 전부 다 그의 원고에 넣었다. 하지만 모든 해법이 타르탈리아와 출판하지 않기로 약속한 원래 해법에 달려 있어 무작정 책으로 펴낼 수는 없었다.

이 난국을 해결한 사람은 브레시아의 교사 주안네 다코이 Zuanne da Coi였다. 타르탈리아의 지인이었던 다코이는 델페로가 피오르뿐 아니라 사위 델라나베에게도 2차항이 없는 3차방정식의 해법을 남겼다는 소식을 들었다. 어쩌면 다코이가 카르다노와 페라리에게 델페로의 사위를 찾아가야 한다고 알려줬을까? 카르다노와 페라리는 델라나베를 찾아가 델페로가 물려준 해법과 타르탈리아가 알아낸 해법을 갖고 떠났다. 두 사람의 행동은 오늘날 학자들 사이에서도 의견이 분분하지만 카르다노는 결국 책을 출판했고 엄밀히 말하면 타르탈리아와의 약속을 어긴 게 아니라고 확신했다.

타르탈리아는 스스로 어렵게 터득한 (그리고 매우 가치 있는) 2차항이 없는 3차방정식 해법을 이제는 카르다노의 책을 사는 누구나 이용할 수 있다는 사실에 격분했다. 두 사람은 공개서한을 주고받았고 타르탈리아의 글은 갈수록 신랄해졌다. 억울한 말더듬이는 수학 대결로 승부를 보자고 요구했다. 하지만 가장 잃을 게 많은 카르다노는 타르탈리아의 도전을 거절했다. 그리고 얼마 뒤 타르탈리아의 고향 브레시아에 좋은 일자리가 생겼다. 타르탈리아는 그 자리에 지원했고 한 가지 조건을 받아들여야 했다. 바로 카르다노의 제자 페라리를 상대로 공개 수학 대결을 벌이는 것이었다.

페라리는 존경하는 스승을 여러 차례 비방한 타르탈리아와 꼭 대결하고 싶었다. 그래서 두 사람은 서로 문제를 교환했고 1548년 8월 10일 밀라노의 프라티 조콜란티$^{\text{Frati Zoccolanti}}$ 정원에 모인 대중의 시선을 사로잡으며 대결을 펼쳤다. 타르탈리아에게는 안타까운 일이지만 페라리는 3차 및 4차방정식 해법을 타르탈리아보다 더 깊이 이해하고 있었고 그 해법을 사용해야 해결할 수 있는 치명적인 문제들을 출제했다. 페라리가 낸 문제는 다음과 같다.

모서리 수와 겉넓이를 더한 값이 해당 정육면체의 부피와 한 면의 넓이 사이의 비례량과 같은 정육면체가 있다. 이 정육면체의 부피는 얼마일까?

그리고

서로 다른 두 수가 있다. 작은 수의 세제곱과 큰 수의 제곱에 3배를 한 값을 더하면 두 수의 합과 같고 큰 수의 세제곱과 작은 수의 제곱에 3배를 한 값을 더하면 두 수의 합보다 64만큼 더 크다. 두 수를 구하여라.

그리고

직각을 끼고 있는 밑변을 제외한 한 변의 길이는 30이고 다른 변의 길이는 28인 직각삼각형이 있다. 나머지 한 변의 길이는 얼마일까?

타르탈리아는 페라리가 낸 문제를 하나도 풀지 못했고 망신만 당한 채 밀라노를 떠났다. 여전히 브레시아에서 일자리를 얻었지만 겨우 18개월 동안이었고 타르탈리아에게 실망한 고용주들은 급여를 주지 않았다. 반면 페라리는 지역 유명 인사가 돼 신성로마제국 황제의 밀라노 지역 수석 세무사라는 훌륭한 일자리도 제안받았다. 위 문제와 같은 대수학은 여전히 실용적이지 않다고 여겨졌음에도 어쩌면 페라리도 다시는 사용하지 않았을 페라리의 대수학 기법은 매우 부유한 남자를 은퇴시켰다.

잠시 숨을 고르며 $x^3+6x=20$과 같은 2차항이 없는 3차방정식을 볼 때 어떤 기분이 드는지 생각해 보자. 이 문제를 풀 수 있을까? 카르다노가 쓴 《위대한 기술The Great Art》에서 설명한 해법은 이렇다.

x 계수의 1/3을 세제곱한다. 이 값을 상수항의 1/2을 제곱한 값과 더한다. 이 값의 제곱근을 구한다. 이 과정을 반복한다. 둘 중 하나에 이미 제곱한 숫자의 1/2을 더하고 다른 하나에서 1/2을 뺀다… 그러면 첫 번째의 세제곱근을 두 번째의 세제곱근에서 빼고 남은 값이 x다.

좀 어려워 보이는 것도 같다. 그렇지 않나? 하지만 자세히 보면 그저 기하학일 뿐이다. 카르다노의 해법은 큰 정육면체를 6개의 직육면체와 더 작은 정육면체로 쪼갠다는 상상에서 시작한다. 본질적으로 말하면 3D로 정사각형을 완성하는 것이다. 카르다노는 각 조각의 치수를 알고 조각들의 부피를 더하면 이 조각들로 이뤄진 큰 정육면체의 부피가 된다는 걸 알고 있었다. 그는 이 3차방정식을 2차방정식으로 줄여 해법을 찾았다. $x=2$다.[17] 알다시피 이 답을 확인하는 건 쉽다. 그래서 수학 대결은 대중의 이목을 끌었다. 누가 그 대결에서 승리하는지 바로 알 수 있었기 때문이다.

카르다노는 《위대한 기술》을 통해 모든 유형의 3차방정식을 해결할 수 있는 일반해를 제시하고 싶었다. 하지만 직접 다양한 유형의 방정식을 연구해야 했기 때문에 그리 간단하진 않았다. 예를 들어 카르다노는 $x^3+mx=n$과 $x^3+n=mx$ 꼴의 3차방정식을 따로 다뤄야 했다. 오늘날에는 아주 기본적인 수학 지식만 있어도 각 항을 이항해 두 방정식을 같은 꼴의 방정식으로 재배열할 수 있다. m 또는 n의 부호가 음수로 바뀌긴 하지만. 그러나 당시에는 방정식을 재배열하는 표기법이 없었을 뿐 아니라 음수라는 개념을 불편해했다. 따라서 카르다노는 이 두 방정식을 완전히 별개의 장에서 설명했다(그래서 타르탈리아도 $x^3=px+q$와 $x^3+q=px$를 각각 다른 해법으로 풀었다).

하지만 결국 x를 다른 문자로 치환해 완전제곱식 꼴로 바꾸는 방법은 다음과 같은 3차방정식의 일반해를 제시했다.

$$ax^3 + bx^2 + cx + d = 0$$

위 방정식을 완전제곱식으로 바꾸면 2차항이 없는 3차방정식을 위한 카르다노의 공식으로 풀 수 있다. 《위대한 기술》은 페라리가 x^4을 포함한 4차방정식을 완전제곱식으로 바꿔 푸는 혁신적인 방법을 어떻게 알아냈는지 자세히 설명한다.

그렇다면 생각만 해도 끔찍한 x^5항이 등장하는 5차방정식은 어떨까? 카르다노와 페라리는 x를 다른 문자로 치환하는 방법을 이용하면 해결할 수 있다고 했지만 종국에는 그런 방법은 찾을 수 없었다고 인정했다. 두 사람이 5차방정식의 해법 사냥을 포기한 건 옳은 일이었다. 거의 300년 후인 1824년 닐스 아벨 Niels Abel이라는 덴마크 수학자가 치환을 통한 해법은 불가능하다고 확인했다.

밝혀진 대로 5차방정식의 해법은 있다. 타원함수(또는 타원곡선)라 불리는 방법으로 풀 수 있는데 현재 이 함수는 암호학, 즉 비밀을 숨기는 과학에 이용되고 있다. 이 주제는 다음 장에서 다루겠다. 자, 이제 2차, 3차 그리고 4차방정식이 현대에는 어떻게 적용되는지 살펴보자. 얼핏 보면 타르탈리아 연구의 연속선상에 있는 것 같다. 하지만 말더듬이 수학자는 포탄의 경로를 따라 추적한 곡선을 설명한 반면 최근의 혁신가들은 물리적 물체, 예를 들어 포드 토러스Ford Taurus 같은 자동차가 만드는 곡선에 초점을 맞춘다. 그래서 지금부터는 오늘날 같은 첨단 기술 사회에서도 대수학이 우리의 가장 시급한 문제를 어떻게 해결하는지 알아보려 한다.

세상을 구부리다

1974년 미국의 휘발유 1갤런 가격은 약 40센트였다. 1981년에는 같은 양의 연료를 주유하는 데 1.31달러가 들었다. 미국 자동차 제조업체들은 자동차 연비를 절약하려면 무슨 수가 있어야 함을 깨달았다. 하지만 어떻게? 엔진을 훨씬 더 효율적으로 재설계하는 일은 너무 어려울 것이다. 차라리 공기역학적 자동차를 만드는 편이 더 바람직하다.

　미국 최초의 진정한 공기역학적 자동차는 1986년형 포드 토러스였다. 지금은 인정하기 어렵겠지만 당시 미국인의 눈에는 꽤 혁명적인 자동차였다. 사실 너무 혁명적이라 사이보그 경찰을 실험하는 미래 경찰국 이야기를 다룬 폴 버호벤^{Paul Verhoeven} 감독의 1987년 영화에서 로보캅의 차로 선택되기도 했다. 당시 토러스는 출시된 지 1년이 지났지만 여전히 미래의 자동차처럼 보였다. 왜일까? 바로 곡선이 있었기 때문이다. 토러스가 등장하기 전 미국 자동차는 상자형 자동차로 가장 잘 설명된다. 직선형 본체는 제조하기 쉬워 상자형 설계가 항력을 늘리고 연비를 낮춘다는 사실은 문제가 되지 않았다. 그리고 휘발유도 저렴했다. 하지만 대서양 건너편에서는 상황이 달랐다.

1986년형 포드 토러스
출처: IFCAR, 위키미디어 공용

유럽에서는 언제나 세금이 연료 가격을 올렸다. 1970년대에 불어닥친 유가 상승은 유럽 운전자들이 오랫동안 높은 주행 비용과 맞닥뜨리게 됐음을 의미했다. 하지만 유럽은 이 문제를 일부 해소할 수 있는 해결책을 찾아냈다. 바로 곡선이 있는 공기역학 자동차였다.

운 좋게도 포드는 잭 텔낵Jack Telnack이라는 유럽에 정통한 미국인 디자이너를 본국으로 송환했다. 바다 반대편에서 지내는 몇 년 동안 텔낵은 현재 유럽 자동차 디자인과 관련 있는 연료절약형 곡선의 진화를 직접 목격했다.

포드 기술 팀은 원하는 곡선 방정식을 단순히 강철 벤딩기에 꽂을 수는 없었다. 또 컴퓨터로 수천 개의 점을 찍어 설계상의 모든 곡선을 그릴 수도 없었다. 너무 비효율적이었다. 기술 팀은 필요한 곡선을 만드는 다른 방법을 찾아야 했다. 하지만 텔낵도 알고 있었듯이 1960년대 초 2명의 프랑스 자동차 디자이너가 이미 이 문제를 해결했다.

보통 베지에 곡선Bézier Curves으로 널리 알려져 있지만 르노의 피에르 베지에Pierre Bézier와 시트로엥의 폴 드카스텔조Paul de Casteljau 둘 다 이 혁신에 공헌했다. 사실 드카스텔조는 대부분 수학적 작업을 맡았다. 하지만 베지에가 그 작업을 기계실에서 작동시킨 덕분에 다른 이들이 두 사람의 선례를 따를 수 있었다.

베지에 곡선은 삼각형의 두 변인 선분 한 쌍에서 시작하는 게 가장 좋다. 종이 위 아무 데나 원하는 각도로 선분 한 쌍을 그린다. 한 선분은 AB, 다른 선분은 BC라고 한다. 이제 각 선분을 같은 개수 간격(예를 들어 10개)으로 나눈다. A=0으로 시작해 B=10이라고 번호를 매긴 뒤 B=0에서 C=10까지 다시 번호를 매긴다. 이제 1에서 1, 2에서 2 등을 연결하는 선분을 그린다.

곡선이 보이는가? 실제로는 없다. 선분만 그렸을 뿐이다. 하지만 각 선분은 곡선에 대한 '접선', 즉 곡선 위의 한 점에서만 접하는 선이다. 이 곡선의 정확한 모양은 A, B, C의 위치에 따라 상대적으로 결정된다.

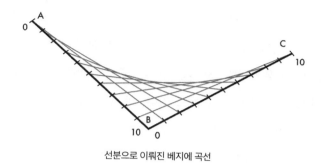

선분으로 이뤄진 베지에 곡선

베지에는 점 B를 '조절점'이라고 불렀다. B를 움직이면 곡선 모양이 달라지기 때문이다. 조절점이 하나만 있는 곡선은 항상 A, B 및 C값을 포함하는 2차방정식으로 정의된다. 조절점을 하나 추가하면 그 곡선은 3차방정식이 된다. 또 하나를 추가하면 4차 곡선이 나온다. 조절점을 추가하지 않으려면 곡선을 추가하면 된다. 카르다노와 페라리가 4차방정식의 해를 3차방정식으로 바꿔 찾은 방법(그리고 3차는 2차로)과 비슷하게 2차 베지에 곡선의 상호작용으로 3차 베지에 곡선을 그리고 3차 베지에 곡선으로 4차 베지에 곡선을 그릴 수 있다.

곡선으로 이뤄진 포드 토러스는 비평가들의 호평을 받으며 출시됐다. 더욱 중요한 점은 포드가 자동차 시장에서 파국적 하향곡선을 그리고 있을 때 포드 토러스가 엄청난 판매 실적을 안겨줬다는 것이다. 대수학이 미국 자동차 산업을 구했다고 해도 과언이 아니다.[18]

현대식 공기역학적 모양을 갖춘 건 자동차뿐만이 아니다. 원하는 곡선을 간단하게 그리는 방법은 교량, 건물, 항공기를 만들 때도 유용하다. 하지만 이 방법은 또 글씨체처럼 눈에 잘 띄지 않는 곳에서도 쓰이고 있다. 종이책으로 읽든, 전자책으로 읽든 이 책은 대수학을 통해 존재한다. 타임스 뉴 로먼Times New Roman이나 헬베티카Helvetica 또는 쿠리어Courier 같은 트루타입 글꼴을 사용한다면 잉크 또는 픽셀이 배치되는 위치를 결정하는 2차 베지에 곡선을 만든 것이다.[19]

디자이너들이 대수학으로 현실 세계의 사물을 구체화한다면 가상 세계를 만들 때도 대수학을 이용한다는 사실이 그리 놀랍지 않을 것이다. 일부 작업은 계산이 같다. 예를 들어 비디오 게임 디자이너는 직접 만든 가상 세계와 그 안에서 발사되는 무기를 생생히 표현하려면 2차, 3차, 4차방정식으로 프로그래밍해야 한다. 또 건축가는 낭비되는 공간을 최소화하고 방의 비율을 최적화하는 설계를 고안할 때 대수적 규칙을 따라야 한다. 기업가는 2차함수를 이용해 곧 출시할 신제품의 가격과 재고량을 최적화한다. 하지만 그 어느 것도 카르다노와 타르탈리아 그리고 페라리가 다룬 대수학보다 훨씬 더 깊이 있진 않다. 게다가 지금은 대부분 컴퓨터 소프트웨어 내에서 자동으로 처리된다. 하지만 대수학은 여전히 존재하고 있으며 세상에 대한 우리의 환경과 경험을 구체화하고 있다.

이제 좀 더 깊이 들어가 보자. 왜냐하면 대수학은 세상의 모든 콘텐츠에서 관찰할 수 있는 특성이나 행동 방식 너머에 있는 것을 조직화하는 데 도움을 주기 때문이다. 알려진 대로 우리 우주의 숨겨진 구조도 대수학으로 설명할 수 있다. 그래서 물리학자들은 고대 그리스인처럼 우주가 수학적이라는 생각에 사로잡혀 있다. 이런 분야의 수학은 다소 기묘하게도 '추상대수학 abstract algebra'으로 알려져 있다. 마치 지금까지 살펴본 대수학은 전혀 추상적이지 않다는 것처럼 들린다. 굳이 따지자면 추상대수학은 현대대수학이라고 불린다. 하지만 이 '현대'라는 꼬리표도 살짝 의심스럽다. 어쨌든 추상대수학은 1832년 사망한 에바리스트 갈루아Évariste Galois라는 젊은 프랑스인에게서 시작된다.

갈루아, 뇌터 그리고 우주의 대수학

"울지 마, 알프레드! 20살에 죽으려면 내 모든 용기를 짜내야 하니까!" 이 말은 갈루아가 동생에게 남긴 마지막 유언으로 전해진다. 갈루아는 권총 결투에서 치명상을 입었다. 갈루아의 결투상대는 스테파니라는 젊은 여성을 두고 사랑의 경쟁을 벌인 남자였던 것 같다. 스테파니는 갈루아의 집주인 딸이라는 설이 가장 유력하다.

갈루아는 꽃다운 삶이 시작될 무렵 파리 몽파르나스 공동묘지에 있는 일반 묘혈에 묻혔다. 하지만 그는 영원한 명성을 얻었다. 갈루아는 이제 대수학 틀의 동물학적 분류로 여겨지는 수학의 한 분야, 군이론group theory의 아버지로 유명하다. 생물학자가 특정 유기체를 포유류, 균류 또는 박테리아로 묶는 것처럼 수학자는 대수식을 공통 속성이 있는 것끼리 분류한다. 예를 들어 2차방정식 같은 방정식은 모두 같은 방법으로 풀 수 있는 군에 속한다.

생물학적 사항을 세부적으로 분류하면 훨씬 쉽게 더 큰 그림을 볼 수 있다. 자연선택에 따른 진화론이 바로 그렇다. 대수학적 분류도 다르지 않다. 대수식을 분류하면 기초 입자가 한데 모여 모든 물리적 물질을 만드는 '입자 동물원' 구조처럼 우주의 거대한 진실을 알 수 있다. 갈루아가 시작한 이런 노력은 2012년 제네바의 유럽원자핵공동연구소CERN에서 힉스 보손을 발견하며 결론에 도달했다.

대수학이 어떻게 그런 심오한 영향을 미치는지 알아보기 위해 그리고 가장 개략적 형태로만 이해하려는 우리의 목표에 충실하게, 일단 3차방정식을 풀어 a, b, c라는 세 가지 해를 구했다고 생각해 보자. 이제 이 해가 서로 어떤 관계인지 알아보자. 우리는 다음과 같은 식을 만들 수 있다.

$$(a-b)(b-c)(c-a)$$

그리고 이 해를 서로 바꿔보자. a를 b로, b를 c로, c를 a로 치환한다. 그러면 다음과 같다.

$$(b-c)(c-a)(a-b)$$

사실 이 식은 첫 번째 식의 괄호 순서를 바꾼 식이다. 이 식을 풀면 처음 식과 똑같은 결과가 나온다. 첫 번째 식에서 a와 b만 서로 바꾸면 어떻게 될까?

$$(b-a)(a-c)(c-b)$$

이 식은 처음 식에 -1을 곱한 결과와 같다. 즉, 양수는 음수가 되고 음수는 양수가 된다. 이 말은 세 번째 식을 제곱하면 처음 식을 제곱한 결과와 같다는 뜻이다[브라마굽타가 말했듯이 $(-) \times (-) = (+)$다].

갈루아는 이런 유형의 식을 관찰해 특정 대수식을 함께 묶었고 여러 가지 변환을 통해 서로 관련 있는 해를 조사해 군으로 지정했다. 별거 아닌 것처럼 들릴지도 모르지만 갈루아의 군 이론은 수학의 중심축이 됐다.

갈루아는 분명 스스로 발견한 이론의 가치를 알고 있었다. 일화에 따르면 갈루아는 결투 전날 밤 친구 오귀스트 슈발리에 Auguste Chevalier에게 전달할 모든 원고를 취합하고 있었다.[20] 그리고 너무 서두른 의사소통을 사과하는 편지를 남겼다. '나중에 이 모든 난장판을 해독하는 데 도움을 줄 사람들이 있길 바라.' 갈루아의 겸손함은 그의 비극적 요절을 더욱 슬프게 한다.

갈루아의 통찰력은 매우 값진 것이었다. 그가 관찰한 변환은 대칭의 물리적 특성에 대한 추상수학적 연결 고리기 때문이다. 예를 들어 앞서 a와 b를 서로 바꾼 식은 왼쪽과 오른쪽이 바뀌는 거울 이미지와 다르지 않다.

대칭은 뭔가를 바꿔 그 모양이나 행동에 변화가 있는지 보는 것이다. 변화가 없다면 대칭을 찾은 것이다. 만약 변화가 있다면 대칭이 깨졌다고 볼 수 있다. 기하학에서 간단한 예를 들면 정사각형은 대각선을 따라 반사 대칭reflective symmetry이다. 평평한 거울을 그 대각선에 놓으면 원래 모양과 똑같은 정사각형을 볼 수 있다. 또 정사각형에는 4개의 회전대칭이 있으며 각 대칭은 90도씩 회전해 얻는다. 만약 45도만 회전한다면 처음 모양과 다르게 보인다(마름모와 더 비슷하다). 즉, 대칭이 깨진 것이다.

대칭을 추상대수학으로 설명하는 입자물리학에서는 대칭으로 생기는 변화가 좀 더 복잡하다. 예를 들어 입자와 반입자는 바꿀 수 있다. 만약 두 입자의 상호작용에 차이가 없다면 서로 대칭이 된다. 좋은 예가 두 전자의 전하를 반대로 바꿀 때다. 2개의 양전자는 2개의 전자와 정확히 같은 방식으로 서로를 밀어낸다. 이것이 전하 대칭이다.

대칭은 물리적 세계를 이해하는 핵심이다. 수많은 물리학 과정이 반사나 회전 또는 단순 교환 관점에서 표현될 수 있기 때문이다. 이런 대칭성은 전하와 같은 물리적 특성뿐 아니라 공간 또는 시간에도 존재할 수 있다. 또 대칭은 보존의 법칙, 즉 물리 체계의 특정 속성은 단순히 사라지지 않는다는 법칙과 깊은 연관이 있다.

에너지 보존의 법칙을 예로 들어보자. 학교에서 물리 수업 시간에 에너지는 한 형태에서 다른 형태로 바뀔 수 있다고 배웠을 것이다. 예를 들어 바위를 언덕 꼭대기로 굴리면 운동에너지가 위치에너지로 바뀐다. 하지만 그 에너지는 결코 우주에서 사라지지 않을 것이다. 바위가 언덕 반대편을 무너뜨릴 때 소리처럼 흩어질 수도 있고 바위의 운동에너지로 바뀔 수도 있다. 물론 바위와 부딪치는 흙과 암석들의 운동에너지로도 바뀐다. 그래도 에너지는 사라지지 않을 것이다. 바로 물리법칙의 대칭성 때문이다. 아주 간단히 말하자면 물리법칙은 시간의 대칭이므로 분에서 분, 심지어 천년에서 천년으로 가도 변하지 않는다. 다른 대칭은 다른 보존 법칙과 연관 있다. 예를 들어 태양 주위를 도는 행성들의 궤도는 각운동량 보존과 연결된 회전대칭을 갖는다. 하지만 이 통찰력은 갈루아가 준 게 아니다. 에미 뇌터 Emmy Noether라는 뛰어난 수학자의 연구 덕분이다.

에밀리 또는 '에미' 뇌터는 놀랍게도 이 책에서 처음 만나는 여성이다. 사실 수학계에는 여성에 대한 편견이 너무 깊이 뿌리 박혀 있었기 때문에 뇌터는 수학으로 거의 성공하지 못했다. 뇌터의 아버지는 수학 교수였고 부모님은 자녀들이 모두 학자의 길을 따르길 바랐다. 하지만 그건 뇌터의 남동생들에게만 쉬운 일이었다.

뇌터는 1882년 독일 에를랑겐에서 태어났다. 무척 밝은 성격의 소유자였지만 대학 입학을 준비할 무렵 학자로의 길이 막혀 있다는 사실을 깨달았다. 당시 뇌터의 아버지가 근무하던 에를랑겐대학교는 여학생의 입학을 허락하지 않았다. 결국 뇌터는 우여곡절 끝에 에를랑겐대학 학부와 대학원 학위를 모두 취득할 수 있었으나 또 한 번 곤경에 처했다. 그 어떤 대학도 뇌터를 수학을 연구하거나 가르치는 유급 교수로 채용하지 않은 것이다.

수학을 사랑한 뇌터는 에를랑겐대학에서 7년 동안 무급으로 학생들을 가르쳤다. 뇌터의 수학적 재능은 독일 최고 수학자들의 주목을 받고 나서야 앞으로 나아갈 길을 찾을 수 있었다. 다비트 힐베르트David Hilbert와 펠릭스 클라인Felix Klein이 뇌터에게 괴팅겐대학교 수학 연구소에서 일하라고 권유했다. 하지만 두 수학자의 명망에도 그들은 뇌터를 정교수로 채용하도록 대학 측을 설득할 수 없었다. 결국 뇌터는 4년 동안 힐베르트의 무급 조교로 일했다. 그는 1922년에야 마침내 괴팅겐대학교에서 유급 교수가 됐다. 그 무렵 뇌터는 이미 몇몇 최고의 연구를 완성한 뒤였다. 사실 뇌터의 연구는 수학 분야에서 가장 훌륭한 성과에 속했다.[21]

뇌터가 얼마나 뛰어난 수학자였는지 알고 싶다면 다음 이야기에 주목하자. 뇌터는 수술 합병증으로 53세의 나이에 요절했다. 그 후 알버트 아인슈타인Albert Einstein은 〈뉴욕타임스〉에 '에밀 뇌터 양은 여성 고등교육이 시작된 이래 지금까지 배출된 가장 걸출하고 창조적인 수학 천재'라고 공표했다.[22] 이 말은 정말 모욕적인 칭찬이다. 뇌터는 세상을 뜰 당시 세계에서 가장 위대한 대수학자가 분명했다. 남자든 여자든 상관없이 말이다. 게다가 아인슈타인도 그 사실을 인정하고 있었다. 아인슈타인은 일반상대성이론(훗날 뇌터가 바로잡도록 도와줬다)의 한 부분에 막혔을 때 힐베르트에게 편지를 보내 이렇게 부탁했다. '뇌터 양에게 이 부분을 설명해 달라고 전해주게.'[23]

뇌터의 정리는 갈루아의 대수군(그리고 이후 대수학에서 발견한 많은 것)을 대대적인 체계로 분류하고 범주화하는 방법이다. 마치 대수학의 모든 전문가가 대수학을 이루는 극히 일부를 열심히 연구했다면 뇌터는 그 안에 무심코 들어와 어떻게 그 모든 공헌이 서로 연결돼 있는지, 어디에서 서로 보완할지 그리고 어떻게 모든 실로 완전한 천을 짜는지 알고 있는 것과 같았다. 심지어 뇌터는 도형을 휘거나 늘렸을 때 어떤 성질을 갖는지 연구하는 위상수학 같은 다른 수학 분야에도 깊은 영향을 미쳤다. 1996년 한 강연에서 독일 위상수학자 프리드리히 히르체브루흐Friedrich Hirzebruch는 비록 뇌터가 위상수학에 거의 발을 들여놓지 않았다 해도 '발표한 논문의 반이 영원한 영향을 미친다'고 말했다.[24]

　뇌터의 추상대수학이 의미하는 바는 뇌터가 고안한 방정식으로 새로운 법칙이나 입자, 물리력을 찾을 수 있다는 것이다. 대칭이 깨지는 이유는 늘 존재하는데 대개는 힘 때문이다. 사실 이는 물리학자들이 아직 알려지지 않은 자연의 힘을 발견하는 전형적인 방법이다. 예를 들어 1960년대 초 물리학자 머리 겔만Murray Gell-Mann은 원자핵을 설명하는 추상대수학의 대칭성을 연구했다. 그리고 이 대칭성이 원자핵에 양성자와 중성자보다 더 많은 기본 입자가 있어야 함을 암시하고 있다는 점을 알아냈다. 1964년 겔만은 아직 알려지지 않은 입자의 존재를 예측하며 그 입자들이 모여 양성자와 중성자를 만들고 있다는 논문을 발표했다. 그리고 제임스 조이스James Joyce의 《율리시스Ulysses》를 읽을 때 마음에 들었던 단어로 입자의 이름을 명명했다. 여러 실험을 통해 겔만은 '쿼크'를 발견했고 얼마 후 노벨상을 받았다.

1960년대 피터 힉스Peter Higgs와 동료들이 아직 발견되지 않은 입자가 입자물리학 깊은 곳에 숨어 있어야 한다는 사실을 알게 된 것도 뇌터의 추상대수학 덕분이었다. 마침내 규정하기 힘든 '힉스 보손'이 2012년 발견됐고 힉스 역시 노벨상을 받았다.

힉스 보손은 입자물리학의 마지막 퍼즐 조각이었다. 뇌터의 추상대수학에 따라 대칭성과 보존 법칙을 고려하면 마술을 부리듯 입자 전체를 만들 수 있다는 사실이 밝혀졌다. 처음에는 대수학이 그저 세금을 계산하는 도구였을지 모르지만 이제는 우주가 움직이는 방식을 알려주고 있다.

원하는 것을 손에 넣는 법

이제는 누구나 한 번쯤 이용했을 대수학의 한 부분을 살펴보겠다. 이 이야기는 1998년 스탠퍼드대학교 컴퓨터 공학과 학생 2명이 다음과 같은 도입부를 실은 논문을 발표하며 시작된다.[25]

키워드 매칭keyword matching에 의존하는 자동 검색 엔진은 대개 연관성 낮은 검색 결과를 너무 많이 보여준다. 설상가상으로 일부 광고주는 자동 검색 엔진을 호도하는 조치로 대중의 관심을 끌려고 한다. 그래서 우리는 기존 시스템의 많은 문제를 해결하는 대규모 검색 엔진을 구축했다.

    이 논문의 저자 세르게이 브린^{Sergey Brin}과 로런스 페이지 Lawrence Page는 그들이 고안한 검색 엔진을 '구글^{Google}'이라 명명했 다. 그리고 '그 이유는 구글이 10^{100} 또는 구골^{googol}의 철자와 비 슷해 매우 큰 규모의 검색 엔진을 만들려는 우리 목표와 잘 맞 기 때문'이라고 설명했다. 아주 짧은 시간 안에 두 사람의 대규 모 검색 엔진은 세계를 점령했다. 실제로 2006년에는 구글이라 는 단어가 정보를 찾는 일반적 수단을 설명하는 동사로《옥스 퍼드 영어사전》에 등재된다.

    구글의 페이지랭크^{PageRank} 알고리즘은 대수학의 한 분야, 선 형대수학을 훌륭하게 적용한 것이다.[26] 선형대수학은 변수(구글 의 경우 인터넷 페이지에 대한 데이터)가 2차나 3차 또는 다른 어떤 차 수도 아닌 1차로 처리되는 방식이다. 따라서 $y = 4x$는 선형대수 학의 연산이 되지만 $y = 4x^2$은 아니다.

    선형대수학은 역사가 깊다. 기원전 2세기 이후로 거슬러 올 라가면 선형대수학을 설명한 중국 문헌들을 찾아볼 수 있다. 이 들은 변수들의 관계를 알아내는 필요한 모든 것을 담은 방정식 집합의 해를 찾는다. 이 문헌에서는 이런 연립방정식을 배열이 라는 뜻의 '방정^{arrays}'이라 부른다. 현대 선형대수학에서는 온갖 전문 용어(예를 들면 벡터, 행렬, 고유 벡터 및 고윳값)를 사용한다. 사실

구글의 왕좌를 떠받치는 힘은 '250억 달러짜리 고유 벡터'라고 할 수 있다. 하지만 선형대수학에 대해 알아야 할 점은 이 방정식이 본래 수학적 스프레드시트라는 것이다. 즉, 한 번의 연산으로 거대한 데이터 배열 전체를 처리할 수 있다.

구글 알고리즘은 선형대수학을 매우 효과적으로 적용한 수많은 사례 중 하나일 뿐이다. 따라서 선형대수학이 없다면 우리가 아는 세상은 돌아가지 않을 것이라 말해도 무방하다. 현재 우리는 수많은 변수를 동시에 처리하고 변수들의 관계를 알아내 하나의 특정 결과로 최적화하는 일을 잘해내고 있다. 선형대수학은 구글 검색뿐 아니라 항공사에도 힘을 실어준다. 비행일정, 비행대 계획, 항공기 노선, 승무원 구성, 게이트 배치, 일정 유지 관리, 기내식 계획, 직원 교육 일정 및 수하물 처리 절차 등은 전부 선형대수학으로 해결한 최적화 문제다. 그러니 다음부터는 기내식을 먹을 때 대수학에 꼭 감사해야 한다.[27]

페덱스와 UPS는 선형대수학을 이용해 최적의 배송 절차 프로그램을 검색한다. 그리고 쇼핑과 물류도 있다. 슈퍼마켓은 모든 농산물을 어떻게 가져올까? 온라인으로 구매한 상품은 어떻게 집까지 도착할까? 모두 선형대수학을 통해 이뤄진다. 건강 관리도 마찬가지다. 병원 예약, 진료, 수술 그리고 의약품 배달 일정을 잡는 건 원하는 대로 창과 미늘창을 분배하는 가장 좋은 방법을 찾는 일의 현대식 해석이다. 구글 검색 결과가 컴퓨터

화면에 전달되는 방식, 즉 인터넷을 통해 정보를 전달하는 방식도 선형대수학에 의존한다. 물론 이들 대부분은 이제 소프트웨어로 작성된다. 삼각법이 건축가의 컴퓨터 지원 설계 패키지에 프로그래밍된 것과 같다. 하지만 선형대수학은 여전히 일상생활의 일부를 책임진다. 현대 생활의 더할 나위 없는 안락함은 대수적 해법을 고안해 거의 모든 물류 문제를 해결한 수학자들에게 큰 빚을 지고 있다.

선형대수학이 인류가 자멸하지 않고 21세기에 이르게 된 유일한 이유라고 주장할 수도 있다. 44년 동안 깨질 듯하면서도 대체로 평화적으로 대치한 미국과 소련의 냉전은 대부분 선형대수학의 산물이었다.

제2차세계대전 후 미국과 소련의 관계가 조용한 핵 파괴 위협으로 더욱 악화되자 양측 수학자들은 그 위협이 절대 실현되지 않게 하는 방법을 찾는 데 헌신했다. 그중 가장 유명한 수학자가 존 포브스 내쉬John Forbes Nash로 전기 영화 〈뷰티풀 마인드 Beautiful Mind〉의 주인공이기도 하다. 러셀 크로Russell Crowe가 주연을 맡은 이 영화는 오스카에서 작품상의 영예를 안았다. 영화는 내쉬의 정신 질환 그리고 신경쇠약이 가족과 그의 경력에 미친 영향에 초점을 맞추고 있다. 하지만 안타깝게도 카메라는 내쉬의 연구, 게다가 전면적인 핵전쟁의 심연에서 우리를 지켜준 다른 수많은 연구의 역할에는 초점을 잃었다.

아마 '상호확중파괴mutually assured destruction'라는 말을 들어봤을 것이다. 이는 핵전쟁을 피하는 간단한 방법이라 할 수 있다. 만일 두 나라가 충분한 핵무기(핵무기 자체가 추상대수학의 산물이지만)를 보유하면 아무도 먼저 공격하고 싶어 하지 않을 것이다. 보복과 공습이 잇따르면 인류는 지구에서 살 수 없기 때문이다. 하지만 상호확중파괴는 이보다 훨씬 더 복잡했다.

여기서 작용하는 대수학은 게임이론으로 요약된다. 어쩌면 시시하게 들리는 이름일 테니 게임이론의 배후에 있는 수학자들이 이를 얼마나 심각하게 받아들였는지 느끼게 해주겠다. 철의 장막 뒤에서 아무도 상대방을 만날 수 없었던 시대에 미국과 소련은 양측 수학자들끼리 서로 대화할 수 있다면 상호파괴 가능성이 줄어든다는 걸 알고 있었다. 1971년 리투아니아의 빌뉴스에서 미국과 유럽, 소련 게임이론가들의 전례 없는 회의가 열렸다. 이 회의는 미국과 소련 및 다른 국가들이 핵무기 확산 금지 조약에 서명한 지 1년도 채 안 된 시점에 진행됐다. 모든 당사자가 평화 유지를 원했기에 수학자들의 회의를 수용하는 건 전략의 중심이었다.[28]

이 책에서 게임이론가들의 수학적 공헌을 설명하기란 불가능할 것이다. 대부분 너무 어려워 수학과 학부생들조차 자세히 배우지 않는다. 몇몇 수학자는 모든 완화 상황을 고려할 때 위협에 대한 최선의 대응책을 마련하는 방침을 연구한다. 일부는 상호 불신을 고려할 때 최적의 핵 비축량을 정하는 방침을 모색한다. 또 다른 몇몇은 어떻게 하면 가장 좋은 대응책에 투자하고 군대를 배치할지 주목한다.

지난 몇 년 동안 수많은 수학자가 군비경쟁의 대수학을 연구해 왔지만 내쉬는 그들보다 한 수 위에 있다. 그 이유는 내쉬의 유명한 이론, '내쉬 균형Nash equilibrium' 때문이다. 내쉬 균형은 두 당사자가 서로를 신뢰할 수 없는 딜레마에 봉착했을 때 최선의 해결책을 찾는 대수적 방법이다. 이 방법은 복잡한 형태의 선형대수학을 사용하며 서로의 경쟁자가 현재보다 더 잘할 수 없는 상황에서 제일 나은 선택을 찾는 시나리오를 설명한다. 균형 전략은 각자에게 최적의 전략은 아닐 수 있지만 상황을 악화하지 않는 유일한 전략이다. 내쉬 균형에서는 어느 쪽도 행복하지 않다. 하지만 어느 쪽도 그 균형을 깨는 짓은 하지 않을 것이다. 그것이 최악의 선택이기 때문이다.

내쉬 균형이 존재할 수 있는 조건과 그 균형에 도달하기 위한 전략을 발견한 존 내쉬는 노벨 경제학상을 받았다. 내쉬 균형은 역사적으로 다소 저평가된 아쉬움이 있다. 내쉬는 냉전 시대에 있는 양측에게 냉담한 데탕트를 받아들이고 더는 군사적 움직임을 생각하지 말아야 한다는 구체적 증거를 제시했다. 본질적으로 내쉬는 대수학을 사용해 세상을 더 안전한 곳으로 이끌었다. 분명 타르탈리아는 내쉬의 생각에 열렬히 동의했을 것이다.

페르마의 마지막 정리

·

이 주제를 떠나기 전에 때로는 가장 단순해 보이는 대수학조차 전문 수학자들을 당혹스럽게 한다고 자신 있게 알려주고 싶다. 혹시 페르마의 마지막 정리를 들어봤는가? 이 정리의 설명은 매우 간단하지만 그 해결책을 찾는 데만 수백 년이 걸렸다.

1665년 세상을 뜬 피에르 드 페르마Pierre de Fermat는 프랑스 수학자였다. 페르마는 위대한 사상가였음에도 자신의 연구 논문을 출판하길 거부했다. 페르마가 사망한 이후 아들 사무엘은 아버지의 모든 논문을 모아 주목할 만한 결과물을 세상에 발표하기로 했다. 페르마가 소장한 디오판토스Diophantos의 《산수론Arithmetica》을 휙 훑어보던 사무엘은 책 여백에서 라틴어로 휘갈겨 쓴 메모를 발견했다. 영어로 번역하면 이런 글이었다. '세제곱 수를 두 세제곱 수 합으로, 네제곱 수를 두 네제곱 수 합으로 또는 일반적으로 지수가 2보다 큰 임의의 거듭제곱 수를 같은 지수의 두 거듭제곱 수 합으로 나타낼 수 없다. 나는 이 명제를 위한 실로 놀랄 만한 증명을 찾았지만 이 책의 여백이 너무 좁아 여기에 적을 수 없다.'

오늘날에는 페르마의 문장을 다음과 같은 방정식으로 정리한다.

$$x^n + y^n = z^n$$

이 식에서 n이 2보다 크면 x, y, z를 만족하는 해는 없다. 단, 그 해는 0이 될 수 없고 정수여야 한다.

페르마는 이 정리를 증명할 수 있다는 주장을 수많은 낙서로 남겼고 그의 논문을 검토한 수학자들은 마침내 디오판토스의 방정식을 언급한 부분 외에서 다양한 증명을 모두 찾을 수 있었다. 그래서 이 문제가 페르마의 마지막 정리로 알려지게 된 것이다.

만약 $n=2$라면 세 변의 길이가 3, 4, 5인 피타고라스의 삼각형이 방정식의 해가 된다. $3^2 + 4^2 = 5^2$이기 때문이다. 그렇다면 페르마의 마지막 정리를 만족하는 해를 찾기가 정말 그렇게 어려울까? 이 질문은 페르마의 마지막 정리를 풀었던 수학자 앤드루 와일즈Andrew Wiles가 1963년 10살 때 지역 도서관에서 이 문제에 관한 책 한 권을 발견하면서부터 품었던 의문이다. "난 그 순간 내가 이 문제를 절대 놓지 않으리라는 걸 알았다." 와일즈는 말했다. "내가 꼭 풀어야 했다."[29]

왕왕 강박적으로, 혼자 그리고 은밀히 페르마의 마지막 정리에 매달린 와일즈는 1995년 이 문제를 해결했다. 지금은 와일즈가 유명한 수학자지만 그조차도 이 난제에 감히 답할 수 없는 한 가지 의문이 있다. 페르마는 사라지고 없는 그 증명을 정말 갖고 있었을까?

물론 페르마의 증명은 와일즈가 발견한 증명과 다를 것이다. 와일즈가 사용한 수학 기법은 페르마의 시대에는 존재하지 않았다. 그래서 만약 페르마에게 증명이 있었다면 17세기에는 쉽게 찾을 수 있어도 그 이후로는 재발견할 수 없는 수학적 속임수가 사용됐을 것이다. 왠지 그럴 것 같지 않나? 하지만 페르마가 주장한 다른 증명은 모두 밝혀졌다. 어째서 이 마지막 정리만 상상으로 그려야 할까?

여러 가지 면에서 페르마의 마지막 정리는 대수학의 어려움을 수박 겉핥기식으로 보여줬을 뿐이다. 수학자들은 풀 수 있는 것 이상으로 훨씬 더 많은 방정식을 만들 수 있다. 그래서 이론 물리학의 대원칙은 우주에서 힘과 입자가 상호작용하는 방식을 설명하는 대수방정식을 실제로 푸는 게 아니라 만족할 만한 대략적 해를 찾는 데 바탕을 둔다. 현대 물리학의 거장 중 하나인 에드워드 위튼Edward Witten은 우주를 수학적으로 설명하는 핵심 이론인 양자장론quantum field theory을 일컬어 '21세기 수학을 사용하는 20세기 과학 이론'이라고 묘사한 적이 있다.[30] 대체 무슨 뜻일까? 위튼이 의미하는 바는 우주를 이해하는 데 필요한 대수학을 개발하려면 이번 세기의 남은 시간이 걸릴 수도 있다는 것이다. 대수학은 수천 년 동안 존재했을지 모르지만 끝나려면 아직 멀었다.

대수학의 유용함을 증명한 사실들을 생각해 보면 그리 나쁜 건 아니다. 앞서 살펴봤듯이 대수학은 이미 부대의 막사를 배치하는 가장 좋은 방법을 보여주는 데서 세계 평화를 위한 알고리즘을 제공하는 데 이르기까지 무수한 물류 퍼즐의 해결책을 마련했다. 또 물리학 이론이나 웹 서버 자료에서 알쏭달쏭한 입자를 발견하는 것처럼 뭔가를 찾는 스포트라이트기도 하다. 대수학은 세금 문제를 해결하고 휴가를 보내주고 천체 궤도를 알려준다. 그러니 대수학을 계속 탐구할 때 미래의 대수학이 어떤 결과를 가져올지 누가 감히 알 수 있을까?

우리가 대수학으로 무엇을 알아낼지 기다리는 동안 최소한 미적분학으로 세상에 알려진 완제품에는 감탄할 수 있다. 우리는 놀라운 속도로 이 분야를 발명하고 개발하고 적용했다. 그래서 움직이고 변화하는 것들의 처리 방식이 탈바꿈했다. 미적분학은 사실상 한 세기 만에 완성됐고 그 후 과학, 의학, 금융 그리고 물론 전쟁에도 혁명을 불러왔다. 실제로 미적분학이 미국을 제2차세계대전에 끌어들이는 데 중추 역할을 했다는 주장도 있다. 하지만 나중에 알려졌다시피 미적분학은 그 첫 순간부터 수많은 전투의 핵심이었다.

미적분학

우리는 어떻게 모든 것을 설계했을까

Calculus

How we engineered everything

•

누가 미적분학을 발명했는지는 여전히 논란이 있지만 미적분학이 세상을 바꿨다는

사실에는 의심의 여지가 없다. 미적분학은 무한히 크고 작은 것의 힘을 이용해 미국을

제2차세계대전에 끌어들였고 세계 금융 시스템의 부흥에 힘을 실어줬다.

또 도시와 다리 건설 및 기후 예측을 가능하게 했다. 미적분학의 가치는 단순하다.

미적분학은 예측 불가능해 보이는 것을 예측할 수 있는 능력을 부여한다.

수많은 사람이 이 점을 인식하고 실천에 옮겼다.

소설가 레오 톨스토이, 스핏파이어 전투기 설계자, HIV 전염을 막은 의학 연구자

그리고 아인슈타인은 미적분학의 날개를 타고

비상한 사람 중 일부에 불과하다.

1940년 7월 갤럽 여론조사는 미국 시민에게 독일과 이탈리아의 전쟁을 지지하는지 물었다. 86퍼센트가 아니라고 답했다. 그해 9월 미국 역사상 최초의 평시 징집 이후에도 그 대답은 48퍼센트로 떨어졌다.[1] 미국인은 7월과 9월 사이에 무엇을 배웠을까? 바로 아돌프 히틀러Adolf Hitler는 무적이 아니라는 것이었다.[2]

미국은 이 사실을 8월과 9월, 영국 상공과 해협에서 일어난 브리튼 전투Battle of Britain를 통해 알았다. 사실 영국 공군은 독일의 루프트바페Luftwaffe(독일 공군_옮긴이)에 맞서 매우 인상적인 군사 작전을 펼쳤고 미국 기자 랠프 잉거솔Ralph Ingersoll은 지상에서

무슨 일이 일어나고 있는지 알아보기 위해 대서양을 건너 런던으로 위험한 여정을 떠났다. 나중에 미국으로 돌아온 잉거솔은 '지속적이고 끊임없는 테러에도 믿을 수 없는 용기와 믿음으로 버티고 있는 시민'을 만났다고 묘사했다. 그는 영국인들을 높이 평가했다.[3]

아돌프 히틀러가 광적인 영국 국민을 짓밟으며 미쳐 날뛰는 건 당연하다. 히틀러 같은 겁쟁이는 영국 국민의 용기를 이해하기 어려울 것이다. 누구라도 이해하기가 무척 어렵다. 하지만 영국 국민은 용감했다. 런던 시민들은 당황하지 않고 위기를 버텨냈다. 매일 시신을 묻고 부상자의 붕대를 감았다. 매일 현업으로 돌아가고 폭격당한 부두에 배를 대고 상점을 열고 불을 끄고 전화선과 수도관을 수리하고 거리에 널린 잔해를 삽으로 퍼냈다. 그리고 다시 공장으로 돌아갔다.

잉거솔은 결국 영국인들이 영원히 기억될 승리를 거뒀다고 말한다. '9월 7일과 15일 사이 런던 상공에서 벌어진 브리튼 전투는 워털루나 게티즈버그만큼 중요한 전투로 역사에 길이 남을지도 모른다.' 여기서 잉거솔이 인정하지 않은 사실이 있다면 이 승리가 미적분학에서 탄생했다는 것이다.

미적분학은 변화하는 것을 나타내는 수학의 한 분야다. 경제적 이득을 얻든, 교량을 건설하든, 화성으로 가는 임무를 수행하든, 전쟁 무기를 제작하든, 행성의 미래를 엿보든 미적분학은 우리에게 없어서는 안 될 도구다. 어쩌면 학교 수학 선생님이 미적분을 소개할 때 뉴턴과 행성의 움직임부터 시작했을지도 모르겠다. 하지만 여기서는 포피 휴스턴Poppy Houston과 항공기, 특히 전투기 슈퍼마린 스핏파이어Supermarine Spitfire의 비행을 먼저 다룰 것이다.

1931년 슈퍼마린은 아이디어는 많고 현금은 부족한 영국 항공기 회사였다. 주요 생산품은 수상비행기였고 슈나이더 트로피Schneider Trophy로 알려진 권위 있는 수상비행기 경주에서 2연승을 한 덕분에 명성을 쌓았다. 불행히도 당시 영국 정부는 슈퍼마린에 제공한 자금을 곧바로 회수했다. 대공황 시대인 데다 램지 맥도널드Ramsay McDonald 영국 총리는 다른 우선순위가 있었다. 그래서 슈퍼마린이 개발하려 했던 초고속 단일 날개 항공기에 투자할 돈이 없었다. 그런데 때마침 영국에서 가장 부유한 여성 휴스턴 부인이 등장한다.

1857년 런던 동부 램버스에서 태어난 휴스턴은 노동자 계급 여성으로(한때는 발차기를 잘하는 합창단원으로 활동했다) 부유한 남성들의 눈길을 잇달아 사로잡았다. 휴스턴은 그들 중 3명과 결혼했다. 1931년까지 2명의 남편이 사망했고 각각 휴스턴에게 꽤 많은 재산을 남겼다. 이따금 휴스턴은 돈을 유용하게 쓰고 싶었다. 예를 들어 여성 참정권 운동가 에멀라인 팽크허스트Emmeline Pankhurst를 감옥에서 빼내려고 보석금을 보냈다. 그리고 슈퍼마린이 더는 슈나이더 트로피를 놓고 경쟁할 재정적 여유가 없다는 소식을 듣자 이 회사 역시 구제해 줬다.

휴스턴은 성격이 불같은 인물이었다. 유산으로 100만 파운드를 주겠다는 한 남편의 유언장 내용을 들었을 때 그는 유언장을 바로 찢어버렸다. 그러고는 이렇게 보잘것없는 액수를 보니 자신이 쓸모없는 인간이 된 것 같다고 한탄했다. 휴스턴의 반응에 자극받은 남편은 유산을 500만 파운드로 올렸다. 휴스턴은 슈퍼마린에 10만 파운드(오늘날 수백만 파운드에 해당)를 선사한 것이 고상한 자비심을 자랑하기 위해서가 아니라고 말했다. 또 슈퍼마린의 후원자로서 명성을 얻으려는 의도도 없었다. 휴스턴의 목적은 영국 군사력 확보였다. 휴스턴은 정부의 인색한 태도를 비난하며 분개했다. '진정한 영국인이라면 조국이 스스로 방어할 여유가 없다는 걸 인정하기보다 차라리 마지막 남은 셔츠라도 팔아 돈을 마련할 것이다.'[4]

휴스턴의 돈은 슈퍼마린 S6를 만드는 데 쓰였다. 타원형 날개가 달린 이 수상비행기는 수상 플랫폼을 위한 바퀴 교체 및 몇 가지 변화로 브리튼 전투의 승리를 이끈 상징적인 전투기, 슈퍼마린 스핏파이어로 진화했다.

스핏파이어의 수석 디자이너 레지널드 미첼Reginald Mitchell은 휴스턴 부인처럼 성깔이 있었다. 슈퍼마린의 임원진이 미첼의 새 항공기에 붙이기로 한 이름을 듣자마자 미첼은 "지랄 맞게 우스꽝스러운 이름"이라고 의견을 표명했다. 그리고 제품의 테스트 비행을 할 때는 조종사에게 설계 팀이 이해하기 힘든 조언을 하는 편이라며 경고했다. 그러고는 "이해할 수 없을 정도로 우라지게 복잡한 비행기를 두고 뭐라 하는 사람이 있다면 그냥 내 말만 믿게. 다 헛소리니까"라고 말했다.[5] 그리고 아마 가장 유명한 얘길 텐데 그는 스핏파이어의 날개 모양에 대한 '꼰대' 식 접근을 끔찍하게 경멸했다. "난 타원형이든 아니든 상관없네!" 미첼은 날개 디자인을 맡은 캐나다 출신 항공 엔지니어 베벌리 셴스톤Beverley Shenstone에게 다짜고짜 호통쳤다. 하지만 셴스톤은 상관이 있었다. 수학을 알고 있었기 때문이다.

1907년 라이트 형제가 최초로 동력 비행을 한 지 불과 4년 뒤 프레더릭 랜체스터Frederick Lanchester라는 수학자는 날개가 뒤쪽 가장자리에 소용돌이로 불리는 나선형 공기를 만든다는 점을 보여줬다.[6] 이 공기는 다시 날개를 뒤로 당기는 힘, '유도 항력'을 만들어 낸다. 더구나 유도 항력은 낮은 속도에서 비행기가 상승하거나 급하강할 때 증가한다. 즉, 기동성에 영향을 준다. 랜체스터는 보통 새들은 끝이 좁아지는 타원형 날개를 의도적으로 진화시켰으며 이 모양이 유도 항력을 줄인다고 말했다.

이 원리를 수학적으로 해결한 건 랜체스터가 아닌 다른 사람들이었다. 1918년 항공기 설계자들은 '이중 타원형' 날개, 즉 앞뒤 가장자리가 타원형인 날개가 유도 항력을 최소로 받는다는 수학적 증거를 확인했다. 셴스톤은 빠르고 민첩한 비행기를 원한다면 타원형 날개가 최고라는 사실을 알게 됐다.[7]

셴스톤은 캐나다 토론토에서 보트 선체를 디자인하며 젊은 시절을 보냈다.[8] 셴스톤의 취미는 점차 열정이 됐고 그 후 공학 학사 학위와 비행기 디자인 석사 학위를 거쳐 급성장하는 항공기 산업으로 진출했다. 23살이 됐을 때는 독일 융커스에서 일하며 비행 이론에 몰두했다. 1931년 영국으로 돌아온 셴스톤은 세상을 바꾸는 비행기를 디자인하려면 미적분학에 몰두해야 함을 깨달았다.

변화의 수학

미적분학은 역사상 가장 보편적으로 활용되는 혁신일 것이다. 당신은 바퀴가 지금껏 가장 널리 사용되는 발명품이 틀림없다고 생각할지 모른다. 하지만 그건 사실이 아니다. 바퀴의 용도는 매우 제한적이다. 사실 미적분학은 모든 바퀴 기반 기술에 실제로 적용돼 그 발전을 도모했다. 게다가 미적분학은 비행기나 우주 로켓처럼 바퀴를 대체하는 운송 기술과 밀접한 관련을 맺고 있다. 문명에 미치는 영향에서 미적분학은 총을 비롯한 그 모든 것을 압도한다. 예를 들어 핵탄두 생산량을 계산하려면 미적분학을 사용해야 한다.

연속적으로 변화하는 매개변수 집합이 있을 때마다 미적분학이 나선다. 점보제트기의 연료 요구 사항을 예로 들어보자. 비행기를 공중에 띄우는 연료량은 연료를 더 많이 태우거나 자체 무게를 줄임으로써 변한다. 변동금리가 적용되는 예금계좌에서 얻을 파생 연소득을 계산하는 방법도 마찬가지다. 공급과 수요의 변동에 따른 곡물 시장 가격도 물론이다. 이 모든 예가 미적분을 사용한다. 톨스토이가 그랬던 것처럼 미적분학은 은유적으로 쓰이기도 한다. 톨스토이의 《전쟁과 평화》에서 발췌한 구절을 보자.

수많은 독단적인 의지에서 비롯된 인류의 이동이 계속되고 있다. 이렇게 연속적인 운동법칙을 이해하는 것이 역사의 목적이다. 하지만 모든 인간 의지의 총합에서 비롯된 이런 운동법칙에 이르기 위해서 인간의 마음은 자의적이고 단절된 단위를 가정한다… 진리에 더 가까이 다가가려는 역사과학은 꾸준히 점점 더 작은 단위를 취하며 관찰한다…

무한히 작은 단위(역사의 차이, 즉 인간의 개별 성향)를 취하며 그 단위들을 통합하는 기술(지극히 작은 단위의 합을 찾는 기술)을 터득해야만 역사의 법칙에 도달할 수 있을 것이다.

톨스토이는 미적분의 원리와 언어를 사용해 역사를 이해하고 있다.[9] 예를 들어 적분은 아주 작은, 극소 조각들을 함께 더하는 것이다. 다시 말해 그 조각들을 한 덩어리로 통합한다. 미분은 점점 작아지는 단위의 변화를 계산해 연속 체계를 지배하는 법칙을 추론하는 것이다.

이 소설 속의 모든 단어와 관행은 미적분학의 선구자 뉴턴이 이미 알고 인식했을 것이다. 그렇다면 19세기 가장 위대한 소설로 널리 여겨지는 작품이 어떻게 수백 년 된 수학적 원리를 담게 됐을까? 부분적으로는 톨스토이의 가장 친한 친구 중 1명이 수학자였기 때문이다. 하지만 그 이유 대부분은 미적분학의 원리가 변화의 원리를 생각하기 좋아하는 이들에게 거의 무한한 매력을 발산하기 때문이다.

톨스토이는 엘레아의 제논Zenon of Elea이 제안한 운동에 대한 역설을 소개하며 미적분학 해설을 시작한다. 제논의 역설에는 다양한 사례가 있다. 톨스토이는 아킬레스와 거북이의 역설에 주목했다. 아킬레스와 거북이가 서로 경주를 하되 거북이가 먼저 출발한다. 하지만 아킬레스는 거북이보다 10배 빨리 달린다. 제논에 따르면 아킬레스는 결코 거북이를 따라잡을 수 없다.

이유는 간단하다. 아킬레스가 거북이의 거리를 따라잡으려면 일정 시간이 걸린다. 그동안 거북이는 계속 움직인다. 물론 아킬레스가 달리는 거리의 10분의 1밖에 움직이지 않지만 거북이는 여전히 아킬레스가 닿지 않는 곳에 있다. 이제 아킬레스는 남은 거리를 따라잡아야 하지만 거북이는 아킬레스가 달리는 동안 또 움직인다. 톨스토이에 따르면 '움직임의 요소가 점점 더 작아져도 문제의 해결책에만 접근할 뿐 결코 해결하지 못한다'. 다시 말하면 아킬레스는 그 거북이를 결코 따라잡지 못할 것 같다.

물론 터무니없는 소리다. 아킬레스는 당연히 거북이를 따라잡고 추월할 게 뻔하다. 톨스토이는 제논의 역설이 지닌 문제점이 무한을 허용하지 않는다는 것이라고 설명한다. '무한히 작은 것의 개념을 인정해야만… 해답에 도달한다.' 연속 운동의 단계를 무한히 작은 덩어리로 나눌 수 있을 때(즉, 0에 가까울 만큼 작아질 때), 무한한 단계를 허용할 때 아킬레스는 거북이를 따라잡는다. 바로 이 무한한 나누기가 미적분학이다.

무한을 향해

무한 개념은 미적분학의 핵심이다. 그러니 잠시 멈춰 무한에 귀를 기울여야 한다. 가장 주목해야 할 점은 무한이 숫자가 아니라 개념이라는 것이다. 학계의 수많은 논쟁이 보여줬듯이 어떤 숫자보다 항상 더 큰 숫자가 있다. 무한이란 숫자 배열에 끝이 없다는 사실을 간단하게 나타낸 것이다.

그렇더라도 무한은 여전히 수학적 숫자 범위의 일부다. 예를 들어 자연수(0, 1, 2, 3, 4…)의 개수는 무한하다. 짝수 또한 무한하다. 홀수도 무한하다. 본질적으로는 이 같은 사실이 별로 이상하지 않을 것이다. 이상한 점은 자연수 개수는 홀수 개수와 짝수 개수의 합과 같아야 하지만 수학적으로 따지면 이 세 가지 무한은 모두 크기가 같다는 것이다.

하지만 어떤 무한은 다른 무한보다 크다. 1874년 수학자 게오르크 칸토어Georg Cantor는 실수 개수가 자연수 개수보다 더 크다고 증명했다. 즉, 정수와 그 사이 소수를 모두 포함한 무한이 그냥 정수의 무한보다 더 크다는 점을 보여준 것이다. 심지어 그보다 훨씬 큰 무한이 있다고 증명하기까지 했다. 실제로 무한히 많은 무한이 있다. 그 후 칸토어는 신경쇠약에 걸렸다.

만약 무한의 무한을 고민하고 있다면 칸토어의 동료들도 대부분 그 개념을 이해하지도, 이해할 수도 없었다는 사실을 위안으로 삼아야 한다. 칸토어가 신경쇠약에 걸린 이유는 무한 개념 자체가 아니라 연구 업적을 배척하는 동료들 때문이었다. 하지만 전에도 얘기했듯이 그렇게 생각하는 건 자연스럽지 않다. 어마어마한 노력이 필요하다. 3보다 큰 숫자를 세는 게 자연스럽지 않아도 정말 이해할 수 없는 무한의 무한을 향해 나아간다는 건 칭찬받아 마땅한 노력이다.

무한으로의 여정을 계속해도 괜찮다면 미적분학 자체를 다루기 전에 깜짝 놀랄 만한 사실을 하나 더 생각해 봐야 한다. 무한은 역행할 수도 있다는 것이다. 앞서 말했듯이 무한히 큰 것이 있다면 무한히 작은 것도 있다. 바로 무한소infinitesimal라는 개념이다.

오이를 점점 더 작게 자른다고 상상해 보자. 먼저 오이 1개를 반으로 자른 다음 그 절반을 4분의 2로 자른다. 그 조각 중 하나를 처음 오이의 8분의 2로 자른다. 이제 8조각 중 하나를 택해 계속 반으로 자른다. 결국 이론상으로는 한 조각이 너무 작아져 분수나 소수 등 어떤 숫자로도 설명할 수 없을 것이다. 이게 바로 무한소다. 거의 그렇지만 완전한 0은 아니다. 0에 가장 가까운 값이라고 할 수 있다. 무한소보다 작은 유일한 값은 0 그 자체다. 만약 시간, 거리 또는 다른 어떤 것을 무한소로 자른다면 미적분학의 영역에 도착한 것이다.

이를 처음 시도한 인물은 독일 천문학자 케플러다. 하지만 별에 대한 이해를 높이기 위해서는 아니었다. 케플러는 결혼식 비용을 절약하기 위해 무한소를 이용했다.[10]

1613년 케플러는 두 번째 결혼식을 올렸다. 결혼식은 오스트리아 린츠에서 열렸고 케플러가 포도주 한 통을 축하주로 준비하기로 했다. 하지만 케플러는 포도주 상인이 술통 가격을 계산하는 방식에 소름이 끼쳤다. 우선 상인은 맨 위에 마개 구멍이 달린 포도주 통을 길게 세워놓았다. 그리고 길쭉한 막대를 구멍 아래로 넣은 다음 그 막대가 포도주 통 바닥에 닿도록 했다. 포도주 가격은 통 안에서 젖은 막대 길이에 따라 달라졌다.

케플러는 이미 행성궤도의 모양을 계산했고 다양한 광학 현상을 설명했으며 구체 부피를 구하는 가장 효율적인 방법을 발견했다. 또 눈송이에 육각형 대칭이 있다는 것도 보여줬다. 그래서 케플러는 포도주 가격을 더욱 합리적으로 매길 수 있으리라고 직감했다. 그는 길고 얇은 통에 포도주를 담으면 그 양은 훨씬 적어도 막대기가 젖은 길이는 항상 같다고 지적했다. 처음에는 그저 포도주 상인과 언쟁을 벌였지만 결혼식 후에는 그 언쟁을 책에 담아 1615년《포도주 통의 신입체기하학 New Solid Geometry of Wine Barrels》을 출판했다. 케플러는 이 책에서 원기둥 모양의 포도주 통을 점점 더 잘게 쪼갠 조각으로 포도주 통의 부피를 계산한다. 그리고 무한히 작은 조각이 무한개 있으면 입체의 부피를 더욱 정확하게 구할 수 있다고 설명한다.

게다가 케플러는 포도주 통에 가장 알맞은 모양, 즉 부피를 최대화할 수 있는 비율을 구했다. 포도주 통의 높이가 변할 때마다 부피가 어떻게 달라지는지 보여주는 3차방정식을 고안했고(밑면 지름은 고정) 높이가 지름의 $2/\sqrt{3}$ 배일 때 곡선이 바뀌는 지점에서 부피가 가장 크다는 사실을 알아냈다. 밝혀진 바에 따르면 케플러의 비율은 오스트리아에서 포도주 통 제조에 사용한 비율과 거의 정확히 일치한다.

케플러의 이런 노력에서 미적분의 본질을 알 수 있다. 첫째, 하나의 양에서 다른 양으로 관련 수량이 바뀌었을 때 생기는 변화를 이해하는 것이다. 통 크기에 따른 통의 부피일 수도 있고 서 있는 상태에서 출발한 후 속도가 꾸준히 증가하는 자동차가 이동한 거리일 수도 있고 시간이 지남에 따라 전염병에 감염될 사람의 수일 수도 있다. 둘째, 최댓값과 최솟값을 찾는 것이다. 가장 효과적인 반응을 보이는 암 치료제의 투여량은 얼마인지 또는 보잉 747은 날아가는 동안 연료를 태우지만 기체가 무거워지면 더 많은 연료가 필요하다는 점을 고려할 때 가장 멀리 날아가려면 얼마나 많은 연료량이 필요한지 등이 그 경우다.

케플러의 포도주 통 연구는 일반적으로 미적분학의 시초라고 평가받는다. 하지만 유명한 논쟁 하나가 실제로 미적분학을 발명한 사람을 두고 여전히 실랑이를 벌이고 있다. 그 이유는 17세기 후반 뉴턴과 독일의 박식가 고트프리트 라이프니츠 Gottfried Leibniz가 오랫동안 벌인 신랄한 논쟁이 만족스러운 해결 없이 끝났기 때문이다. 하지만 진실은 두 사람 모두 미적분학을 처음 발명한 사람은 아니라는 것이다. 케플러의 포도주 통 연구를 제쳐두면 17세기 초반 페르마가 곡선 아래 면적을 계산하고 곡선의 최댓값 또는 최솟값을 알아냈다. 알다시피 페르마의 연구는 미적분학의 필수 요소며 뉴턴 역시 '페르마의 접선 그리기 방식'으로 미적분의 초기 형태에 도달했다고 인정했다. 데카르트 역시 이 문제로 무덤에서 탄식할지도 모른다. 데카르트도 페르마와 비슷한 연구를 했고 누가 먼저 그것을 했는지에 대한 문제로 페르마와 격렬한 논쟁을 벌였다. 하지만 보나벤투라 카발리에리Bonaventura Cavalieri라는 이탈리아 수학자는 무한소에 관한 연구로 라이프니츠와 뉴턴을 위한 발판을 마련했고 영국 수학자 월리스도 1656년 이 모든 것을 종합한 《무한소 산술Arithmetic of Infinity》을 썼다. 간단히 말하면 라이프니츠와 뉴턴은 탁월하지만 그들의 연구는 많은 다른 수학자의 작업을 기반으로 한다. 그러니 이제 그만 싸우고 연구를 계속하는 게 어떨까?

HIV를 위한 해법 유도

미적분학은 본질적으로 대수학을 확장한 분야다. 말하자면 대수학이 나타내는 선과 곡선에 대한 정보를 더 많이 알아내기 위한 도구다. 그러나 학교에서 우리는 미적분을 항상 배우진 않고 추상적 과제를 위한 일련의 규칙 정도로만 배운다. 예를 들어

학교에서는 2차방정식과 관련된 그래프의 기울기를 찾는다. 왜 찾고 싶은지 정확히 알지 못한 채 말이다.

자, 그렇다면 한 가지 실용적인 사례로 시작하겠다. 인체에서 치명적인 감염이 진행되는 방식을 나타낸 곡선의 경사 또는 기울기를 찾아보자. 미적분학은 인간 면역결핍 바이러스HIV라는 최악의 피해에서 우리를 보호하는 데 중요한 역할을 한 것으로 밝혀졌다.

쉽게 잊는 사실이지만 HIV가 가장 위험했을 당시 상황은 매우 좋지 않았다. 1981년 첫 사례가 보고된 후 HIV는 순식간에 전 세계 사람들의 재앙이 됐다. 2007년 HIV/AIDS는 50만 명 이상의 미국인을 죽였고 미국은 HIV 양성자 모두의 입국을 거부했다. 2009년에는 워싱턴 D. C.의 HIV 감염률이 전체 주민의 3퍼센트로 서아프리카보다 높았다. 콜롬비아 보건부는 HIV를 '심각하게 보편화된 전염병'이라고 묘사했다.[11]

10년이 조금 지난 오늘날 HIV 감염은 더는 사형선고가 아니다. 사실 HIV에 걸린 사람들은 비교적 평범한 삶을 살고 있다. 어찌 된 영문일까? 바로 미적분학이 있었기 때문이다.

1989년 앨런 S. 페렐슨Alan S. Perelson은 인체 내 HIV 감염과 그에 따른 바이러스와 인간 면역 체계의 싸움을 보여주는 미적분 기반의 수학적 모델을 고안했다.[12] 페렐슨은 그 상황을 단 4개의 '미분'방정식으로 단순화해 혈액 속의 치료되지 않은 바이러스 농도 등이 시간에 따라 변할 때 신체에서 일어나는 현상을 설명했다. 미분방정식은 미분이라는 과정을 포함하는데 이 과정이 바로 미적분학의 핵심이다. 본질적으로 미분은 어떤 특정 지점에서 뭔가의 변화율을 찾는 과정이다.

굽은 경사면을 따라 위로 이동하면 기울기가 변한다.

또 경사면을 따라 오르는 데 필요한 노력의 양을 수량화할 때도 미분을 이용하면 된다. 위 그림을 보면 언덕을 오르는 내내 같은 양의 노력이 필요한 건 아니다. 처음에는 경사가 가파르지만 점점 평평해진다. 실제로 언덕은 여러 가지 다른 경사로 이뤄져 있다. 처음에는 경사가 크지만 언덕을 올라갈수록 점점 작아진다. 미분은 언덕 곡선에 있는 특정 지점에서 언덕을 오르는 데 필요한 노력의 양을 찾는 방법이다.

일반적으로 이 과정은 곡선에 대한 대수방정식으로 시작한다. 기울기는 '수평 변화량에 대한 수직 변화량의 비율'로 구한다. 즉, x의 수평 변화(dx는 x의 변화량을 나타냄)에서 발생하는 y의 수직 변화(dy는 y의 변화량)다. 그러면 기울기는 수직 변화량을 수평 변화량으로 나눈 값(dy/dx)이다. 이 값은 곡선을 나타내는 방정식의 '도함수'로 알려져 있다. 직선에서는 도함수를 쉽게 찾을 수 있다. 하지만 아래 같은 곡선이라면 어떻게 찾을까?

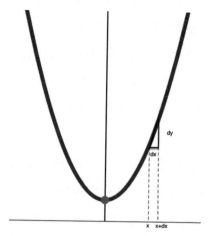

이 곡선의 기울기는 수직 변화량을 수평 변화량으로 나눈 값이다.

이 곡선을 방정식으로 나타내면 다음과 같다.

$$y = x^2$$

앞서 살펴본 것처럼 곡선을 따라 이동하면 기울기가 변한다. 위 곡선에서 임의의 점 x에 대한 기울기 찾기는 기울기가 항상 같은 직선일 때보다 더 어렵다. 기울기를 찾는다는 건 항상 서로 다른 두 점에 대한 수평 변화량과 수직 변화량을 찾는다는 것이다. 수평 변화량은 서로 다른 두 점 x값 사이의 변화량이고 수직 변화량은 두 x값에 대한 y값 사이의 변화량이다. 하지만 곡선에서는 서로 다른 두 점에서의 기울기가 약간 다르다. 그렇다면 기울기가 원하는 값은 무엇일까?

이 문제를 해결하려면 두 점 사이의 간격을 되도록 작게 만드는 날랜 손재주가 있어야 한다. 실은 아주 작아야 한다. 조금 복잡하긴 하지만 학교에서 배운 공식이 어떻게 탄생했는지 꼼꼼히 살펴보자.

$y=x^2$에서 시작하겠다. 이 곡선 위 임의의 점 x에서의 도함수, 즉 기울기를 구해보자. 기울기 계산을 위한 수평 변화량을 구하려면 x에서 아주 가까운 점 $x+dx$로 이동한다. 분명히 말해두지만 dx는 아주 작다. 두 번째 점 x 좌푯값 $x+dx$에 대한 y 좌푯값은 $y+dy$로 정한다. 두 점 사이 상승의 두 번째 점이다. 곡선 식이 $y=x^2$(즉, $x \times x$)이므로 $y+dy$의 값은 $(x+dx) \times (x+dx)$가 된다.

이 값을 $y=x^2$에 대입한 뒤 식을 전개한다. 첫 번째 괄호 안의 항을 두 번째 괄호 안의 항과 각각 곱한다. 그러면 다음과 같은 식이 된다.

$$y + dy = x^2 + xdx + xdx + dx^2$$

dx는 x값보다 아주 작다는 사실을 기억하는가? 따라서 dx^2도 아주 작은 값의 제곱이다. 심지어 훨씬 작다. 사실 너무 작아서 버려도 된다. 여기서 두 번째 요점이 등장한다.

$$y + dy = x^2 + 2xdx$$

기울기를 계산하려면 y와 $y+dy$ 사이의 수직 변화량을 알아야 한다. 첫 번째 점의 y 좌푯값은 $y=x^2$이고 두 번째 점의 y 좌푯값은 $y=x^2+2xdx$다. 따라서 수직 변화량 dy는 두 y 좌푯값의 차이므로 $2xdx$다.

수평 변화량은 점 x에서 점 $x+dx$로 변화한 양이다. 두 x 좌푯값의 차는 dx다. 따라서 수직 변화량을 수평 변화량으로 나눈 값은 다음과 같다.

$$\frac{dy}{dx} = \frac{2xdx}{dx}$$

등식 우변에 있는 dx는 약분되므로(3을 3으로 나누면 1이 되는 것처럼 같은 값을 나누면 1) 남은 식은 다음과 같다.

$$\frac{dy}{dx} = 2x$$

다시 말하면 $y=x^2$의 도함수는 $2x$다.

같은 과정을 따르면 다른 곡선의 도함수도 찾을 수 있지만 일반 공식은 다음과 같다. 만약 다음과 같은 식이 있다고 하자.

$$y=x^n$$

도함수를 나타내는 식은 아래와 같다.

$$\frac{dy}{dx} = nx^{n-1}$$

예를 들어 다음과 같은 곡선 방정식이 있다고 하자.

$$y=3x^2+5$$

이 식의 도함수를 구하려면 먼저 x의 '지수'(지수란 문자 위 거듭제곱을 나타낸 수이므로 이 식에서는 2)를 가져와 x^2항의 계수와 곱한다. x가 없는 상수항(여기서는 +5)은 그냥 사라진다. 따라서 위 식의 도함수는 $6x$다. x 좌표가 5인 점에서의 곡선의 기울기는

$x = 5$이므로 30이다.

다른 유형의 곡선에서 도함수를 찾는 또 다른 규칙들이 있고 이런 조합의 수식을 다루는 여러 방법이 있다. 하지만 기본적으로 위 방식이 임의의 점에서 기울기를 구하는 핵심 공식이다.

그래서 페렐슨 역시 미분방정식을 이용했고 특히 HIV에 대한 바이러스 농도 변화율을 곡선의 기울기로 나타냈다. 페렐슨의 논문은 T세포, 대식세포, 바이러스, 항원에 대한 다음과 같은 미분방정식을 담고 있다.

$$\frac{dV}{dt} = pI - cV$$

여기서 I는 감염된 세포의 바이러스 농도, p는 감염된 세포가 몸 안에서 새로운 바이러스 입자를 생산하는 속도, c는 신체 면역 체계가 바이러스를 제거하는 속도, V는 혈액 속 바이러스 입자의 농도다. 지금쯤이면 짐작하겠지만 dV/dt는 혈액 속 바이러스 농도가 시간에 따라 변하는 비율로 환자 추이를 시간에 따라 보여주는 곡선의 기울기에 해당하는 값이다. 연구 팀은 종합적 분석을 통해 수학적으로 모델링할 수 있는 다양한 감염 단계를 보여줬다.

페렐슨의 논문이 발표된 해에 미국은 10만 명의 에이즈 환자가 발생하는 중대한 고비에 이르렀고 의회는 국립 에이즈 위원회를 설립했다. 페렐슨의 모델은 그야말로 생명줄이었다. 짧은 시간 안에 페렐슨은 임상의 및 연구원과 협력해 그의 모델과 그에 포함된 매개변수를 다듬었다. 아마 가장 중요한 협력 관계는 물리학자로 전향한 생물학자 데이비드 D. 호David D. Ho였을 것이다. 이들은 미적분을 이용해 세 가지 '항레트로바이러스' 약물을 조합하면 HIV를 근본적으로 제거할 수 있다고 증명했다.[13] 그 치료법이 바로 '3제 요법triple therapy'이다. 세 가지 항레트로바이러스 약물을 혼합한 3제 요법은 사형선고나 다름없던 HIV 감염을 치료 가능한 질환으로 탈바꿈했다.

혈액순환 분석에서 암 확산 추정 및 화학요법의 영향에 이르기까지 건강관리를 개선하는 미분방정식의 예는 무수히 많다. 하지만 미분방정식은 인간의 경험도 더 넓은 방법으로 변화시켰다. 뉴욕의 브루클린브리지나 일본의 아카시해협을 가로지르는 아카시해협대교와 같은 현수교를 운전하거나 걸어간다면 기술자가 활용한 미분방정식을 믿고 있다는 뜻이다. 이는 그냥 수학만으로 이뤄지는 게 아니라 재료의 질량 및 강성 그리고 움직임에 대한 저항 사이의 상호작용을 설명하는 미분방정식으로 시작한다. 예를 들어 미분방정식으로 현수선 사이의 거리가 장력에 미치는 영향을 고려해야 교량의 하중이 늘어날 때 장력 변화를 최소화하는 구성을 선택할 수 있어(즉, 부하에 대한 장력 곡선이 0에 가까운 기울기를 가질 수 있음) 안전성을 높일 수 있다. 초

고층 건물도 마찬가지다. 건물 높이에 따라 토대 하중이 어떻게 변하는지, 폭풍우 속에서는 얼마나 비틀거리고 흔들릴지에 대한 문제는 건물 설계 단계에서 미분방정식을 이용해 계산된다. 아마 주변에 있는 150년 미만의 건물, 도로, 터널 및 다리 등은 모두 미분방정식을 이용해 설계됐을 것이다.

적분 게임

미분은 미적분 동전의 한쪽 면에 불과하다. 또 다른 면은 바로 '적분'이다. 사실 적분은 미분의 역이다(물론 적분이 발명됐을 때는 아무도 몰랐지만). 적분은 곡선 아래 있는 아주 작은 조각의 넓이를 모두 더하는 것이다. 왜 적분해야 할까? 적분은 국가 경제, 궤도에 있는 인공위성, 열대성 폭풍 등의 움직임을 이해하는 열쇠기 때문이다.

조금은 평범한 교과서적 예를 들어보자. 정지 상태에서 출발해 점점 가속하는 차가 있다고 상상해 보자. 5초 후에는 시속 36마일, 10초 후에는 시속 50마일로 달린다. 주행 시간에 대한 속도를 그래프로 그리면 210쪽 그림 같은 모양이 된다.

이제 새로운 값, 이 차가 10초 동안 이동한 거리는 얼마나 될지 알고 싶다고 생각해 보자. 여기서 알고 있는 건 속도와 시간

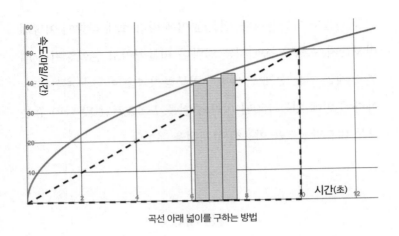

곡선 아래 넓이를 구하는 방법

밖에 없다. 하지만 고려해야 할 점이 있다. 속도는 시간당 마일 단위로 시간은 시간 단위로 측정된다(필요한 경우 시간을 초로 바꿀 수 있다). 속도와 시간을 곱하면 다음과 같다.

$$\frac{\text{마일}}{\text{시간}} \times \text{시간}$$

이 결과는 단지 마일, 즉 거리다. 다시 말해 수직 길이와 수평 길이를 곱하면 정사각형이나 직사각형의 넓이를 구하는 게 아니라 새로운 값을 얻을 수 있다. 유일한 문제는 이 그래프가 정사각형이나 직사각형이 아니기 때문에 그 넓이를 쉽게 구할 수 없다는 것이다. 위 그림에서 점선으로 표시한 직각삼각형을 이용하면 넓이의 근삿값을 알 수 있지만 너무 많은 부분이 생략된다. 더 나은 근삿값은 곡선 아래 영역을 여러 개의 직사각형(3개의 회색 직사각형처럼)으로 나눈 뒤 그 넓이를 모두 더하는 것이다. 하지만 이마저도 그렇게 정확하진 않다. 가로 길이가 하찮은 직사각형이 아주 많지 않다면 말이다. 여기서 '아주 많이'는 무한히 많다는 뜻이다. 그리고 하찮다는 건 무한히 작다는 뜻이다.

자동차 속도를 나타내는 옆의 그래프처럼 y값이 x값에 따라 매끄러운 곡선을 그리는 상황을 생각해 보겠다. 곡선이 y축과 교차하는 지점과 x축의 어떤 값 사이에 있는 곡선 아래 면적을 구하려고 한다. 이 영역을 얇은 직사각형으로 나눠보자. 그리고 각 직사각형의 가로 길이는 dx, 세로 길이는 대략 y라고 하자. 각 직사각형의 넓이를 dA라고 하면 dA는 $y \times dx$이므로 다음과 같이 나타낼 수 있다.

$$dA = ydx$$

여기서 dx로 양변을 나누면 아래 식이 나온다.

$$\frac{dA}{dx} = y$$

x값 변화량에 따른 y값 변화량을 나타내는 '도함수', 즉 dy/dx

를 어떻게 구했는지 기억해 보자. 이제 우리는 미분과 넓이 그리고 원래 그래프를 나타낸 y값 사이의 관계를 우연히 발견했다. 적분은 바로 여기서 탄생했다. 그래서 적분은 사실상 '미분의 반대'다. 라이프니츠는 적분 또는 총합을 나타내는 부호를 고안했다. 바로 $\int$(인테그랄)이다. 이 부호는 무한히 많은 작은 합산을 나타낸다는 사실을 반영해 '긴 S'로 불렸다. 그리고 보통 적분하려는 식 뒤에 dx를 붙인다. 즉, x값에 따라 변하는 값이 있다는 사실을 알려주는 것이다. $y=ax^n$의 적분은 곡선 아래 넓이를 말하고 다음과 같은 식으로 쓸 수 있다.

$$\int y\,dx = \frac{a}{n+1}x^{n+1} + C$$

C는 적분상수로 미지의 상수다(미분할 때는 x가 없는 상수항을 모두 버린다. 따라서 미분의 역과정인 적분에서는 상수항을 다시 취해야 한다. 물론 정확한 값은 알 수 없다).

미분처럼 적분도 현대 생활에서 다양하게 응용되고 있다. 일기예보나 기후 모델링을 할 때는 지구 표면에 닿는 햇빛의 양을 적분해 기후를 예측한다. 또 예측된 강우량을 적분하면 홍수 위험 여부를 판단할 수 있다. 나사의 엔지니어들은 적분을 이용해 임무 궤도를 설계한다. 선구자적인 흑인 수학자 캐서린 존슨Katherine Johnson은 앨런 셰퍼드Alan Shepherd의 1961년 프리

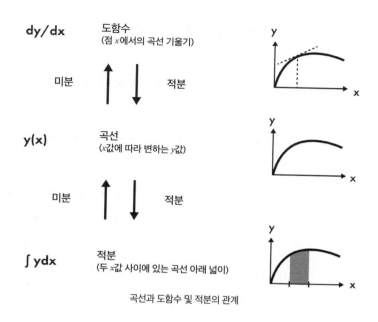

곡선과 도함수 및 적분의 관계

덤 7[Freedom 7], 다음 해 존 글렌[John Glenn]의 프렌드십 7[Friendship 7] 임무를 위한 우주 비행 궤도를 계산할 때 적분을 이용해야 했다. 다행히도 존슨은 천부적인 재능을 가진 수학 천재였다. 존슨의 실력을 신뢰한 글렌은 새 전자 컴퓨터의 출력 확인을 존슨에게 만 맡기기도 했다.[14]

미적분에 고통받는 지성인

요즘은 적분이 수학자의 표준 도구 상자에 속할 만큼 비교적 쉽다. 하지만 그것을 발견하는 일은 믿을 수 없을 만큼 어려웠다. 라이프니츠와 뉴턴은 서로 다른 각도에서 접근했다. 뉴턴의 미분법은 당시 너무 진보적이었다. 그는 동시대 학자들에게 굳이 이를 설명하지 않았다. 한번은 다소 우쭐한 태도로 '곡선 아래 넓이를 구하는 데 15분도 채 걸리지 않을 것'이라고 주장하기도 했다. 그리고 이토록 놀라운 속도는 '내가 유도한 공식 때문이지만 다른 이들에게 증명할 마음은 없다'고 덧붙였다.[15] 대신 뉴턴은 이미 알려진 그래프 및 기하학 지식에 따라 관련된 기본 원리를 설명했다.

분명 뉴턴의 동시대 학자들은 살짝 바보가 된 듯한 느낌이 들었을 것이다. 누구나 미적분을 처음 접하면 그렇게 생각한다. 하지만 그럴 필요 없다. 비록 올바른 답을 얻기 위한 단계를 따를 수 있다 해도 미적분학과 도함수, 이와 관련된 상상력의 비약 뒤에 있는 아이디어들은 진정으로 놀랍고 극도로 어렵다. 아르키메데스는 뉴턴과 라이프니츠가 해결책을 내놓기 전에 미적분과 관련된 문제를 해결할 첫걸음을 내디뎠다. 그 과정에서 데카르트나 페르마 같은 수학적 선각자만이 미적분학의 그림자를 봤을 뿐이다. 미적분학을 제대로 이해하려면 먼저 무한과 무한소를 상상해야 한다. 또 (페르마와 데카르트는 그러지 않았지만) 곡선의 접선(곡선에 바로 닿는 선)이 해당 점에서의 곡선 기울기와 곡선의 모든 성질을 이해하는 방법을 알려준다는 사실도 인식해야 한다. 뉴턴과 라이프니츠가 그랬던 것처럼 무한급수로 알려진 긴 총합 사슬을 만들 수 있어야 한다. 서로 상쇄되는 항을 확인하는 통찰력으로 미분이라는 빽빽한 덤불을 거쳐 숨은 경로를 찾을 줄 알아야 한다. 미적분이 천년에 걸쳐 만들어진 데는 다 이유가 있다.

이쯤 되면 어떤 사람이 이 모든 걸 생각해 낼 수 있는지 자문하게 될 것이다. 정답은 이렇다. 대부분 함께 어울리고 싶은 사람들은 아니라는 것이다. 예를 들어 페르마는 툴루즈에서 법관과 변호사로 일하는 동안 저녁에는 가족과 동떨어져 수학 문제를 연구했다. 게다가 자신의 발견을 더 넓은 세상과 공유하고자 하는 특별한 열망이 없었다. 그래서 스스로 알아낸 통찰력 있는 결과물 중 그 어떤 것도 출판하지 않았다. 페르마가 사망한 후 공책이나 일기장에서 발견된 내용들만 세상에 알려져 있을 뿐이다.

하지만 페르마는 직접 발견한 몇 가지 사실에 관해 친분 있는 수학자들에게 편지를 쓰기도 했다. 사실 데카르트는 마랭 메르센Marin Mersenne이라는 지인을 통해 페르마의 얘기를 들었다. 페르마와 달리 데카르트는 다소 자신만만한 사람이었다. 그래서 동시대인에게 '냉정하고 이기적인' 사람으로 묘사되기도 했다. 데카르트는 곡선의 접선을 찾는 방법을 발견했다고 자랑하며 '이 방법은 내가 아는 기하학에서 가장 유용하고 가장 일반적일 뿐 아니라 심지어 내가 알고 싶었던 것'이라고 말했다.

데카르트는 메르센으로부터 페르마가 10년 전에 같은 문제를 해결했다는 얘기를 듣고 충격을 받았다. 더 멋져 보이고 싶었던 데카르트는 페르마의 증명을 검토하며 그 증명에는 부끄러운 오류가 셀 수 없이 많다고 공표했다. 물론 전혀 사실이 아니었다.

수십 년 후 뉴턴은 데카르트를 '서투른 수학자'라 묘사하며 되받아쳤다.[16] 뉴턴은 서투른 수학자는 아니었을지 몰라도 성미가 극도로 고약했다. 좀처럼 웃지도 않았을뿐더러 어렸을 때는 어머니와 의붓아버지를 집 안에 둔 채 불태우겠다고 위협한 적이 있음을 시인했다고 한다. 뉴턴은 그의 연구를 이해하지 못하는 사람들을 '빈 수레'라 불렀고 자신과 비견할 수 없는 사람과는 거의 교류하지 않았다. "내가 대중의 존경을 받고 그걸 유지할 수 있다면 그게 바람직한지 잘 모르겠군요." 뉴턴은 이렇게 말한 적이 있다. "아마 연구는 퇴보하고 친구는 늘었겠죠."[17]

라이프니츠 역시 자신감이 넘쳤다. 한때 라이프니츠가 자랑했던 미적분학 연구는 '대부분 이미 발견된 이론'으로 이뤄져 있었다. 라이프니츠 역시 평범한 사람은 아니었다. 하지만 적어도 그는 자신의 행동을 뉘우쳤다. 그래서 왕왕 친구에게 '내 태도가 세련되지 않아 첫인상을 곧잘 망친다'고 토로하기도 했다. 라이프니츠는 평생 독신으로 살았기에 아이가 없었다. 데카르트와 뉴턴 또한 결혼하지 않았고 후손도 남기지 않았다. 페르마는 적어도 가족이 있었다. 다만 가족과 많은 시간을 보내지 않았을 뿐이다. 하지만 이들 중 누구도 뉴턴과 라이프니츠의 연구를 가장 먼저 착취한 사람들의 비열한 기백을 따라갈 순 없다. 그들의 삶은 계속되는 방해 공작, 타인의 불행을 향한 환희, 암살 그리고 고리타분한 형제의 난이 점철된 한 편의 드라마였다. 아마 보르자 가문Borgias(암살, 간통, 성직 매매, 근친 등의 악행으로 이탈리아 마피아의 선구자라는 악명을 얻은 가문_옮긴이)에 관해서는 들어본 적이 있을 것이다. 그럼 베르누이 형제들은 어떤가?

으르렁대는 베르누이 형제

17세기 중반 베르누이 가문은 스위스 바젤에서 향신료 무역업을 하는 집안으로만 알려져 있었다.[18] 하지만 1655년 태어난 야코프 베르누이Jacob Bernoulli는 타고난 수학적 재능이 있었다. 야코프는 부모님의 뜻에 따라 대학에서 신학을 전공했지만 수학과 천문학도 함께 공부했다. 물론 야코프의 부모님은 세속적인 아들의 모습을 달가워하지 않았다. 야코프는 개신교 목사로 직장 생활을 시작할 만큼 부모님께 복종했지만 수학에 푹 빠져 있었다. 그래서 장소를 불문하고 수학에 매진했고 바젤대학교에서 역학을 가르치기 시작했다. 종교적 소명은 흔들렸지만 학문적 연구에는 날개를 단 야코프는 마침내 1687년 수학 교수로 임명됐다. 그리고 동생 요한Johann과 함께 라이프니츠의 미적분을 연구했다.

요한 역시 수학적 재능이 있었다. 그래서 향신료 사업을 이어받으라는 아버지의 바람을 거부하며 대학 입학을 허락해 달라고 청했다. 결국 요한은 의대에 입학했지만 곧 수학도 공부하기 시작했다.

베르누이 형제의 협력은 매우 순조롭게 시작됐고 놀라운 성과를 이뤄냈다. 불투명하고 어려운 라이프니츠의 미적분학을 쉽게 이해하고 잘 적용할 수 있도록 다듬었다. 미분학에 관한 라이프니츠의 논문 중 하나를 단 며칠간 연구한 두 사람은 요한이 자서전에 남겼듯이 미분학의 '모든 비밀'을 밝혀냈다. 하지만 몇 년 후 두 사람 사이에 균열이 보이기 시작했다. 두 사람의 자서전에 따르면 요한은 야코프와 협력하고 있다고 생각했지만 야코프는 요한을 한낱 제자로 여긴 게 분명했다. 형제간의 경쟁은 머지않아 그들의 연구에 영향을 주기 시작했다.

1690년 야코프는 '적분(인테그랄)'이라는 용어를 사용해 곡선 아래 넓이 같은 누적 속성을 찾는 방법을 설명하는 논문을 썼다. 그 후 요한은 항상 그 용어를 자신이 발명했다고 주장했다. 게다가 야코프를 지겹도록 느려터진 학생으로 호도하는 반면 자기 자신은 계시나 다름없는 통찰력을 가진 기민한 천재로 묘사했다. 1694년 야코프는 특정 문제를 해결하는 요한의 '역탄젠트inverse tangent' 방법은 비효율적이며 좁은 범위에만 적용할 수 있다고 발표했다. 야코프에 따르면 요한의 방법은 그저 속임수에 불과 했다.

본격적인 싸움이 시작됐다. 요한은 두 사람의 지인에게 보낸 편지에서 '형은 나에 대한 분노와 증오, 시기, 질투로 가득 차 있어요. 원한을 품었죠… 자기 동생이 형만큼 존경받는다는 사실을 견딜 수 없으니까요. 그래서 제가 비참하고 굴욕적인 사람으로 전락하는 꼴을 봐야 직성이 풀릴 겁니다' 하고 몰아세웠다. 얼마 후 요한은 베르누이 형제와 공동 작업한 라이프니츠에게 이런 편지를 보냈다. '[야코프가] 절 너무 핍박합니다… 은밀한 증오심에 휩싸여서요.' 나중에는 자기 형이 '뉴턴 씨처럼 뒤가 구리다'고 맹비난했다.

한편 야코프는 라이프니츠에게 동생 요한의 '독기 가득 찬 말'을 불평했다. 베르누이 형제의 갈등은 공개 수학 대결로 진화했다. 과시적이고 형식적인 요한은 교묘하게 만든 미적분 관련 문제로 형 야코프를 짓밟아 뭉개려고 했다. 야코프는 그 제안의 대가로 더 어려운 문제를 내 응수했다. 이 과정을 지켜본 익명의 구경꾼은 요한에게 석 달 안에 그 문제를 풀면 은화 50에쿠를 주겠다고 말했다. 요한은 석 달도 채 안 돼 문제를 풀어냈다. 하지만 오류가 있었다. 오락가락하는 부분도 많았다. 야코프는 저명한 학술지에 요한의 노력을 공개적으로 조롱했다.

베르누이 형제의 대결을 지켜본 이들은 두 사람에게 실망하고 당혹스러워했다. 동료들은 베르누이 형제에게 서로의 의견 차를 해결한다면 왕립 과학 학교 교수로 채용될 수 있다고 말했다. 요한의 교수 채용을 반대한 야코프는 한 친구에게 동료들이 '내 동생의 능력을 과대평가하고 있다'며 시큰둥해했다. 당시 요한은 네덜란드 그로닝겐대학교의 수학 교수였다. 가족들마저 야코프의 편을 들어 사회적으로 고립돼 있었지만 그 또한 호락호락하지 않았다. 그래서 형제와 친한 지인에게 편지를 보냈다. '형 없이 내 힘으로 해낼 수 있어요. 형한테 어떤 식으로든 의지할 마음 없고요. 형한테 빚진 것도 없어요.'

두 사람은 절대 화해하지 않았다. 1705년 야코프는 통풍에 걸렸고 가족들은 요한에게 형을 보러 가라고 강요했다. 하지만 야코프는 요한이 병문안을 가는 중에 사망했다. 그리고 죽음 직전 마지막 말을 남겼다. 요한은 야코프의 바젤대학교 교수직을 물려받았지만 그뿐이었다. 야코프는 죽어가는 동안 요한이 야코프의 논문에 접근하지 못하게 하라고 가족들에게 지시했고 가족들은 야코프의 마지막 소원을 충실히 따랐다.

　요한은 야코프가 사망할 당시 겨우 5살이었던 아들 다니엘에게 자신의 좌절감을 분풀이한 것 같다. 다니엘은 미적분학의 힘을 열렬히 탐구하고 싶어 하는 아주 특출 난 수학자로 성장했다. 하지만 무슨 영문인지 요한은 그의 아버지처럼 아들 다니엘의 수학 공부를 금지하며 의학에만 매진하게 했다. 뒤늦게야 요한은 다니엘에게 미적분학을 가르치기로 결심하는데 아들의 수학 실력에 소스라치게 놀라고 만다. 1734년 다니엘은 파리 과학원이 주최한 대회에서 아버지와 공동 1등을 했다. 요한은 아들과 영예를 나눠야 한다는 사실에 격분해 다니엘을 집에서 내쫓았다. 몇 년 후 다니엘은 다시 대회에서 상을 탔고 요한은 한참 뒤처져 버렸다. 경악한 요한은 1738년 다니엘이 출판한《유체역학Hydrodynamica》은 자신의《수력학Hydraulica》을 표절한 책이라고 발표했다. 그러고는 파리 아카데미에서 책을 자랑하며 그 책이 1732년 출판됐다고 말했다. 사실 요한은《수력학》의 출판 날짜를 위조했다. 요한의《수력학》은 다니엘의 책이 출판된 지 1년 후 발표됐고 아들의 작품을 표절한 것이었다.

　엄청난 실력을 보여준 다니엘은 아버지와의 의견 차를 조정하려 여러 번 노력했다. 하지만 매번 실패했다. 그래도 다니엘은 아버지의 (그리고 삼촌의) 수학적 혁신을 주요 문제에 적용하며 지금까지도 가장 영향력 있는 수학 이론을 고안했다.

미분과 질병 그리고 파생 상품

•

'인류의 복지와 매우 밀접한 문제에서 약간의 분석과 계산으로
도 알 수 있는 지식 없이는 그 어떤 결정도 내려지지 않길 바랍
니다.' 다니엘은 1760년 발표한 논문을 이렇게 소개하며 천연두
예방접종의 가치가 있는지에 관한 질문에 미적분을 적용하자
고 제안했다. 다니엘의 대답은 단호히 '그렇다'였다. 그리고 그
에게는 이 사실을 증명할 데이터가 있었다.[19]

다니엘의 계산에 따르면 18세기 인구의 75퍼센트가 천연두
에 시달렸다. 그리고 모든 사망의 10퍼센트를 이 질병이 차지했
다. 런던에서만 천연두 사망자 수가 몇 년 동안 1만 5,000명에
달했다. 성인들은 대체로 면역이 돼 있었다. 만약 성인이 살아
남았다면 몸속에 천연두 항체가 생겼기 때문이었다. 하지만 아
이들은 병에 취약했다. 그렇다면 아이들은 새로운 백신을 맞아
야 할까? 다니엘은 천연두 백신 효과를 분석할 방정식이 있다고
말했다.

다니엘은 첫 번째 방정식으로 천연두에 한 번도 걸린 적 없
는 사람 수를 계산했다. 그 수는 현재 인구 중 일부였다. 그리고
두 번째 방정식으로 연간 감염자 수와 사망자 수 그리고 천연두
가 박멸됐을 때 생존할 수 있는 사람 수를 예측했다. 다음은 다
니엘의 논문 원본 중 일부다.

이 나이에 천연두에 걸리지 않은 사람 수=s… ds는 기간 dx에 천연두에 걸리는 사람 수와 같다. 따라서 우리 가설에 따르면 이 수는 sdx/n이다. 만약 1년 동안 n명 중 1명이 천연두에 걸린다면 기간 dx 동안 s명 중 천연두에 걸리는 사람 수는 sdx/n이다…

다니엘의 분석에는 라이프니츠의 영향을 받은 익숙한 기호 dx와 ds가 등장하며 그 뒤에 적분과 미분을 이용한 설명이 이어진다. 그의 결론은 그 수가 확실하다는 것이었다. 따라서 프랑스는 백신을 접종해야 한다.

이는 공중 보건 정책에 수학을 사용한 첫 시도였으며 미적분학 없이는 이뤄질 수 없었다. 효과가 있었다는 건 아니다. 뛰어난 수학적 분석에도 프랑스 시민들은 천연두 예방접종을 꺼려했다.

다니엘이 깨달은 다음 사실은 미적분이 경제에도 적용될 수 있다는 것이었다. 그의 첫 번째 통찰력은 '돈의 한계효용 체감'이라는 다소 진부한 법칙이었다.[20] 다시 말해 돈이 원래 많은 사람은 적은 액수의 돈이 늘어도 돈이 원래 적은 사람에 비해 별 감흥이 없다. 그가 말했듯이 '똑같이 1,000더컷을 벌더라도 그 소득이 부자보다 가난한 사람에게 훨씬 소중하다는 건 의심할 여지가 없다'.

미적분학 용어로 현재의 재산을 x, 그 효용을 u라고 하자. 다니엘에 따르면 재산 증가에 따른 효용의 변화량을 du/dx라고 할 때 재산이 늘어나면 그 효용은 줄어든다. 대단한 발견은 아니다. 하지만 이 법칙은 경제 이론 조사에 미적분을 적용하는 발판을 마련했다. 그리고 문명을 바꾸는 지니가 돼 램프 속으로 되돌아가길 거부했다.

밀레투스의 탈레스가 올리브 생산자를 착취했던 이야기를 기억하는가? 아마 그게 수학이 바로 권력이라는 사실을 깨달아야 할 시점이었을 것이다. 아리스토텔레스에 따르면 탈레스만 이 점을 강조했다. 철학자는 쉽게 부유해질 수 있어도 더 중요한 게 있다는 사실을 깨달아야 한다. 하지만 탈레스가 무의식 중에 얻어낸 건 부자가 되는 게 중요하다면 수학을 알기만 해도 도움이 될 거라는 증거였다. 월스트리트나 런던 등 전 세계 금융 중심지가 미적분학에 정통한 수학과 및 물리학과 졸업생을 집어삼키는 건 당연한 일이다.

올리브 압착기의 미래 가치에서 시작한 탈레스의 선견지명은 결국 돈벌이 수단이 될 모든 상품의 미래 가치를 예측하려는 시도로 이어졌다. 주식시장의 판세를 결정해야 하는 사람이라면 누구나 고백하겠지만 금융거래는 사실상 도박이다. 그래서 금융의 배후에 있는 수학은 확률 이론에 뿌리를 두고 있다.

확률 이론은 제롬 카르다노에서 시작됐다. 카르다노는 의과대학에 진학할 학비를 벌 요량으로 카드 게임이나 주사위 놀이

등의 도박에 푹 빠져 있었다. 하지만 미적분학의 선구자 페르마가 파스칼과 함께 본격적으로 확률 이론을 연구했다.[21] 그들은 다양한 게임 결과에 관한 확률을 분석했고 오늘날 파생 상품이라는 금융 상품의 가치를 결정하는 데 사용할 수 있는 공식을 개발했다.

파생 상품은 본질적으로 구매자와 판매자 사이의 계약이다. 그들은 일부 자산이 향후 얼마에 팔릴지 동의한다. 석유를 선물거래하고 있다고 상상해 보자. 그러면 지정된 날짜 또는 그 이후에 지정된 가격으로 지정된 배럴의 석유를 구매한다는 계약을 체결하게 된다. 그 날짜가 도래할 때쯤 석유 가격이 합의된 가격보다 오르면 선물거래를 통해 돈을 벌 수 있고 아니면 그 날짜가 도래하기 전 간절히 원하는 구매자에게 팔 수도 있다. 문제는 그사이 석유 가격이 어떻게 변할지 정확히 모른다는 것이다. 그래서 수학을 이용해 가능한 모든 변화를 모델링해야 한다.

미적분학을 금융 분야에 활용하는 사례는 다니엘의 첫 통찰 이후 점점 더 늘어났다. 1781년 프랑스 수학자 가스파르 몽주Gaspard Monge는 요새와 도로 건설 과정에서 흙 운송비를 최소화하는 방법을 알아내기 위해 미적분을 활용했다.[22] 몽주의 접근법은 실제로 금융상 위험 회피에 사용되는 해결책과 비슷하다. 금융상 위험회피란 예상치 못한 문제가 다른 금융 활동에 영향을 미칠 때 전반적인 손실을 최소화할 수 있는 곳에 투자하는 것이다. 오늘날 미적분학은 금융시장 전반에 걸쳐 적용되지만 그중 눈에 띄는 방정식이 하나 있다. 바로 블랙-숄즈-머튼 모델Black-Scholes–Merton model이다.

이 모든 건 1973년 경제학을 전공한 피셔 블랙Fischer Black과 마이런 숄즈Myron Scholes가 〈옵션과 기업 부채의 가격결정〉이라는 논문을 발표했을 때 시작됐다.[23] 얼마 후 경제학자 로버트 머튼Robert Merton은 〈기업 부채의 가격결정: 금리의 위험 구조〉라는 논문을 발표했다.[24] 더없이 지루하고 재미없는 소리처럼 들리겠지만(내게는 그렇다) 이 논문들은 매우 통찰력 있고 혁신적이며 영향력 있다고 인정받았고 머튼과 숄즈에게 1997년 노벨 경제학상을 안겨줬다(블랙은 1995년 후두암으로 사망하는 바람에 상을 받지 못했다).

블랙과 숄즈, 머튼은 '옵션 계약option contract'에 대한 관심을 불러일으켰다. 옵션 계약은 앞서 언급한 석유 선물거래와 비슷하다. 즉, 두 사람이 특정 날짜 내에 미리 합의된 가격으로 일부 상품이나 주식을 매매하는 계약이다. 반면 구매자는 제3자에게 옵션을 판매할 수 있다. 따라서 옵션 계약은 주식이나 상품의 시장가치가 오르거나 하락하는 데 베팅하는 또 다른 방법일 뿐이다.

블랙과 숄즈, 머튼은 상호 이익이 되는 옵션 계약 가격을 산출하기 위해 미적분을 이용할 수 있다는 사실로 관심을 끌었다.[25] 특히 그들은 '편미분방정식partial differential equation'을 이용했다. '상ordinary'미분방정식은 독립변수가 하나뿐이지만(그래서 대개는 꽤 풀기 쉽다) '편'미분방정식은 2개 이상의 독립변수로 이뤄져 있다. 예를 들어 시간이 지나면 주식의 가치가 변하는데 관련된 주식의 가치도 달라질 수 있다. 아마 석유 가격은 시장에 공급되는 양에 따라 달라지기도 하지만 가스 가격에 따라 달라질 수도 있다. 그래서 편미분방정식은 제대로 풀리지 않는 경우가 많다. 하지만 '수치상' 풀릴 때가 있다. 즉, 컴퓨터를 이용해 반복적으로 여러 가지 숫자를 조합하면 결과를 확인할 수 있다.

미적분을 이용해 옵션 같은 파생 금융상품에 가치를 부여한 머튼, 숄즈, 블랙은 세계의 모든 시장경제에서 돈이 움직이는 방식을 바꿨다. 세 사람의 영향력은 수치에서 볼 수 있다. 1973년 세 사람의 논문이 발표될 당시에는 시장의 옵션 계약이 16개뿐이었다. 오늘날의 시장은 수조 달러의 가치가 있다. 수십 년 동안 연구원들은 금융시장에서 가치를 창출하는(돈을 벌 수 있는) 미적분 기반의 새로운 방법을 개발하며 끊임없이 혁신했다. 이런 혁신은 대부분 편미분방정식을 어떤 형태로든 이용했다. 그리고 여기서 블랙-숄즈-머튼 모델(그리고 비슷한 다른 모델)이 우리를 곤경에 빠뜨렸다.

이런 모델은 사실상 복잡했기 때문에 투자자가 현재 시장 상황과 관련된 몇 가지 변수를 입력하면 조치하는 데 효과적인 권장 사항을 결과물로 얻을 수 있는 컴퓨터 프로그램이 등장했다. 불행히도 이런 프로그램 중 제약 조건을 분명히 밝힌 건 거의 없었다. 블랙, 숄즈, 머튼은 편미분방정식의 해가 언제 어디서 유효하고 유용한지 솔직히 밝혔지만 이 새로운 모델은 작은 활자들을 이따금, 어떤 경우에는 전부 무시했다. 게다가 금융거래가 한창 어려울 때 이 모델을 사용하는 사람은 그 핵심에 있는 편미분방정식에 관해 아무것도 몰랐기 때문에 방정식의 권고 사항에 의문을 제기할 처지가 아니었다. 그 결과 점점 더 많은 기관이 숨어 있는 불량 부채를 축적하고 말았다.

세계 금융 위기의 원인은 대단히 복잡하지만 본질적으로는 위험에 대한 정보 부족 탓이다. 대부분의 대형 은행 및 금융기관 투자자들은 알게 모르게 막대한 양의 금융 상품을 사들이며 불량 부채를 숨겼다. 리먼 브라더스Lehman Brothers 같은 기업이 결코 갚지 못할 부채가 있다는 사실이 밝혀지기 시작했을 때 취할 수 있는 대책은 아무것도 없었다. 결국 그 기업들은 더는 거래할 수 없었다. 메디치 은행의 불행이 부활한 것이다. 2008년 9월 리먼 브라더스는 파산했다. 뒷이야기는 알려진 대로다.

하지만 모든 게 암울하고 절망적이지만은 않다. 다니엘은 미적분학의 발전과 응용에서 세 번째 업적을 이뤄냈다. 보건과 금융 다음으로 유체가 흐르는 방식을 설명하고 예측하는 데 라이프니츠와 뉴턴의 방정식을 적용한 것이다. 여기서 미적분학의 즐거움을 재발견할 수 있다. 유체 흐름의 계산은 비행 설계 방식의 핵심이다. 제대로 이해하면 브리튼 전투처럼 중요한 역사의 흐름을 바꿀 승리를 거둘 수 있다. 다니엘의 연구 덕분에 드디어 슈퍼마린 스핏파이어로 돌아갈 준비를 마쳤다. 이제 하늘로 올라가 미분방정식의 날개를 타고 힘차게 날아오르자.

완벽한 비행을 찾아서

다니엘은 아르키메데스가 발견한 2,000년 전 자료부터 조사했다. 아르키메데스가 알아낸 사실은 욕조 같은 곳에 가만히 떠 있는 유체의 특성에 대한 비교적 따분한 규칙들이었다. 다니엘은 여기에 미적분으로 창의적인 변화를 준 뒤 뉴턴의 운동법칙을 결합했다. 그리고 그 연구 결과를 책으로 펴냈다. 훗날 아버지 요한이 표절한 《유체역학》이다.

다니엘이 발견한 가장 중요한 사실 중 하나는 흐르는 유체의 속도가 증가하면 유체가 주변에 가하는 압력이 감소한다는 것이다. 이 원리를 항공기 날개에 적용하면 양력 현상을 설명할 수 있다. 미적분을 이용해 날개 표면의 압력 변화량을 구하면 비행기가 위로 향하려는 힘, 즉 양력을 알 수 있다.

사실 비행기가 하늘을 나는 원리는 제대로 이해할 수 없다. 우스꽝스럽겠지만 전문가들은 여전히 베르누이의 원리, 뉴턴의 운동 제3법칙(모든 작용에는 크기가 같고 방향이 반대인 반작용이 있다) 및 그 외 이론들을 적용하는 게 최선인지 논쟁하고 있다. 하지만 누구라도 20세기의 가장 위대한 과학자가 베르누이를 지지했다는 사실을 알면 마음이 기울지 않을까?

1916년 일반상대성이론을 막 발표한 아인슈타인은 비행기 날개로 관심을 돌렸다.[26] 그리고 베르누이의 원리에 기초한 미적분을 이용해 새로운 날개 모양을 제안했다. 이 날개는 윗면이 불룩해 날개 위쪽 공기 속도를 늘리고 그 주변 압력을 줄여 날개가 아래 기압에 따라 상승력을 가질 수 있었다.

아인슈타인의 날개는 풍동 실험에서 형편없는 성능을 보였지만 사람들은 아인슈타인이 그의 명성에 걸맞게 꾸준히 날개 실험을 시도하리라 생각했다. 독일 항공기 제조업체 LVGLuftverkehrsgesellschaft가 1917년 시제품을 제작하자 비행의 선구자 파울 에르하르트Paul Ehrhardt는 시험 비행사를 자청했다. 하지만 비행은 뜻대로 되지 않았다. 훗날 에르하르트는 '난 이륙 후에 임신한 오리처럼 공중에서 버텼다'고 회상했다.[27] 아인슈타인은 평생 응용물리학에 손대지 않았다. 그래서 '그 당시 어리석었던 나 자신을 생각하면 부끄러울 때가 많다'고 고백하기도 했다.

하지만 날개에 관한 한 비교적 덜 알려진 과학자들과 수학자들이 훨씬 잘해냈다. 사실 아인슈타인은 평소 다른 이들이 이룬 놀라운 발전을 무시했다. 이 장의 첫머리에서 봤듯이 아인슈타인이 날개에 관심을 둘 무렵 다른 수학자들은 랜체스터의 날개 디자인에 대한 초기 매개변수를 베르누이 연구에 기초한 수학적 방정식으로 변환하고 있었다. 1920년대에는 비행에 관한 과학 논문이 폭발적으로 늘어났다. 가장 중요한 발견이 많이 이뤄진 곳은 독일이었다. 센스톤도 독일 데사우에 있는 융커스 공장에서 2년 동안 날개 제작에 매진했다. 센스톤은 1931년 영국으로 돌아왔고 그로부터 1년 후 미첼은 연봉 500파운드를 제안하며 센스톤을 슈퍼마린으로 영입했다.

당시 센스톤은 스핏파이어 설계에 필요한 모든 미적분 지식을 갖고 있지 않았다. 물론 어느 정도는 알고 있었을 것이다. 작가 랜스 콜Lance Cole은 《스핏파이어의 비밀Secrets of the Spitfire》이라는 책을 집필하기 위해 센스톤의 논문과 책 그리고 일기까지 샅샅이 조사했다. 그리고 센스톤이 거의 20년 동안 소유한 미적분 교재의 뒤표지 안쪽에서 '미적분을 이용해… 연필로 직접 푼 타원형 수치 해석'을 발견했다. 하지만 센스톤은 더욱 다양한 지식이 있어야 한다는 사실을 알고 있었다. 1934년 그는 날개 설계를 위한 미적분에 관한 논문을 발표하면서 역사에서 거의 사라진 누군가의 공헌을 기리는 겸손한 감사의 글을 포함했다. '결론적으로 저자는 이 논문을 준비하는 데 소중한 도움과 조언을 준 R. C. J. 하울랜드 교수의 은혜에 감사한 마음을 전합니다.'[28]

레이먼드 하울랜드Raymond Howland는 당시 영국 남쪽 해안에 있는 사우샘프턴대학교 수학 교수이자 미적분학 전문가였다. 하울랜드는 우연히 만난 셴스톤과 각자의 일에 관한 얘기를 나눴고 미적분을 적용하려는 셴스톤의 노력에 감탄했다. 그래서 서로 학구적 지식을 교환하기로 하고 하울랜드는 셴스톤에게 고급 미적분학을, 셴스톤은 하울랜드에게 공기역학을 가르쳤다.

셴스톤이 하울랜드에게 공개적으로 감사의 뜻을 밝힌 바로 그해에 슈퍼마린이 타원형 날개를 가진 전투기를 만들기 시작했다. 셴스톤은 훗날 '타원형 날개는 꽤 일찍 결정됐다'고 기록했다.[29] '공기역학적으로 타원형 날개가 우리 목적에 가장 적합했다. 타원형 날개의 유도 항력이 가장 낮았기 때문이다… 타원은 이상적인 모양이었고 이론상 완벽했다.'

결국 이론적으로 완벽한 모양은 어느 정도 타협을 감수해야 했다. 그해 12월 슈퍼마린의 전문가들이 시제품을 만들기 시작했고 최종적인 타원형 날개가 탄생했다. 셴스톤은 '필요한 구조와 화물용 공간이 충분한, 가장 얇은 날개 모양'이라고 했다. 그리고 '멋져 보였다'고 덧붙였다.

날개 평면(위에서 본 모양)은 설계 사양을 충족하기 위해 여

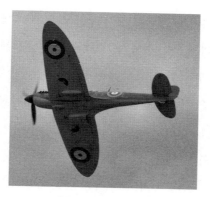
스핏파이어의 타원형 날개 평면
출처: 아핑스톤Arpingstone, 위키미디어 공용

러 가지 곡선으로 이뤄져야 했다. 또 이 모든 곡선이 서로 맞물려 있으면서 만나는 지점의 기울기가 같아야 날개 전체를 부드럽게 공기역학적으로 유지할 수 있었다. 최종 디자인이 탄생하는 데 셴스톤의 계산이 얼마나 많은 영향을 미쳤는지, 슈퍼마린의 '복층 사람들lofters'(예로부터 공장 바닥에 세운 복층 라운지에서 일했던 제도사들)의 기술에 얼마나 많은 영향을 받았는지는 분명하지 않다. 하지만 미적분을 터득했다면 분명 미적분으로 할 수 있는 일이었고 1936년 발표한 셴스톤과 하울랜드의 공동 논문에 있듯이 셴스톤은 미적분을 정말 잘 배웠다. 셴스톤은 미적분을 '가늘고 뒤틀린 날개를 역해석하는 방법'이라 일컬었고 날개 모양이 그 성능에 미치는 영향을 복잡한 미적분으로 설명했다.[30]

안타깝게도 이 논문은 두 사람의 협력에 종말을 고했다. 하울랜드는 미적분학 지도의 영향력을 모른 채 그해 사망했다. 스핏파이어는 대성공을 거뒀다. 스핏파이어 날개에 쏟아진 찬사 중 일부는 그 궤적이 혜성처럼 쌍곡선으로 보인다는 것이었다. 스핏파이어 조종사들은 '완벽한 비행기'자 '기가 막히게 훌륭한 날개'라며 연신 감탄했다. 하지만 스핏파이어 비행을 즐긴 영국 조종사들의 찬사는 그리 놀라운 일이 아니다. 놀라운 건 독일 조종사마저 스핏파이어의 기동성에 대단히 감탄했다는 점이다. 브리튼 전투가 가장 치열한 지점에 이르렀을 당시 독일 육군 원수 헤르만 괴링Hermann Göring은 프랑스에 있는 예거 함대에 영국의 저항을 물리치려면 무엇을 공수해야 하는지 물었다. 비행단장 아돌프 갈란트Adolf Galland는 "스핏파이어처럼 무장해야 합니다"라고 말했다.[31] 브리튼 전투에서 스핏파이어에 맞서 비행한 또 다른 조종사 하인츠 노케Heinz Knocke도 적의 우월함에 비슷한 감정을 느꼈다. 그래서 브리튼 전투를 담은 회고록에 이렇게 썼다. '그 미친 비행기의 탄탄한 회전력은 혀를 내두를 만큼 지독했다. 그들을 가둘 방법이 도저히 없어 보였다.'[32]

히틀러가 군사적으로 패배한 첫 번째 중대 사건인 브리튼 전투는 제2차세계대전의 결과를 바꿔놓았다. 잉거솔에 따르면 '그 이후 영국 상공의 루프트바페는 결코 예전 같지 않았다. 전투에 임하는 독일 공군의 사기는 확연히 떨어졌고 영국 공군은 매주 힘을 얻었다'. 히틀러는 처음으로 전쟁에 패배했고 미국 국민은 그 분쟁에 적극적으로 동참했다. 이런 일이 가능했던 건 바로 도시, 금융, 의료의 기적을 이룬 미적분학의 힘 덕분이었다.

학생들은 항상 표준 수학과 고급 수학 사이의 분수령이 미적분학이라고 생각한다. 왠지 미적분학 이전에 배우는 모든 것은 상대적으로 흡수하기 쉬우며 미적분학에 패하면 수학적 발전을 더는 이루지 못할 가능성이 클 것 같다. 하지만 미적분이 한계라면 자신감을 가지자. 앞서 본 것처럼 변화의 수학을 완전히 이해하려면 최고로 뛰어난 사고가 필요하다. 미적분학을 정복하고 나서 우리는 결코 뒤를 돌아보지 않았다. 미적분학은 의학, 군사, 재정 그리고 건축 문제를 해결하는 다목적 수학 도구가 됐다. 파생 상품 시장, 스핏파이어, HIV를 위한 3제 치료 그리고 브루클린브리지는 그저 장난스러운 시간 낭비에 불과했던 무한의 수학에서 출발한 미적분학의 인상적인 유산이다.

다음 장의 주제는 기원이 전혀 다르다. 존 네이피어John Napier 라는 한 남자가 천문학자들의 총합 계산을 위해 특별히 로그를 발명했다. 하지만 무한의 미적분학처럼 로그의 응용 역시 그 한계가 없는 것처럼 보인다.

로그

우리는 어떻게 과학을 시작했을까

스코틀랜드 지주의 작품인 로그는 곱셈을 덧셈으로, 나눗셈을 뺄셈으로 바꾸는
도구에 불과하다. 하지만 그 단순함은 로그의 중추 역할을 숨기고 있다.
로그는 천체 궤도에 대한 오류 없는 계산식을 제공하고 태양계 중심에 있는
태양의 새로운 위치를 결정했다. 한때는 역학 계산 도구로 수없이 바뀌며
원자폭탄 설계와 건설을 비롯한 과학 및 공학에 수 세기 동안 힘을 실어줬다.
또 수많은 자연현상에서 발견되는 불가사의하고 무한한 상수 e를 소개했다.
그리고 돌이켜 보면 바이러스성 전염병이 발생할 당시 인이 박이도록 들었던
기하급수적 감염 확산을 설명한 것도 바로 로그다.

1601년, 결혼식 비용을 절약하려 적분을 발명한 케플러는 화성
궤도를 위한 계산식을 발표했다. 무려 4년 만에 완성한 계산식
이었다. 15년 후 케플러는 그 계산 시간을 대폭 줄여준 새로운
수학적 발명품을 우연히 발견한다.

'스코틀랜드 남작이 알아낸 방법이야. 이름은 기억나지 않는
군.' 케플러는 친구에게 이렇게 편지를 보냈다. '그런데 그 남작
이 곱셈과 나눗셈을 덧셈과 뺄셈으로 단순하게 줄이는 멋진 방
법을 제안했어.' 케플러는 향후 계산 시간을 줄일 수 있다는 가
능성에 기뻐 날뛴 것 같다. 너무 많이 기뻐하는 통에 케플러의

멘토 미하엘 메스틀린$^{Michael Maestlin}$이 케플러를 꾸짖어야겠다고 느낄 정도였다. 케플러는 '수학 교수가 유치하게 계산 시간 단축을 기뻐하다니 꼴사납군' 하고 핀잔을 주는 동료들이 못마땅했다.[1]

이 수학적 발명품이 없었다면 앞으로 350년 동안 자기 일을 제대로 하지 못했을 헤아릴 수 없이 많은 사람에게 그렇게 말해보자. 이것이 바로 로그다. 케플러가 높이 평가했듯이 로그는 숫자를 조작해 어려운 계산을 쉽게 바꾸는 방법이다. 계산자로 알려진 나무 막대기에 기록된 로그는 수 세기 동안 과학과 공학에 힘을 실어줬다. 계산자는 계몽주의, 산업혁명, 핵 시대 그리고 우주 경쟁을 도모했다. 계산자의 영향력과 수명이 궁금하다면 이것만 기억하면 된다. 뉴턴도 계산자가 있었다. 최초의 증기 엔진은 계산자로 탄생했다. 과학자들은 첫 원자폭탄의 폭발에 계산자를 사용했다. 그리고 아폴로 우주 비행사들은 계산자를 이용해 달에 착륙했다. 20세기의 운송, 산업 및 주택 인프라는 로그 계산자로 설계됐다. 기술자들은 그야말로 필수 도구인 양 허리띠에 계산자 통을 착용했다. 로그는 현대 역사에서 가장 영향력 있는 단일 발명품으로 그럴듯하게 인용된다. 그리고 로그는 한 남자의 남다른 끈기 덕분에 존재할 수 있었다.

케플러가 기억하지 못했던 이름은 존 네이피어였다. 1550년 에든버러에서 태어난 네이피어는 지독한 파벌주의에 물든 게 확실한 헌신적인 개신교 신자였다. 머키스턴 가문의 제8대 남작이라는 칭호를 달고 귀족으로 자란 네이피어는 가톨릭 신자들을 극도로 증오했다. 심지어 수학에서도 네이피어의 열정적인 성향이 빛을 발했다. 네이피어는 주로 성경 속 숫자 해석을 통해 숨겨진 지식을 밝히는 일에 열정을 쏟아부었다. 그 첫 번째로 세상의 종말이 오는 날을 예측했다. 네이피어는 성 요한 묵시록을 분석해 그날을 예측했지만 확실한 결론에 이르지 못한 채 1786년이라는 상한선을 정했다. 그리고 인류의 죄악이 나날이 늘어나면 그 날짜가 앞당겨질 수 있다고 경고했다. 네이피어의 두 번째 수학적 운동은 로마교황이 적그리스도와 한몸이자 같다는 사실을 증명하는 것이었다. 큰 노력이 필요한 작업이었고 성경을 약간 무신경하게 왜곡하는 일이었지만 숫자를 다루는 네이피어의 재주는 마침내 결론에 이르렀다. 네이피어에 따르면 그 노력의 대가로 탄생한 논문 〈소박한 발견Plaine Discovery〉은 그가 죽을 때까지 가장 자랑스러워한 창작물이었다.[2]

하지만 케플러가 극찬한 네이피어의 '멋진 발명품'은 종교와 아무 관련이 없다. 로그logarithm라는 명칭은 그리스어의 로고스logos(비)와 아리스모스arithmos(숫자)의 합성어로 천문학자를 향한 연민에서 비롯된 것이었다.

천체의 경로를 도표로 나타내는 사람, 점성가나 천문학자 또는 항해자에게 유용한 천체 지도를 만들고 싶은 사람이라면 삼각법에 바탕을 둔 계산으로 종이를 가득 채워야 했다. 육분의로 측정한 각도와 그 각의 사인 및 코사인이 변화하는 별과 행성의 위치를 지도화하고 예측할 수 있게 해줬다. 하지만 이 계산에는 곱셈, 나눗셈, 많은 수의 제곱수 및 세제곱 수가 포함됐다. 네이피어는 누군가 관찰을 하고 싶을 때마다 이런 계산을 반복하는 건 모두에게 끔찍한 시간 낭비임을 깨달았다. 게다가 네이피어가 "지루한 시간 낭비"라고 부른 일은 제쳐두더라도 사람들은 곧잘 계산 실수를 저지른다는 문제가 있었다. 네이피어는 '그래서 난 확실하고 편리한 기술로 그런 장애물을 제거할 수 있을지 마음속으로 고민하기 시작했다'고 그 해결책을 제시한 1614년 책의 서문에서 말했다. 네이피어의 책은 《경이로운 로그 법칙에 대한 설명Mirifici Ogmorum Canonis Description(Description of the Wonderful logs)》이라는 다소 대담한 제목으로 출판됐다.

네이피어는 곱셈 시간을 절약하는 '훌륭하고 간단한 규칙'을 이 책에 담았다고 설명한다. 규칙은 간단할 수 있으나 유도 과정은 그렇지 않았다. 네이피어가 이 책에 1,000만 개의 항목을 담는 데만 꼬박 20년이 걸렸다. 하지만 그 일은 그만한 가치가 있었다. 케플러는 로그의 창시자가 이미 죽었다는 사실을 모른 채 1620년 출판한 《천문력Ephemerides》을 네이피어에게 헌정하며 매우 고마워했다.

지수적(기하급수적) 성장

•

내가 이 글을 쓰는 2020년 3월 뉴스는 네이피어가 개척한 수학으로 가득 차 있다. 물론 로그는 가끔 언급될 뿐이다. 대부분 로그의 역에 해당하는 '지수적, 기하급수적'이라는 말이 등장한다. 전 세계적으로 늘어나는 코로나19 감염 사례를 정의하는 말이다. 시간에 따라 늘어나는 감염 사례를 그림으로 나타내면 빠르게 상승하는 '지수 곡선'이 나온다. 이 지수 곡선을 '평평하게' 하려면 마스크를 착용하고 사회적 거리 두기를 하는 등 감염 예방을 위해 노력해야 한다.

기하급수적 또는 지수적이라는 말은 바이러스성 전염병 밖에서도 드문 단어가 아니다. 아주, 미친 듯이 빠르게 성장하는 뭔가를 의미할 때 무심코 사용된다. 하지만 이상하게도 지수적 규모가 실제로 어느 정도인지는 직감하지 못한다. 기하급수적으로 성장하는 게 있으니 나중에 어떻게 될지 예측하라는 요청을 받으면 대부분 그 성장을 지나치게 과소평가한다. 극단적인 상황을 꺼리는 우리 뇌는 상상력의 발달을 정상화해 그 성장을 대략 선형으로 그리기 때문이다.

미국 물리학자 앨런 앨버트 바틀렛Allan Albert Bartlett은 수천 번의 강연에서 머리를 어지럽히는 기하급수적 성장의 본질에 대한 아름다운 예를 제시했다.[3] 예를 들어 바틀렛은 지금이 오전

11시라고 상상해 보라면서 1개의 박테리아가 든 병을 건넸다. 그리고 박테리아가 분열하면서 자연 복제되면 병 안에 든 박테리아 수가 1분마다 2배 늘어날 테고 1시간이면 병은 박테리아로 가득 찰 거라 말했다.

왠지 그럴듯해 보인다. 하지만 종료 시간 4분 전, 11시 56분에 바틀렛이 묻는다. 병은 얼마나 가득 찼을까요? 수학은 단 3퍼센트만 차 있다고 말한다. 하지만 그 답은 다소 직관에 어긋난다. 그때 만약 병 속에 든 박테리아가 당신이라면 공간이 너무 빨리 고갈되리라는 사실을 전혀 눈치채지 못했을 것이다. 심지어 2분이 남아도 병은 4분의 1밖에 채워지지 않는다. 정오가 되기 1분 전에는 반쯤 채워진다. 그리고 마지막 2배가 늘 때(마지막 분열 시) 비로소 병이 가득 찬다.

더욱 놀라운 건 만약 바틀렛이 첫 번째 병이 4분의 1밖에 채워지지 않은 11시 58분에 새로운 병을 3개 준다면 어떻게 되는지다. 손에 쥔 거의 빈 병과 선반에 있는 병 3개를 보자. 이 모든 병이 다 채워지려면 충분한 시간이 있는 것처럼 보인다. 하지만 틀렸다. 두 번째 병은 오후 12시 1분에 가득 채워진다. 12시 2분이 되면 4개의 병이 모두 가득 찬다.

박테리아가 증식한 지 58분 뒤에는 상황이 낙관적이었다. 그로부터 4분 뒤 그 낙관론은 완전히 혼란에 빠진다. 바틀렛에 따르면 질병의 발생에 적용하든, 감당하기 힘든 인구 성장에 적용하든 이 사례는 기하급수적 상황을 이해하는 비극적인 이야기다. 바틀렛은 강연 첫머리에 이렇게 말했다. "인류의 가장 큰 단점은 지수적이라는 말을 이해하지 못한다는 것입니다."

이 단점에는 명칭이 있다. 지수적 성장 편향Exponential-Growth Bias, EGB으로 전염병과 인구 증가 외에도 널리 적용된다. 사실 EGB를 다룬 수많은 연구 문헌은 개인 금융, 특히 복리와의 관련성에 초점을 맞추고 있다.

복리는 신중한 예금자가 더 많은 돈을 버는 방법이다. 즉, 예금자는 초기 투자 금액에 대한 이자만 챙기는 대신 벌어들인 이자(예를 들어 1년 후 얻은 이자)를 다시 계좌에 입금한다. 그러면 그 금액에 대한 이자도 받을 수 있다. 만일 연 10퍼센트 이자로 100파운드를 저축하면 첫해 말에 110파운드를 갖게 된다. 하지만 2년 차 말에는 110파운드의 10퍼센트인 11파운드를 벌게 된다. 그러면 그다음 해 말에는 121파운드의 10퍼센트 이자를 얻게 될 것이다. 복리에 따른 투자수익률은 기하급수적으로 늘어난다.

불행히도 이 같은 원리는 대출에도 적용된다. 대출금을 갚지 않은 채 이자가 부과되면 부채가 기하급수적으로 늘어나 재정에 심각한 구멍이 날 수 있다.[4] 설상가상으로 우리는 기하급수적 성장에 대한 속도만 과소평가하는 게 아니다. 숫자를 다루는 우리 능력도 과대평가한다. 다시 말해 우리는 기하급수적으로 틀리고 위험할 정도로 잘못된 확신을 갖고 실수를 저지른다. 즉, 우리 직관을 점검하거나 금융 전문가에게 도움을 청하지 않는 경향이 있다.[5]

EGB가 전염병에 적용되면 마찬가지로 잘못된 경계심이 생긴다.[6] 2020년 3월 동안 미국에서 늘어난 코로나19 감염률을 그린 아래 그림에서 볼 수 있듯이 바이러스 발생 초기에는 매일 새로 감염되는 사람 수가 기하급수적으로 늘어나는 편이다. 하지만 우리 뇌는 초기 수치만 보고 단지 직선적 성장이라고 판단한다.

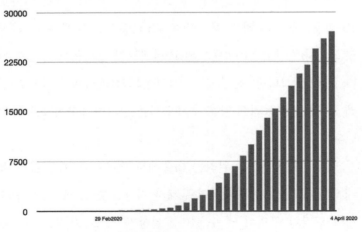

2020년 초 미국의 코로나19 일일 신규 감염 건수(출처: CDC)

1일 차에는 50건, 2일 차에는 100건이 발생했다고 하자. 그러면 지수적 성장 편향에 따라 3일 차에는 당연히 또 다른 50명의 환자가 생긴다고 가정하게 된다. 하지만 하루 만에 50에서 100으로 늘어났다는 건 기하급수적으로 증가할 때 매일 2배가 된다는 뜻이다. 따라서 3일 차에는 150건이 아니라 200건이 된다. 10일 차가 되면 사실상 직선형 시나리오로 예상한 수보다 더 많은 2만 5,000건 이상 발생한다. 이 결과는 안일함으로 이어진다. 실제로는 훨씬 적은 수의 감염자와 접촉했으리라 가정하는 것이다. 때로 수학적이지 않은 뇌는 우리가 아는 것보다 훨씬 위험하다.

로그로의 도약

'지수적'이라는 단어는 '지수exponent'에서 유래했다. 누구나 지수를 본 적이 있을 것이다. 지수는 수나 문자를 몇 번 곱하는지 알려주는 아주 작은 숫자다. 그래서 $2^3=8$이라면 '2를 세 번 곱한다'는 뜻이다. 즉, $2 \times 2 \times 2$므로 8이다. 하지만 밑에 있는 숫자와 지수 사이의 관계를 바꿀 수도 있다. 이때 로그가 등장한다. 로그를 이용하면 지수에 초점을 맞추지 않고 다르게 나타낼 수 있다. 즉, "밑을 2로 하는 8의 로그는 3이다"라고 말하면 된다. 굳이 로그를 이용할 가치가 있는지 고개를 갸우뚱하겠지만 다행히 네이피어는 그 가치를 잘 알고 있었다. 로그가 번거로운 곱셈식을 쉬운 덧셈식으로 바꿔준다는 사실을 깨달은 것이다.

수학자들은 이 두 연산을 바꾸는 절차의 상대적 어려움을 안 지 오래됐다. 이와 관련된 놀라운(그리고 출처가 불분명한) 이야기가 있다. 15세기 독일의 한 상인이 아들에게 수학 공부를 시키고 싶었다.[7] 그래서 그 지역 대학교수에게 조언을 구했다.

> "아드님이 그저 덧셈과 뺄셈만 잘하길 바란다면," 교수가 말했다. "독일에 있는 대학이면 충분합니다."
>
> "곱셈과 나눗셈도 잘하길 바란다면요?" 상인이 물었다.
>
> "아, 그럼 아드님을 이탈리아로 보내셔야 합니다."

이 이야기의 분명한 의미는 독일인은 당시 곱셈을 할 만큼 정교하지 못했다는 것이다. 하지만 네이피어는 적그리스도가 왕좌를 차지한 이탈리아로 갈 필요가 없음을 보여줬다. 그리고 삼각법을 통해 곱셈을 덧셈으로 풀 수 있다고 증명했다.

삼각법이 사인과 코사인을 어떻게 알아냈는지 기억하는가? 반지름이 1인 원 안에 있는 삼각형의 두 변 길이를 살펴봤다. 여기서 예상치 못한 흥미로운 결과가 밝혀졌다. 우선 삼각형의 두 각 A와 B의 코사인값을 구한다. 그 값을 서로 곱한 뒤 그 결과에 2를 곱한다. 알고 보니 이 값은 $A+B$의 코사인값과 $A-B$의 코사인값을 더한 결과와 같았다. 이를 수학적으로 나타내면 아래와 같다.

$$2cos(A)cos(B) = cos(A+B) + cos(A-B)$$

삼각비 표를 참고하면 두 수를 곱한 결과를 알 수 있다. x와 y를 곱한 결과를 찾으려면 x를 $cos(A)$로, y를 $cos(B)$로 설정한다. 그리고 삼각비 표에서 각 A와 B를 찾는다. 그런 다음 $A+B$와 $A-B$의 값을 구한다. 다시 삼각비 표로 돌아가 각 결과의 코사인값을 구한다. 이 값들을 더하면 $2 \times x \times y$가 된다. 이 값을 2로 나누면 두 수를 곱한 결과가 나온다.

이 과정은 곱하려는 모든 숫자에 적용할 수 있다. 물론 삼각비 표가 있어야 한다. 네이피어는 이 방식뿐 아니라 다른 방식, 즉 비슷한 연산을 사인값으로 해결하는 방식도 알고 있었다. 그리고 선원이나 천문학자 들이 천체 궤도를 계산하기 위해 이런 '삼각항등식trigonometric identity'을 빈번하게 사용한다는 것도 알고 있었다. 하지만 존 크레이그John Craig라는 지인이 티코 브라헤가 이 방법으로 위대한 발견을 이룩했다고 말했을 때 특히 더 관심을 두게 됐다.[8] 크레이그는 덴마크 벤섬에 있는 브라헤의 천문대, 우라니엔보르Uranienborg('하늘의 성'이라는 뜻)를 방문했을 때 브라헤와 조수들이 삼각항등식으로 작업하는 모습을 목격했다. 브라헤는 새로운 별을 발견하는 과정에 삼각항등식을 이용했고 네이피어는 많은 천문학자가 삼각항등식을 쉽게 사용할 수 있다면, 특히 천문학자의 모든 힘겨운 작업에 삼각항등식이 쓰인다면 그들이 훨씬 빨리 많은 발견을 할 수 있으리라 생각했다. 그래서 네이피어는 그 힘든 작업을 스스로 해내기 시작했다.

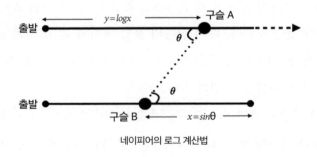

네이피어의 로그 계산법

네이피어는 평행한 끈을 따라 움직이는 2개의 구슬을 상상하며 로그 혁명을 시작했다. 첫 번째 끈의 길이는 무한하고 두 번째 끈은 유한하다. 구슬 A는 길이가 무한한 첫 번째 끈 위를 일정한 속도로 움직인다. 위치를 정의하는 숫자는 '산술적'으로 증가한다. 즉, 각 단계에서 똑같은 양이 추가되며 꾸준히 늘어난다. 1초 후에 100, 2초 후에 200, 3초 후에 300이 된다. 구슬 B

는 길이가 유한한 두 번째 끈 위를 위쪽 구슬과 같은 속도로 나란히 움직이지만 움직일 때마다 속도가 감소한다. 특히 구슬 B의 속도는 끈 끝까지의 거리에 비례한다. 예를 들어 속도 100에서 시작해 1초 후에는 속도가 50이 되고 2초 후에는 25가 된다. 결과는 두 가지다. 첫째, 아래쪽 구슬 위치를 정의하는 숫자는 '기하학적'으로 감소한다. 즉, 숫자를 더하는 게 아니라 곱하는 것에 해당한다. 둘째, 2개의 구슬이 움직이기 시작한 후 언제라도 위쪽 구슬은 아래쪽 구슬보다 더 멀리 있다. 두 구슬을 선으로 연결하면 선과 아래쪽 끈 사이 각도가 점점 작아진다.

실제로 이 예는 삼각형을 무한히 만드는 방법이다. 보다시피 두 구슬을 연결한 선은 직각삼각형의 빗변이다. 크기가 작아지는 각의 코사인값은 위쪽 구슬이 앞으로 움직이는 거리에 따라 달라진다. 네이피어는 먼저 아래쪽 끈에서 남은 거리를 그 각의 사인값으로 정했다. 그런 다음 실제로 관심 있는 숫자, 이 사인값의 로그를 정의했다. 네이피어에 따르면 그때 이 값은 위쪽 구슬이 위쪽 끈을 따라 이동한 거리다. 그리고 가능한 모든 각도에서 1분 단위로(바빌로니아의 유산 60진법에 따라 1분은 1/60도) 해당 각의 사인값, 아래쪽 끈에 남은 길이 그리고 위쪽 구슬이 이동한 길이와 로그를 계산했다. 천문학자와 선원에게 쓸모 있는 정확한 값을 얻기 위해 네이피어는 비상한 노력을 기울였다. 그래서 아래쪽 끈의 길이는 소수 일곱 번째 자리까지 허용하는

1,000만 단위로 설정했다. 그리고 각 단계마다 로그가 0에서 1만큼 늘어나길 원했다. 그 결과 눈이 번쩍 뜨이는 1,000만 개의 값이 탄생하며 로그표에 입력됐다. 각각의 값은 매우 철저하고 엄격한 수학적 절차를 통해 계산됐다. 이제 천문학자는 곱셈과 나눗셈을 포함한 번거로운 계산을 수월하게 수행할 수 있었다. 그리고 네이피어 표에 있는 몇몇 관련 숫자를 찾아 곱셈과 나눗셈 식을 덧셈과 뺄셈 식으로 바꿀 수 있었다. 이게 다 한 사람이 20년 동안 공들인 결과물 덕분이었다. 목표는 단 하나, 그저 다른 이의 일을 쉽게 하기 위해서였다. 이보다 더 사심 없는 행동이 있을까?

밑수 변화
·

네이피어는 로그표가 담긴 책을 출판할 준비가 됐을 때야 비로소 안도의 한숨을 내쉬었을 것이다. 하지만 알려진 대로 그 작업은 아직 끝난 게 아니었다. 런던에 있는 헨리 브리그스Henry Briggs라는 수학 교수가 네이피어의 책을 보자마자 무척 감동한 것이다. 그러고는 친구 제임스 어셔James Usher에게 '이토록 날 들뜨게 하거나 호기심을 부추긴 책은 난생처음이네'라고 편지를 보냈다.[9] 하지만 그는 몇 가지 수정이 필요하다고 덧붙였다.

성향으로 보자면 네이피어와 브리그스는 완전 딴판이었다. 브리그스는 그레셤대학교 기하학 교수로 광적인 종교나 신비주의, 영성을 조금도 용납하지 않는 현실적인 요크셔인이었다. 네이피어는 확고한 개신교 신자일 뿐 아니라 자신을 마술사 같은 사람이라 여겼다. 네이피어가 점성술을 익히거나 흑마술을 연습했다는 단서가 있다. 1594년 네이피어는 로버트 로건Robert Logan이라는 남작과 고용 계약을 맺었다. 그리고 온갖 수단과 방법을 동원해 로건 남작이 그의 패스트 성에 있는 요새 어딘가에서 잃어버린 보물을 찾아다녔다. 20년간의 은둔 생활 탓에 네이피어는 스코틀랜드 교회 목사들이 쓴 1795년 교구 보고서, 〈통계 보고서Statistical Account〉에서 의심되는 사탄주의자로 분류됐다. 이 보고서는 '현재 알려진 바에 따르면 네이피어는 악마와 친밀한 관계다. 게다가 연구에 매진하는 동안에도 흑마술을 배우고 악마와 대화를 나눴다고 전해진다'고 적고 있다.[10]

하지만 상관없었다. 브리그스는 네이피어의 가장 열렬한 팬이었다. 두 사람은 편지를 주고받았고 브리그스는 에든버러 여행을 계획했다. '가능하다면 이번 여름에 네이피어를 볼 수 있으면 좋겠어.' 1615년 브리그스는 친구 어셔에게 이렇게 편지를 보냈다. 그리고 브리그스의 바람은 이뤄졌다. 당시 소식통에 따르면 두 사람은 15분 동안 서로를 감탄하며 바라보다 이야기를 나누기 시작했다.

마침내 두 사람은 작업에 착수했다. 브리그스는 네이피어의 로그가 삼각법 계산을 할 때는 괜찮지만 일반 숫자에도 적용하기 쉽도록 조정돼야 한다고 제안했다. 네이피어는 소수 자릿수가 많아야 작업하기 유용하다는 이유로 1,000만 개의 숫자를 선택했다. 하지만 브리그스가 지적했듯이 네이피어의 방식은 너무 복잡한 상황을 남겼다.

브리그스는 아래 식에서 네이피어의 설정이 무심코 그런 상황을 만들어 냈음을 바로 알 수 있었다.

$$log(A \times B) = logA + logB - log1$$

네이피어가 로그를 설계한 방식 때문에 log1은 0과 같을 수 없었다. 그래서 브리그스는 log1을 0으로 만드는 방식으로 로그 계산법의 기초를 바꾸자고 제안했다. 그러면 다소 바람직한 상황에 놓이게 된다.

$$log(A \times B) = logA + logB$$

이렇게 하면 덧셈과 곱셈이 믿을 수 없을 정도로 깔끔하게 연결된다.

본질적으로 로그는 숫자 사이의 관계를 표현하는 방법이다.

앞서 본 것처럼 $2^3=8$은 '밑이 2인 8의 로그는 3'과 같은 정보를 나타낸다. 하지만 로그의 '밑'을 바꾸면 계산을 더 쉽게 할 수 있다. 브리그스가 깨달았듯이 가장 유용한 밑 중 하나는 10으로 밑이 10이면 10의 거듭제곱에 대한 로그값을 아주 쉽게 계산할 수 있다. log1을 0으로 정의했으므로 log10은 1, log100은 2, log1,000은 3이 된다. 즉, 로그는 힌두-아랍어 숫자 표기법에서 1 다음에 오는 0의 개수를 나타낸다. 100은 10×10(10의 제곱 또는 10^2)이고 1,000은 $10 \times 10 \times 10$(10의 세제곱 또는 10^3) 등이므로 로그를 이렇게 개선하면 로그 계산이 곱셈 과정과 밀접하게, 매우 간단하게 관련돼 있음이 분명해진다.

브리그스 그리고 마침내는 네이피어도 네이피어 로그를 쓰는 천문학자 및 다른 사용자의 복잡한 계산이 훨씬 더 수월해지라는 걸 똑똑히 알았다. 이제 두 사람이 해야 할 일은 네이피어의 로그 책에 있는 1,000만 개의 숫자를 다시 계산하는 것이었다. 두 사람은 그 후 2년 동안 많은 시간을 함께 보내며 작업에 열중했다.

두 사람의 협력은 1617년 봄 네이피어가 통풍으로 사망했을 때 끝났다. 하지만 브리그스는 계속 작업했다. 새로 탄생된 로그표는 아드리안 플라크Adriaan Vlacq라는 네덜란드 수학자의 도움으로 완성됐고 1628년 여름 네덜란드 고다에서 출판된다. 이 로그표가 바로 오늘날 알려진 밑을 10으로 하는 '상용로그'를 정리한 것으로 1에서 10만까지의 자연수를 사용해 소수 열네째 자리까지 계산했다. 또 이 로그표 덕분에 소수 열다섯째 자리에 대한 사인함수표도 등장했다. 이 책을 출판한 지 2년 후 브리그스는 네이피어를 따라 무덤으로 들어갔지만 두 사람의 유산은 완성됐다.

계산이 쉬워지다

훗날 피에르 시몽 라플라스Pierre Simon Laplace는 로그가 구제한 작업이 '천문학자의 수명을 2배로 늘린 게 틀림없다'고 말했다.[11] 하지만 케플러의 수명은 단지 배로 늘어난 게 아니었다. 로그의 발명은 케플러가 생각한 바로 그 법칙에 영향을 미친 것으로 보인다. 과학 역사상 가장 혁명적인 통찰력이라 불리는 케플러의 세 번째 행성 운동 법칙이 이 숫자 비율에 관한 발견에 매우 감사해야 한다는 믿을 만한 이유가 있다.

케플러는 1609년 처음 두 가지 법칙을 발표했지만 네이피어의 작품을 처음 접하고 2년 뒤인 1618년에야 세 번째 법칙을 발견했다. 케플러의 세 번째 법칙은 행성이 태양을 공전하는 데 걸리는 시간과 그 궤도의 가장 긴 '장축'의 공간적 길이를 수학적으로 연결한다. 수학적 용어로 정리하자면 공전주기의 제곱은 '반장축' 길이의 세제곱에 비례한다(반장축은 장축의 절반이다). 케플러는 이 법칙을 제곱 및 세제곱 관점이 아니라 비율 관점으로 생각해 냈다. 1618년 3월 8일 케플러는 '어떤 두 행성의 주기적 시간 사이 비율은 평균 거리의 딱 1.5배다'라는 사실이 '내 머릿속에 휙 떠올랐다'고 말했다.[12] 주기와 거리의 비율은 로그로 해석할 수 있다. 만약 행성 A가 태양을 공전하는 시간을 T_A, 행성 A의 궤도 반장축(태양으로부터의 평균 거리)을 r_A, 행성 B가 태양을 공전하는 시간을 T_B, 행성 B의 궤도 반장축 r_B라 하면 다음과 같은 식으로 나타낼 수 있다.

$$\log \left(\frac{T_A}{T_B}\right) = 1.5 \log \left(\frac{r_A}{r_B}\right)$$

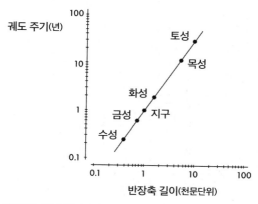

케플러는 행성궤도 크기와 행성이 태양을 한 바퀴 도는 데 걸리는 시간의 관계를 로그로 확인했다.

오늘날 로그-로그 그래프로 알려진 이 그래프를 그려보면 그 관계가 명백해 보인다. 1609년과 1618년 사이 어느 시점에 케플러의 뇌에 있는 뭔가가 로그를 향해 껑충 도약했을지도 모른다. 네이피어(그리고 브리그스)가 천문학 분야에 어마어마한, 예상 밖에 그리고 거의 전적으로 인정 밖에 있는 공헌을 했을지도 모른다고 시사하는 건 타당해 보인다.

심지어 이런 자동 계산 덕분에 훨씬 더 많은 작업이 절약됐다. 더 쉬운 계산을 위한 네이피어의 첫 번째 모험은 네이피어 막대(상아로 제작한 이후에는 네이피어의 뼈로 불림)로 알려진 나무 막대기다. 로그와 마찬가지로 네이피어 막대는 어려운 계산을 쉽게 바꿀 수 있도록 설계된 도구다. 모든 막대기는 정사각형으

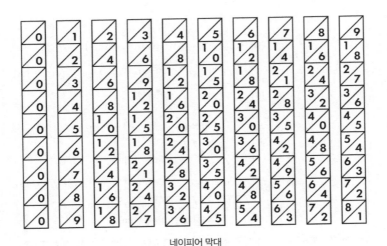

네이피어 막대

로 나뉘어 있으며 각 정사각형에는 대각선으로 나뉜 삼각형 2개가 있다. 삼각형마다 숫자가 새겨져 있는데 이 숫자 배열이 평범한 나무 막대기를 곱셈이 아닌 덧셈이 필요한 계산 도구로 바꿨다.

423에 67을 곱한다고 하자. 맨 위에 적힌 숫자가 4, 2, 3인 막대기를 꺼내 나란히 놓는다. 이제 여섯 번째 행에 있는 숫자를 적어놓되 대각선 방향에 있는 숫자는 서로 더한다. 즉, 2, 4+1, 2+1, 8이므로 이 숫자는 2,538이 된다. 일곱 번째 행에 있는 숫자도 같은 방식을 따른다. 2, 8+1, 4+2, 1이므로 2,961이 된다.

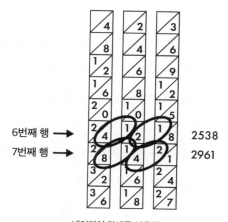

네이피어 막대를 이용한 423×67

이제 2개의 네 자리 숫자를 더한다. 하지만 6번째 행의 숫자는 왼쪽으로 한 자리를 옮겨 전체 자릿수를 늘린다(67에서 6은 10의 자리 숫자고 7은 1의 자리 숫자기 때문이다). 말하자면 25,380과 2,961을 더하는 것이다. 그러면 28,341이 나온다. 이 값이 423과 67을 실제로 곱했을 때 얻는 결과다.

네이피어 막대는 곱셈, 나눗셈, 제곱근까지 쉽게 계산할 수 있어 엄청나게 인기 있는 계산 도구가 됐고 점차 제곱근과 세제곱근을 비롯한 다양한 계산이 가능한 형태가 제작됐다. 그 후에는 훨씬 복잡한 계산을 할 수 있는 도구로 발전했다. 일부는 자동 계산도 가능했다. 1623년 빌헬름 시카드Wilhelm Schikard가 만든 계산기는 숫자를 더하거나 뺄 수 있어 사람들이 굳이 머릿속으로 계산할 필요가 없었다. 1650년대 프랑스 기술자 피에르 프티Pierre Petit는 드럼 위에 고리 모양으로 묶은 가느다란 종잇조각에 숫자를 달아 숫자의 상대적 움직임으로 곱셈을 훨씬 쉽게 할 수 있는 장치를 만들었다. 얼마 후 독일 박식가 아타나시우스 키르허Athanasius Kircher는 한발 더 나아가 곱셈 기계를 만들었다. 이 곱셈 기계는 네이피어 막대에 키르허 본인의 창의적인 생각을 결합한 것으로 손잡이를 돌리면 원하는 곱셈 계산을 할 수 있었다. 하지만 이런 계산 도구들이 자동 곱셈에 성공했더라도 계산자로 알려진 반자동 다목적 수학 무기에 비하면 아무것도 아니었다.

수백 년의 진보 뒤에 있는 계산기

네이피어와 브리그스 로그표의 첫 번째 결론 중 하나는 표가 굳이 필요하지 않음을 깨닫는 것이었다. 대신 로그자logarithmic scale에 있는 숫자를 받아 적으면 된다. 로그자에서 1과 2 사이 간격은 2와 4 사이 또는 4와 8 사이 간격과 같다.

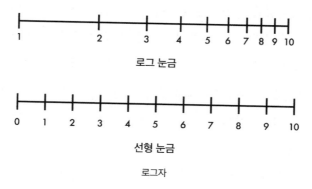

로그자

이 두 가지 눈금을 서로 반대 방향으로 조정하면 로그값을 알 수 있다. 두 눈금이 사실상 휴대용 로그표가 되는 것이다. 처음으로 로그자를 이용한 사람은 그레셤대학교 교수 에드먼드 건터Edmund Gunter였다. 건터는 건터자Gunter's scale로 알려진 대략 60센티미터 길이의 나뭇조각에 필요한 숫자를 새겼다. 끝이 뾰족한 막대 한 쌍을 접합해 두 점 사이의 거리를 재는 양각기를 사용하면 건터자 위의 길이를 측정해 합과 차를 계산할 수 있었다. 건터는 자신의 건터자에 항정선과 왕복 경로, 삼각함수를 나타내는 눈금을 표시해 수백 년 동안 선원들의 원활한 항해를 위한 다기능 도구를 제공했다.

풋내기 선원들은 윌리엄 오트레드William Oughtred 덕분에 훨씬 더 좋은 도구로 항해했다. 오트레드의 혁신은 로그 눈금이 표시된 2개의 나뭇조각을 서로의 길이를 따라 미끄러져 내릴 수 있는 배열로 결합한 것이었다. 사용법에 익숙해지면 눈금이 배열된 방식에 따라 모든 종류의 계산을 수행할 수 있었다. 오트레드의 계산자slide rule는 빠르고 정확한 계산을 원하는 모든 이에게 혁명적인 도구였다. 한 예로 뉴턴은 계산자의 팬이 분명했다. 1672년 그는 수학자 존 콜린스John Collins에게 계산자로 3차방정식을 푸는 방법을 설명했다. 콜린스가 계산자를 흥미로워한 이유는 통에 든 액체의 부피를 구할 때도 같은 방법을 적용할 수 있어서였다. 과세의 수학이 적용된 또 다른 사례였다.[13]

뉴턴은 또 계산자의 디자인을 개선하는 방법도 생각해 냈다. 그래서 지금은 거의 모든 계산자의 특징인 움직이는 커서를 최초로 제안했다. 18세기 말 제임스 와트James Watt는 공학 계산에 적합한 눈금이 있는 한층 개량한 계산자를 제작해 '소호Soho'라고 명명했다. 새로운 증기 엔진의 필요 사양을 계산하는 데 쓰인 와트의 소호는 수많은 동시대인의 작업 보조 도구로 주목받기 시작했다. 와트의 업적을 보면 산업혁명은 로그를 등에 업고 등장한 게 확실하다. 화학자 조지프 프리스틀리Joseph Priestley는 로그를 이용해 실험 결과를 처리하고 공기의 화학 성분을 결정했다. 계산자의 중요성은 널리 퍼지며 영국 해협을 가로질렀고 프랑스 공무원 선발 시험에서는 계산자 사용 능력을 요구하기도 했다.[14]

로그 계산자 수요는 20세기에 정점을 찍었다. 과학과 공학, 산업이 한창 번창하고 있었고 각 분야에서 수학적 요구가 많았다. 계산자는 서방 세계 전역에 있는 실험실, 작업 현장, 디자인 워크숍 등에서 필수 도구였다. 기술이 꾸준히 발전하면서 훨씬 많은 기능과 더 나은 정확도를 갖춘 계산자가 등장했다. 20세기 첫 10년 동안만 90가지의 새로운 디자인이 등록됐다. 노벨상 수상자 줄리어스 액설로드Julius Axelrod는 선택적 세로토닌 재흡수 억제제SSRI라고 불리는 현대 항우울제의 개발을 이끈 연구에 계산자를 사용했다. 캐서린 존슨은 계산자를 이용해 미국인 최초로 우주로 향하는 앨런 셰퍼드의 여행 궤적을 계산했다. 또 존슨은 달 탐사를 위한 아폴로호의 궤적을 계산할 때도 계산자를 사용했다. 동시에 나사 기술자들 역시 슬립스틱slipstick이라 부르는 계산자를 이용해 아폴로 임무를 위한 로켓과 착륙선을 설계, 제작했다. 사실 계산자는 아폴로 우주 비행사들에게 필수품이었다. 우주 비행사 버즈 올드린Buzz Aldrin은 1969년 달 착륙을 위한 최종 계산을 수행하기 위해 계산자를 챙겨야 했다. 1969년 올드린이 소지했던 미국 피켓사의 로그 계산자 N600-ES^{Eye Saver}의 가격은 0.95달러였다. 2007년 올드린의 계산자는 경매에 부쳐졌고 누군가 7만 7,675달러에 매수했다.

올드린의 계산자
출처: 헤리티지 옥션(HA.com)

그 모양이 인상적이긴 하나 인류 역사에서 훨씬 더 중요한 역할을 한 계산자가 있다. 물리학자 엔리코 페르미^{Enrico Fermi}의 계산자로 페르미가 세계를 바꾼 원자폭탄 기술을 개발하는 데 도움을 줬다.

원자폭탄의 탄생

1942년 12월 2일 오후 3시 25분 당시 현장 목격자들은 페르미의 얼굴에 미소가 번졌다고 보고했다. 페르미는 시카고대학교 스태그필드 서쪽 관람석 아래에 있는 스쿼시 코트에 연구 팀과 함께 서 있었다. 그는 계산자를 닫으며 동료들에게 몸을 돌렸다. "핵반응이 저절로 유지되고 있어요." 페르미가 말했다. "곡선이 기하급수적이에요."[15]

　문제의 반응은 최초의 인공적인 핵연쇄반응이었다. 페르미는 계산자를 손에 쥔 채 수년 동안 실험하고 계산하며 규칙을 만들었고 그런 핵반응이 가능한지 알아보기 위해 노력했다. 당시 이 문제는 미해결 상태였고 물론 지금은 엄청나게 중요한 문제로 인식되고 있다. 인공적인 핵연쇄반응은 원자폭탄 생성과 원자력발전 개발로 이어진다. 로그 계산자와 함께 지수 곡선에 관한 철저한 연구가 이뤄낸 이 순간은 다음 반세기 동안 세계의 서사를 전개했다.

　로마에서 태어난 페르미는 스톡홀름을 거쳐 시카고로 왔다. 그리고 1938년 '중성자 방사로 생성된 새로운 방사성원소의 존재에 대한 증명 및 저속중성자가 초래한 핵반응과 관련된 발견'으로 노벨 물리학상을 받았다. 중성자는 베릴륨, 우라늄 그리고 다른 방사성원소의 원자핵에서 방출됐다. 페르미는 실험 초기에 특별한 기술 없이 파라핀 왁스로 중성자를 감속했다. 중성자들은 다른 금속 원자와 상호작용하며 금속들을 방사능으로 만드는 핵입자를 방출했다. 하지만 페르미의 궁극적 목표는 그 과정이 저절로 유지되게 하는 것이었다. 중성자가 더 많은 중성자를 방출하고 새로 방출된 중성자가 또다시 더 많은 중성자를 방출하는 것이다. 방출 과정에서 엄청난 양의 에너지가 분출된다. 만약 그 과정이 통제될 수 있다면 세상은 거의 제한 없는 새로운 힘의 원천을 갖게 될 것이었다.

스톡홀름에서 열린 노벨상 시상식에서 페르미는 관례대로 검은색 넥타이와 연미복을 착용했다. 다음 날 이탈리아 언론에 시상식 사진이 게재되자 한바탕 소동이 일었다. 평론가들은 페르미가 파시스트 제복 차림으로 시상식에 참석해 스웨덴 국왕에게 파시스트 경례를 하며 페르미의 정부이자 베니토 무솔리니Benito Mussolini가 이끄는 독재 정권을 지지했어야 한다고 비판했다. 파시스트들에게 화가 난 페르미는 이탈리아로 돌아가지 않았다. 대신 미국으로 건너가 뉴욕에 정착한 뒤 컬럼비아대학교 물리학자들과 함께 생각해 둔 연구를 시작했다.

스스로 지속하는 중대한 에너지 방출에 대한 아이디어가 실현 가능해지기 시작했을 때 페르미의 컬럼비아대학 동료 중 하나인 레오 실라르드Leo Szilard가 루스벨트Roosevelt 대통령에게 보내는 편지를 썼다. 실라르드는 편지에서 원자력 프로그램의 시작을 제안했고 그 기술이 엉뚱한 손에 넘어갈 경우의 위험성을 경고했다. 아인슈타인은 실라르드의 편지를 대통령에게 전달했고 그 결과 맨해튼 프로젝트가 탄생했다.

페르미는 각 고속중성자가 목표물에서 중성자 1개만 방출하거나 목표물에 충분한 중성자가 없다면 원자폭탄이 만들어질 수 없다는 사실을 알고 있었다. 그래서 각 원자핵에서 나오는 방사능 방출과 '임계 질량', 즉 자기 지속적 반응에 필요한 방사성 물질의 최소량을 구하는 복잡한 계산을 수행해야 했다. 매번 계산자를 활용한 이 계산에 따르면 고속중성자 100개가 103개 또는 104개, 즉 중성자마다 1개보다 약간 더 많은 다른 중성자를 방출하면 반응이 자기 지속적이고 기하급수적으로 증가할 수 있었다. 우라늄은 가능했다. 페르미는 우라늄 핵을 쪼개면 평균 1.73개의 중성자를 방출해야 한다고 계산했다. 그래서 실험을 설계했다. 페르미가 산화우라늄이 든 7톤짜리 정육면체 깡통(그리고 반응을 조절하기 위한 흑연 벽돌)을 쌓아 만든 최초의 파일(원자로)은 높이가 약 3.5미터였다. 무거운 흑연 벽돌을 실험 장소로 운반할 때는 컬럼비아대학 축구 팀이 소집됐다.

페르미는 이 탑을 '지수함수로exponential pile'라 불렀지만 일단 시작된 반응은 지수적으로 끝없이 늘어나진 않았다. 실험 설정에 비해 현실은 각 중성자가 평균 0.87개의 다른 중성자를 방출하는 데 그쳤다. 설정을 개선하자 이 숫자는 0.918까지 증가했지만 여전히 충분하지 않았다. 연구 팀은 더 거대하고 새롭게 설계된 파일이 필요했고 이를 건설하기 위해 서둘러 시카고로 떠났다. 이 작업이 잠재적으로는 매우 강력하다고 생각한 페르미는 중성자가 위험할 정도로 지나치게 가파르고 기하급수적으로 생성되지 않도록 '집zip'이라 부르는 카드뮴 제어봉을 설계했다. 그리고 만일의 경우 집을 파일 위에 떨어뜨려 중성자를 흡수할 수 있게 했다. 시카고 파일이 기하급수적으로 늘어난 날 페르미는 계산자를 이용해 관찰자들의 안전을 위해 정확히 얼마만큼의 제어봉을 삽입해야 하는지 계산했다.

페르미의 계산자가 역사상 중요한 순간에 깜짝 등장한 건 이번이 처음이 아니었다. 페르미는 1945년 7월 16일 미국이 첫 번째 원자폭탄을 터뜨렸을 때도 계산자를 갖고 있었다. 당시 페르미는 트리니티 실험장에서 북서쪽으로 20마일 떨어진 관측 벙커에 있었고 종잇조각의 움직임으로 충격파의 위력을 측정했다. 종잇조각이 날아가자 페르미는 계산자를 꺼내 몇 가지 계산을 했고 원자폭탄의 위력이 1만 톤의 TNT와 맞먹는다고 공표했다.[16] 훗날 밝혀졌듯이 페르미의 계산과는 달리 그 양은 2만 톤이 넘었다. 하지만 계산자는 여느 도구와 마찬가지로 주어진 기능대로만 작동할 수 있었다.

한층 개선된 계산자는 1970년대에도 계속 사용됐다. 계산자를 사용해 본 경험이 전혀 없더라도 부모님이나 조부모님 댁 어딘가에는 계산자가 있을 수도 있다. 누군가는 회전 베젤을 원형 계산자로 뽑낸 시계가 있을지도 모른다. 조종사들은 원형 계산자가 장착된 시계를 보기도 한다. 수많은 조종사가 여전히 옛날 방식으로 속도나 거리, 고도 그리고 연료 소비량을 계산하도록 훈련받았다. 하지만 전자계산기가 발명되자마자 계산자는 구닥다리가 됐고 우리는 로그가 세상을 만들었다는 사실도 이내 잊어버렸다.

불가사의한 상수 e

오트레드는 자신의 로그 계산자가 인류 서사에 그렇게 중요한 역할을 할지 몰랐다. 하지만 그는 역사에 남길 입지를 크게 걱정하는 그런 사람은 아닌 것 같다. 1618년 출판된 네이피어의 첫 번째 로그 책 2판에는 학자들이 오트레드가 썼다고 믿는 부록이 있다.[17] 그 부록이 또 하나의 역사적 순간을 담은 내용이라 오트레드가 여기에 서명하지 않았다는 건 맥 빠지는 일이다. 오늘날 'e'라고 부르는 놀라운 수가 처음으로 반짝 등장한 순간이기 때문이다.

브리그스와 마찬가지로 오트레드도 네이피어식 로그 계산법을 개선할 수 있음을 알아차린 것처럼 보인다. 오트레드의 부록(그가 쓴 부록이 맞는다면)에는 네이피어 로그표와 아무 관련 없는 새로운 로그표가 들어 있다. 예를 들어 숫자 8 다음에 2079441이란 수가 나열되고 있다. 이 숫자(2 뒤로는 소수점 이하의 수)가 오늘날 자연로그 8의 값이다. 즉, 2.71828182828의 2.079441제곱은 8이다.

이 숫자 중 '자연스러운' 수가 대체 무엇이냐고 합리적인 질문을 할 수 있다. 8과 2.079441은 아니다. 하지만 오트레드가 '밑'으로 선택한 2.71828182828(심지어 이 숫자는 끝이 없다. 영원히 계속된다)은 무수한 자연현상의 중심에 있는 것 같다.

오트레드가 왜 이 표를 부록으로 넣었는지는 아무도 모른다. 자세한 설명 없이 그저 독자에게 유용할 것이라는 암묵적 가정만 있을 뿐이다. 사실 자연로그는 그 후 65년 동안 한 번도 언급되지 않다가 야코프가 누적 이자의 본질을 계산할 때 본격적으로 등장했다.

1863년 야코프는 은행 계좌에 얼마나 자주 이자가 쌓이면 좋은지에 관한 문제를 연구하고 있었다. 예를 들어 은행 계좌에 1,000달러가 있다고 상상해 보자. 그리고 (마음껏 즐길 수 있는 상상 실험이므로) 은행은 매년 100퍼센트의 이자를 준다. 연말에 이자가 붙으면 총예금액이 2,000달러가 된다. 하지만 6개월 후 반년 치 이자가 붙으면 어떻게 될까? 6개월 동안 연 100퍼센트의 이자가 쌓이므로 예금액은 1,500달러가 된다. 연말이 되면 총예금액이 2,250달러가 될 것이다. 좋은 소식이다. 그러니 예정된 이자를 조기에 증액해 달라고 주장하며 현금을 계속 쌓아두자. 분기별로 이자가 쌓이면 연말에는 2,414달러가 되고 월별로 이자가 쌓이면 2,613달러를 받을 수 있다. 매일 이자가 붙으면 얼마나 될까? 2,715달러가 된다. 야코프는 뭔가 이상했다.

이자를 30번(또는 그 정도) 더 받는데 겨우 102달러만 늘어났다. 월 단위에서 일 단위로 이자 증액 주기를 바꾼 보람이 거의 없었다. 야코프는 이자 수입이 거의 변화가 없는 한계로 향하기 때문에 이런 일이 생긴다는 사실을 알아냈다. 이 한계가 바로 'e'라고 알려진 수로 그 값은 2.71828…이다. 끝자리가 없는 무한한 수지만 다양한 식을 통해 e를 정의할 수 있다.

e라는 수의 기반을 닦은 사람은 레온하르트 오일러Leonard Euler였다. 오일러(Euler는 영어 'Oiler'와 발음이 같음)는 아마 우리 곁을 스쳐 지나간 가장 훌륭한 수학자일 것이다. 1707년 스위스 바젤에서 태어난 오일러는 거의 독학으로 수학을 공부했다. 학교에서도 수학을 배우지 못했을뿐더러 요한 베르누이의 제자 자리도 거절당했다. 퉁명스러운 요한은 오일러에게 집에 가서 책이나 읽으라고 충고했다. 하지만 오일러는 결국 다른 수학자들이 읽을 수학책의 저자가 됐다. "오일러 책을 읽어라, 반드시 읽어야 해." 라플라스는 어린 제자들에게 반복해서 조언했다. "오일러는 모든 수학을 터득한 분이야."[18]

오일러의 수학적 발명품들은 오일러라는 존재의 핵심에서 흘러나온 것처럼 보였다. 수많은 주제에 걸쳐 있는 데다 너무나 자연스럽게 다가와 심지어 오일러가 시력을 잃고 때 지어 모여든 시끌벅적한 아이들의 놀림감이 된 후에도 계속해 엄청난 발명품을 만들어 냈다. 오일러는 그냥 수학자가 아니었다. 프로이

센 프리드리히대왕의 수학 고문을 맡으며 공학 프로젝트, 포병 문제 그리고 국가 복권 운영까지 도왔다. 또 러시아 해군의 의료 담당자로 일하며 상트페테르부르크 과학 아카데미에서 연구를 수행했다. 오일러는 무슨 일이든 척척 해낸 것처럼 보인다.

자연로그의 밑을 e라는 기호로 지정한 사람이 오일러다. 때로는 오일러의 이름을 따 명명된 것처럼 보이지만 오일러가 그 정도로 자기중심적이었다고 생각하는 사람은 거의 없다. 수학 표기법에서 사용하지 않은 편리한 기호라는 이유 말고는 아무것도 의식하지 않고 고른 것 같다. 하지만 e는 왕왕 오일러의 숫자로 알려져 있으며 오늘날에는 수조 자리까지 계산돼 있다. 우리가 할 수 없는 건 이 숫자가 지닌 힘의 깊이를 헤아리는 일이다. 솔직히 언뜻 보면 e라는 수는 터무니없다. 예를 들어 1898년 러시아 경제학자 라디슬라우스 요제포비치 보르트키에비치Ladislaus Josephovich Bortkiewicz는 프로이센 기병대를 중심으로 말 뒷발에 차인 부상자에 관한 20년 치 자료를 발표했다.[19] 200건의 부상 기록에 따르면 죽지 않은 사람은 109명이었지만 평균적으로 1.64년에 1명꼴로 말에 차여 죽은 사망자가 발생했다. 이 숫자를 합치면 e가 된다.

$$\left(\frac{200}{109}\right)^{1.64} = 2.71$$

만약 이 식이 당신의 눈살을 찌푸리지 않는다면 다음 경우는 어떤가? 제2차세계대전 동안 독일의 V-1 로봇폭탄이 런던에 떨어진 장소를 지도에 표시하면 e를 유도할 수 있다. DNA가 돌연변이를 일으키는 속도를 추적할 때도 마찬가지다. 하지만 이들 중 어느 것도 우연하거나 신비로운 사건이 아니다. 특정 사건을 설명하는 숫자에 e가 관여했기 때문이다. 어떤 사건이 반복적이지만 드물게 발생한다면 그리고 각 사건이 다른 사건과 독립적으로 발생한다면 '푸아송분포Poisson distribution'라는 방법으로 해당 사건이 일어나는 규칙(시간에서든 공간에서든)을 설명할 수 있다. 7장의 통계에서 다시 만나게 되겠지만 푸아송분포에서 숫자가 작용하는 방식은 오일러의 숫자 e와 항상 연관돼 있음을 의미한다. 하지만 e에 대한 가장 중요한 사실은 미적분을 할 때 e가 등장한다는 것이다. e가 바로 미적분의 도함수기 때문이다. 이게 왜 중요한지 한번 살펴보자.

앞서 미적분학을 설명할 때 곡선의 도함수, 즉 기울기를 효과적으로 계산하는 다양한 규칙을 확인한 바 있다. 곡선식이 $y=b^x$이라면 규칙에 따라 이 식의 도함수는 간단히 kb^x이다. 여기서 k는 b와 수치상으로 (다소 복잡하게) 얽혀 있는 미지수다. 즉, 모든 지수함수의 도함수는 k 곱하기 원래 함수다. 여기서 명백한 의문이 생긴다. 미지수 k가 1과 같은 상황이 있을까? 그렇다면 정말 다행이다. 믿을 수 없을 만큼 쉽게 도함수를 만들 수 있으니 말이다.

따라서 이 질문에 대한 답은 '그렇다'다. 그 상황은 $y=b^x$의 밑 b의 값이 2.71828일 때다. 다시 말해 $y=e^x$을 미분하면 $dy/dx=e^x$이다.

이 식이 e를 얼마나 중요하게 하는지 과장하기란 거의 불가능하다. 어떤 지수함수든 그 밑이 e라면 미적분을 이용해 온갖 종류의 흥미로운 문제들을 완벽하게 해결할 수 있다. 예를 들어 내일 예상되는 바이러스 감염 건수를 알고 싶다면 이 수치는 어떻게든 오늘 감염 건수와 관련됨을 알고 있을 것이다. 이런 경우가 임의의 숫자로 나타낼 수 있는 지수함수다. 하지만 수학을 공부하다 변화율 같은 속성을 알고 싶다면 오일러의 수 e에 지나간 시간을 몇 배 제곱하는 게 더 쉽다. 그 배수가 전체 사례 수와 증가율 사이의 비례상수가 되기 때문이다. 같은 이유로 e는 광범위한 현상을 이해하는 데 도움을 준다. e는 복리 같은 금융 문제, 인체 내 분지 혈관 배열, 세균 집락의 성장 방법, 뜨거운 물체에서 차가운 물체로 흐르는 열의 속도(산업혁명의 원동력이 된 방정식을 만드는 데 도움이 됨) 그리고 표본에 있는 방사능 물질의 자연 감소량 등을 구할 때 중심 요소가 된다. 그리고 마지막 예를 들면 초기 질량이 m_0, 방사능이 방출되는 속도가 r일 때 t시간 후 남은 방사능의 질량은 $m_0 e^{rt}$이다. 원자 시대 대부분은 이런 e의 응용법에 대한 이해를 전제로 확립됐다(물론 해당 계산은 계산자가 담당했다).

아마도 가장 중요한 사실은 기존 로그표를 통해 새로운 밑이 있는 다른 표를 만들 수 있지만 e보다 더 중요한 건 없다는 점이다. 이는 오트레드가 네이피어의 책 부록에서 언급한 것으로 보인다. 그가 어떻게 그렇게 깊은 통찰력을 얻었는지는 결코 알 수 없을 것이다. 하지만 그가 옳았다. 다음 장에서 확인하겠지만 e는 은행, 폭탄 제조뿐 아니라 라디오, 전력망 그리고 마침내 컴퓨터와 같은 전기 기술 혁신 등 20세기 기술의 모든 분야에 길을 터줬다.

하지만 다음 단계로 넘어가기 전에 네이피어의 또 다른 업적을 축하해야 한다. 네이피어의 로그는 여러 방면에서 박수받을 만하다. 앞서 살펴봤듯이 로그는 수 세기 동안 천체 지도, 증기기관, 원자 시대 그리고 아폴로 우주 비행사들의 임무에 필수적인 계산을 수행한 계산자 등 많은 혁신을 일으켰다. 하지만 네이피어는 소수점도 발견했다.

소수점

·

이 책에서 이미 소수점을 접했다는 건 소수점이 성공했다는 증거다. 소수점이 무엇인지 굳이 논의할 필요는 없지만 잠깐 알아보자.

기본적으로 소수는 분수를 나타내는 다른 방법이다. 소수점 뒤의 첫째 자릿수는 10분의 1, 둘째 자릿수는 100분의 1, 셋째 자릿수는 1,000분의 1 등이다. 소수점이 맨 처음 사용됐다고 알려진 건 10세기 이슬람 수학자 아부엘 하산 아흐마드 이븐이브라힘 알우클리디시Abu'l Hasan Ahmad ibn Ibrahim al-Uqlidisi가 쓴 책에서다. 심지어 그는 소수가 어디에서 시작됐는지 나타내는 표기법, 실질적으로 아포스트로피를 제안하기도 했다.

소수는 1585년에야 서양 수학자들에게 주목받았다. 당시 브뤼헤 출신 수학자 시몬 스테빈Simon Stevin이 《10분의 1La Thiende》이라는 소책자를 펴내며 소수 개념의 기초를 설명했다. 십진 소수의 쓸모를 굳게 확신한 스테빈은 소수 기반의 동전이 보편화되는 건 시간문제일 뿐이라고 주장했다.

스테빈의 주장이 아니더라도 그런 일은 없었을 것이다. 스테빈은 소수의 시작을 0으로 표시했고 그 주위를 고리 모양으로 장식했다. 10분의 1은 고리가 있는 1, 100분의 1은 고리가 있는 2 등으로 이어진다. 1612년 독일 수학자 바르톨로마이오스 피티스쿠스Bartholomeo Pitiscus가 오늘날 알려진 소수점을 선보이며 이 난장판을 정리했다. 그리고 피티스쿠스의 표기법은 다름 아닌 네이피어의 훌륭한 로그표를 통해 널리 알려졌다.

이제 다음 단계를 위한 모든 요소를 준비했다. 다음 장에서는 우리 세상에서 벗어나 다른 세상을 탐험하는 놀라운 도약을 할 것이다. 알다시피 네이피어는 원래 항해자와 천문학자의 계산을 돕기 위해 로그를 개발했다. 로그는 삼각법(소수점을 발명한 피티스쿠스가 우연히 만든 용어)에 바탕을 뒀으므로 로그와 지수 그리고 사인, 코사인, 탄젠트라고 하는 삼각비 사이에 흥미로운 관계가 생긴다. 하지만 삼각법에는 우리가 아직 만나지 못한 수도 포함돼 있다. 상상의 수, 바로 허수imaginary numbers다. 곧 확인하겠지만 '상상의 수'라는 말은 유감스럽게도 잘못된 명칭이다. 이 기묘한 수학적 창조물은 현대 세계의 거의 모든 분야에 힘을 실어줄 만큼 무척 현실적이다.

허수

우리는 어떻게 전기 시대의 불을 밝혔을까

Imaginary Numbers

How we fired up the electric age

•

수학적 발명품에 이토록 오해의 소지가 큰 이름이 붙여진 적이 있을까?

허수는 대수학의 산물로 자신의 영역뿐 아니라 영향권까지 형성했다.

비록 허수는 다른 유형의 숫자지만 무시할 수 없을 만큼 현실적이다.

현대 세계에서 허수 없이 작동하는 건 없다. 미국의 전기화, 휴대전화 내부,

영화관 음향 그리고 쩌렁쩌렁한 마셜 앰프의 진공관 소리 등은 모두

상상의 수, 허수에서 비롯됐다. 실리콘밸리는 그야말로 허수를 기초로 설립됐다.

그렇다고 해도 루이스 캐럴Lewis Carroll로 더 잘 알려진

수학자 찰스 루트위지 도지슨Charles Lutwidge Dodgson이 허수의 쓸모를 이해하지

못한 건 다행이다. 그랬다면 우리는 모자 장수의 악명 높은 다과회를

결코 마주하지 못했을 것이다.

클라렌스 레오니디스 펜더Clarence Leonidis Fender는 1930년대 대공황으로 일자리를 잃은 수백만 명의 미국인 중 하나였다. 캘리포니아 플러턴대학교에서 회계학을 전공한 펜더는 캘리포니아 교통부 회계사로 일하면서도 다른 회사의 회계 자리를 찾을 만큼 자기 일을 사랑했다. 그리고 결국 타이어 회사의 회계사로 취직한다. 하지만 그 일마저 하락세를 보이자 상황을 바꾸기로 결심했다. 어릴 적 꿈에 사로잡힌 펜더는 600달러를 빌려 라디오 수리 매장을 차렸다.

1938년 펜더의 매장은 수리 서비스뿐 아니라 주문 제작 앰프(대부분 공공방송 설비) 판매 및 대여 서비스도 지원했다. 하지만 가장 중요한 점은 펜더가 혁신적인 앰프를 제공했다는 것이다. 최신 전자 기타와 깡통 찌그러지는 앰프 소리에 실망한 펜더는 훨씬 질 좋은 앰프를 설계하고 개발하는 데 몰두하기로 했다. 펜더가 그 일을 어떻게 시작했는지는 정확히 알려진 바가 없다. 다만 미국 전기 방송회사 RCA Radio Corporation of America의 라디오 장비 제작용 기본 '입문서', 〈수신관 설명서 Receiving Tube Manual〉에 소개된 앰프 회로를 모방하고 개조한 것 같다.

1945년 처음으로 시도한 앰프가 펜더의 작업장을 떠났다. 그리고 다음 해에는 단단한 나무 본체 때문에 '우디 Woodies'로 알려진 한층 개선된 앰프를 팔기 시작했다. 펜더의 앰프와 전자 기타는 세계적인 명성을 얻었고 플러턴에 처음으로 개점한 펜더의 라디오 수리 매장에는 현재 국립 사적지 목록에 등재됐다는 명판이 걸려 있다. 하지만 확실히 펜더의 초기 앰프는 회계사가 만든 티를 내듯 들렸으므로 곧이어 아마추어 전기기술자들이 그보다 개선된 앰프 제작에 나섰다.

이런 노력 가운데 하나는 또 다른 역사적 명판으로 이어졌다. 이번 명판은 런던 서부 한웰에 있는 옥스브리지로드 76번가 벽에 걸려 있다. 이 명판에는 간단히 짐 마셜 Jim Marshall이 첫 번째 기타 앰프를 팔았던 곳이라 쓰여 있다.

마셜의 매장은 주로 드럼을 팔았다(마셜은 드럼 선생님이었다). 하지만 펜더 앰프도 함께 판매하고 있었다. 그러나 1960년대 초 기타 연주자들은 흠잡을 데 없는 펜더 앰프의 소리를 뛰어넘는 뭔가를 찾고 있었다. 드럼 소리가 점점 더 커지자 그 소음을 넘어서면서 첫 부팅음이 좀 더 흥미롭게 들릴 수 있는 앰프가 필요했다. 마셜은 귀가 찢어질 듯한 독특한 소리를 내는 자신만의 앰프를 설계하고 제작하면 상당한 수익을 올릴 수 있으리라 생각했지만 음향 기기를 만들 만한 공학적 재능이 없었다. 마셜의 수리공 켄 브랜Ken Bran도 마찬가지였다. 하지만 브랜은 그런 젊은이를 알고 있었다.

브랜은 열정적인 아마추어 라디오 운영자였고 금요일 저녁마다 만나는 그린포드 라디오 클럽Greenford Radio Club 회원이었다. 그는 이 클럽에서 런던 서부 헤이스에 있는 EMI 일렉트로닉스 EMI Electronics의 18세 수습생 더들리 크레이븐Dudley Craven을 알게 됐다. 크레이븐은 클럽 회원들에게 전자공학 천재로 알려져 있었다. 금요일 모임이 끝난 어느 날 브랜은 크레이븐에게 패스트푸드 바에 가서 커피를 마시자고 제안했고 그곳에서 마셜의 계획을 도와달라고 크레이븐을 설득했다.[1]

크레이븐은 여분의 돈을 벌 수 있다는 생각에 신이 났다. 그래서 수업과 근무가 끝나면 아버지 헛간에서 저녁 시간을 보내며 전자공학 지식을 총동원해 펜더의 앰플을 어떻게 개선할지 연구했다. 그리고 마셜이 원하는 쩌렁쩌렁하고 왜곡되고 웅장한 소리를 찾아 일부 부품을 교체하고 새 부품을 추가했다. 1963년 9월 그룹 더 후The Who를 곧 결성할 피트 타운센드Pete Townshend가 크레이븐의 첫 번째 앰프를 구매했을 때 크레이븐은 비로소 자신이 올바른 길로 가고 있다는 걸 알았다. 타운센드는 마셜에게 110파운드를 냈다.

크레이븐의 수수료는 0.5퍼센트 미만인 10실링이었다. 록 음악의 탄생을 알린 마셜 앰프는 푼돈을 벌고 싶은 어느 10대의 재능에서 태어났다. 하지만 마셜 앰프는 물론 라디오의 탄생과 미국의 전기화를 비롯한 그 모든 것은 허수 없이는 존재할 수 없었을 것이다.

무엇의 제곱근이라고?

허수는 결코 상상의 수가 아니다. 사실 상상할 수 있는 그 어떤 것보다 훨씬 더 많이 우리 삶에 영향을 끼쳤다. 허수가 없었다면, 가정과 공장, 인터넷 서버 회사에 전기를 공급하는 허수의 중요한 역할이 없었다면 현대 세계는 존재하지 않았을 것이다. 하지만 허수가 무엇인지 아는 데서 이 여행을 시작해야 할 것이다.

이제는 누구나 숫자를 제곱(같은 수를 여러 번 곱하기)할 줄 안다. 그리고 음수를 제곱하면 양수라는 것도 알고 있다. 기억하다시피 $(-) \times (-) = (+)$다. 따라서 $(-2) \times (-2) = 4$다. 제곱근은 제곱의 역이라는 것도 알고 있다. 따라서 4의 제곱근은 2와 -2다. 허수는 -4의 제곱근을 구하는 질문에서 출발한다.

보나마나 무의미한 질문 아닐까? 양수든 음수든 숫자를 제곱하면 그 답은 양수다. 따라서 음수의 제곱근을 물으면 역연산을 할 수 없다. 알렉산드리아의 헤론도 분명 그렇게 생각한 것 같다. 헤론은 이집트 건축가로 저서 《스테레오메트리카》에도 남겼듯이 놀라운 수학적 기교로 성소피아대성당의 돔을 선보였다. 그리고 같은 책에서 밑면이 정사각형인 피라미드를 자른 입체, 즉 꼭대기가 잘린 피라미드의 부피를 계산하는 방법도 보여줬다. 헤론은 225에서 288을 빼는 한 예제에서 그 답의 제곱근을 찾고 있었다. 하지만 뺄셈의 결과는 음수, 즉 -63이다. 따라서 그 수의 제곱근은 $\sqrt{-63}$일 것이다.

어떤 이유에서인지, 즉 실수가 있었거나 누군가 잘못 베꼈거나 너무 터무니없는 답이라고 여겼는지 헤론의 책에는 음의 부호를 무시한 $\sqrt{63}$이라는 답이 적혀 있다.[2]

음수의 제곱근은 오늘날 허수라고 불리는 수다. 처음으로 허수를 무시하면 안 된다고 언급한 사람은 이탈리아 수학자이자 점성가 카르다노다. 앞서 대수학을 여행하는 동안 카르다노를 접했는데 그때 카르다노가 멈춰 서서 응시한 문제가 바로 3차방정식의 해를 구하는 것이었다. 처음에 카르다노는 그 해를 '불가능한 해'라고 불렀다. 그리고 1545년 쓴 대수학 책 《위대한 기술》에 더하면 10, 곱하면 40이 되는 두 수를 구하라는 문제를 실었다. 이 문제의 답을 구하는 과정에서 $5+\sqrt{-15}$라는 수가 등장한다.

카르다노는 이 예상치 못한 답을 외면하지 않았다. 사실 그 답에 대한 몇 가지 생각을 적어두기까지 했다. 하지만 카르다노가 이를 라틴어로 기록한 탓에 번역가들 사이에서는 그 의미가 정확히 무엇인지를 두고 의견이 분분했다.[3] 어떤 이들은 카르다노가 그 답을 '가상 위치'로 불렀다고 주장한다. 또 다른 이들은 '가상의 수'라고 한다. 사람들은 여전히 카르다노가 이 문제 상황을 푸는 게 '불가능하다'고 구분했다고 한다. 이를 해결하는 과정에 대한 카르다노의 추가 설명 중 하나는 '정신적 고문을 제쳐두고'와 '잃어버린 상상의 것'으로 해석된다. 카르다노는 이 값을 '산술적으로 미묘하고 그 끝은… 쓸모없을 만큼 세련된 것'이라고 언급한다. 게다가 '정말 정교하다… 순수 음수라면 할 수 있는 다른 연산을 수행할 수 없다'고 말한다. 카르다노가 말하는 순수 음수란 -4 같은 표준 음수다. 카르다노는 음수를 좋아했다. 그래서 '$\sqrt{9}$는 +3 또는 -3이며 양의 부호[곱하기 양의 부호] 또는 음의 부호 곱하기 음의 부호는 양의 부호'라고 썼다. 그리고 계속해서 '$\sqrt{-9}$는 +3도 아니고 -3도 아닌 다소 난해한 제3의 수'라고 했다. 카르다노는 분명 음수의 제곱근이 심오하고 추상적이라고 생각했지만 동시에 중요한 것 그리고 수학자가 다뤄야 할 의미 있는 것임을 깨달았다. 하지만 이 과제는 카르다노를 위한 것이 아니었다. 카르다노의 후속 저서에는 음수의 제곱근을 언급한 부분이 없다. 카르다노는 같은 나라 동료 라파엘 봄벨리Rafael Bombelli가 몇 십 년 후 이 과제를 해결하도록 남겨뒀다.

1572년 봄벨리는 $5+\sqrt{-15}$의 두 항을 별개의 것으로 취급할 수 있다고 제안하면서도 스스로 '무모한 생각'이라 여겼다. '모든 문제는 진실보다 궤변에 의존하는 것 같다'고 말한 봄벨리였지만 어쨌든 그는 두 항을 별개로 다뤘다. 그리고 오늘날에도 여전히 봄벨리의 방식을 따른다. 잘 통하기 때문이다.

봄벨리가 분리한 두 가지는 현재 실수와 허수로 불리는 것이다. 이 두 조합은 '복소수'다(복소수는 실수부분과 허수부분을 결합한 수로 '군산복합체'를 보는 것만큼 다소 복잡하고 어지러운 수다). 하지만 확실히 해두자. 우리가 수학을 다시 공부하며 배운 게 있다면 모든 수가 허구라는 것이다. 숫자라는 건 단순히 '몇 개'의 개념에 도움이 되는 표기법에 불과하다. 그래서 음수의 제곱근에 '허수'라는 이름을 붙이는 건 모욕적이며 쓸데없는 짓이다.

말하자면 차이를 인정해야 한다는 것이다. 수학자들이 '실수'라고 부르는 수는 누구든 더 잘 알고 있는 수다. 예를 들어 사과 2개의 '2', 원주율 π의 3.14⋯ 그리고 분수 등이다. 양수가 있으면 음수도 있는 것처럼 실수가 있으면 허수라고 부르는 게 있어야 한다. 음과 양 또는 머리와 꼬리의 관계처럼 생각해 보자. 그러면 확실히 허수는 상상의 것이 아니다.

봄벨리는 자기만의 무모한 생각으로 새로운 숫자 부족이 현실 세계에서 해야 할 역할이 있다고 증명했다. 그래서 카르다노가 포기한 3차방정식, $x^3 = 15x + 4$를 풀기 시작했다. 카르다노의 해는 -121의 제곱근을 포함한 식을 요구했지만 카르다노는 이를 어떻게 처리해야 할지 알 수 없었다. 반면 봄벨리는 일반적인 산술 규칙을 적용해 제곱근값을 나타내면 될 것 같았다. 그래서 $\sqrt{-121}$은 $\sqrt{121} \times \sqrt{-1}$과 같으므로 $11 \times \sqrt{-1}$과 같다고 말했다.

봄벨리의 위대한 돌파구는 간단한 산술 규칙을 따르는 것이었다. 이 이상하고 불가능해 보이는 숫자를 더 익숙한 숫자로 분리하는 것이다. 그 이후의 모든 것은 그저 대응하는 일뿐이었다.

카르다노의 3차방정식을 계산한 봄벨리는 마침내 다음과 같은 해에 도달했다.

$$x = (2 + \sqrt{-1}) + (2 - \sqrt{-1})$$

이 값을 실수부분과 허수부분으로 분리하면 2+2와 $\sqrt{-1}$-$\sqrt{-1}$로 간단히 할 수 있다. 그러면 허수부분은 사라지고 2+2만 남는다. 따라서 $x^3=15x+4$의 해 가운데 하나는 $x=4$다. 두뇌에 플러그를 꽂고 직접 확인해 보자.

현실을 상상하는 방법

오늘날에는 i라는 문자로 $\sqrt{-1}$을 나타낸다. 이 표현은 스위스 수학자 오일러가 처음 생각해 냈다. i는 상상을 뜻한다고 생각하기 쉽지만 사실 e와 마찬가지로 오일러가 무작위로 골랐을 수도 있다. 이유가 무엇이든 오일러는 별 뜻 없이 i를 허수단위로 굳혔다.

허수를 더 잘 알기 위해 -1에서 1까지 표시한 수직선을 생각해 보자(책상 위에 놓인 눈금자가 왼쪽 -1에서 오른쪽 +1까지 나타낸다고 생각해도 된다). 그리고 선을 따라 이동하는 과정을 덧셈과 뺄셈이라고 하자(현재 위치가 0.3이고 오른쪽으로 0.3을 이동하면 0.6이 된다). 하지만 어떤 이동은 곱셈으로 생각할 수 있다. 1에서 출발한다면 -1까지 어떻게 갈까? -1을 곱하면 된다. 따라서 반시계 방향으로 반원을 그리면 -1을 곱하는 것으로 생각해 보자(이때 반원은 1과 -1을 통과한다). 이는 사실 180도 회전하는 것이다. 각도를 나타내기 위해 수학자들이 선호하는 단위에 따르면 180도는 π라디안radian 이다(360도, 즉 원 1바퀴는 2π라디안).

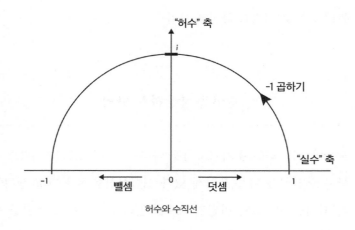

허수와 수직선

　이 반원을 절반만 그리면 어떻게 될까? 반원을 그리면 -1을 곱하는 것이므로 반원의 절반은 $\sqrt{-1}$을 곱하는 것과 같다. 그 위치는 $\pi/2$라디안만큼만 회전한다. 원주 윗부분에 허수 i를 표시한 뒤 수직선에서 멀어진다. 따라서 -1의 제곱근은 우리에게 익숙한 수직선과 수직을 이루는 수직선 위에 놓여 있다고 생각하면 된다. 이 수직선은 또 다른 숫자 집합을 나타내는 선이다. 이번에는 다른 자를 90도 교차해 십자 모양을 만들면 +1이 가장 멀리 있고 -1이 바로 앞에 있게 된다.

　그러면 흥미로운 사실을 발견하게 된다. 원을 그려 i를 찾았

다는 말은 i가 원주율 π 및 사인, 코사인값과 관련 있다는 뜻이
다. 이 관계는 지난 장에서 만났던 불가사의한 숫자 e가 중재한
다. 오일러는 특별한 형태의 무한급수(테일러급수라고도 한다)로 오
일러의 공식을 유도해 이 관계가 어떻게 보이는지 정확히 알아
냈다.

$$e^{\pm i\theta} = cos\theta \pm isin\theta$$

이 등식은 자연로그의 밑과 허수의 근본적인 관계를 나타낸
다. 또 이 식을 더 간단히 하면 오일러 항등식으로 알려진 관계
식이 된다.

$$e^{i\pi} + 1 = 0$$

어떤 이에게는 이 공식이 거의 신비에 가깝다. 이 등식에는
자연로그의 밑 e가 있다. 실수는 특이하게 0과 1만 있으며 그 자
체가 특별한 허수 i가 있다. 그리고 수학적 힘의 원천 π가 있다.
서로 다른 시간에 서로 다른 수학 조각을 보는 서로 다른 사람
들이 발견한 것들이지만 그 값들은 서로 연관돼 있고 이토록 우
아하고 간단한 공식에 공존한다.

약간 다른 관점에서는 본다면 그리 놀랍지 않을지 모른다. π라

는 값 자체만 봐도 이 공식에는 사실상 신비로운 게 없다. 그저 숫자들이 회전하며 자신과 서로를 변화시키고 변환한 결과일 뿐이다. 그것은 단지 숫자의 속성, 즉 수량 사이의 관계에 의해서만 일어난다. 누가 봐도 익숙한 '실수' 수직선을 따라 덧셈과 뺄셈으로 이동하는 건 전혀 신비롭지 않다. 게다가 사실상 곱셈과 나눗셈으로 생기는 변화도 딱히 다를 게 없다. 사인과 코사인은 그저 삼각형 내각에 관한 비율(한 숫자를 다른 숫자로 나눈 값)이며 그 각은 π를 나누거나 곱한 라디안으로 알려진 단위로 나타내면 된다. 따라서 여기서 발견할 수 있는 사실은 우주에 대한 심오한 미스터리가 아니라 여러 가지 다른 방법으로 숫자를 정의할 때 생기는 명확하고 유용한 관계들이다.

사실 이 관계는 유용한 것을 넘어 아주 중요하다고 할 수 있다. 예를 들어 이를 과학에 적용해 보자. 자연을 수학으로 자세히 설명하려면 허수가 존재해야 하는 것처럼 보인다. 우리가 인이 박이도록 배운 실수로는 부족하다. 그래서 실수는 허수와 결합해 봄벨리가 처음으로 고안한 복소수를 이룬다. 수학자 로저 펜로즈Roger Penrose는 복소수라는 결과는 완전한 아름다움을 선보인다고 말한다. 펜로즈는 저서 《실체에 이르는 길: 우주의 법칙으로 인도하는 완벽한 안내서》에서 '복소수는 실수와 마찬가지로, 어쩌면 실수보다 훨씬 더 자연과 놀랍도록 일치한다'고 강조한다.[4] 또 '자연 그 자체도 우리 자신만큼이나 복소수 체계의 범위와 일관성에 깊이 감명받았다는 듯, 자기 세계가 정확히 작동하도록 이 숫자에 아주 섬세한 역할을 맡긴 것 같다'고 썼다. 다시 말해 허수는 자연을 설명하는 필수적 부분이므로 발견돼야만 했다.

허수의 가장 큰 과학적 영향은 아마 양자 이론의 연산을 지배하는 슈뢰딩거방정식의 중심 역할에서 찾을 수 있다. 수학적 노력으로 탄생한 슈뢰딩거방정식은 자연을 이루는 몇몇 기본 구성 요소의 행동을 설명하고 예측하는 가장 좋은 수단이다. 그 요소가 광자(빛과 같은 전자기에너지 꾸러미)든 전자(원자에서 음전하를 띤 입자)든 양성자와 중성자(원자핵을 구성하는 입자)든 또는 그런 입자 사이에 작용하는 다양한 힘이든 자연의 모든 건 슈뢰딩거방정식이 결정한 법칙을 따르는 것 같다. 1925년 오스트리아 물리학자 에르빈 슈뢰딩거Erwin Schrödinger가 공식화한 슈뢰딩거방정식은 1933년 슈뢰딩거에게 노벨상을 안겨줬다. 이 방정식은 자연계의 작용을 설명하는 가장 중요하면서도 가장 간결한 진술 중 하나로 꼭 풀어볼 필요는 없지만 한 번은 살펴볼 만한 가치가 있다. 허수 i가 어떻게 앞자리이자 가운데 자리에 있는지 보자.

$$H\Psi(r,t) = ih\,\frac{\partial}{\partial t}\,\Psi(r,t)$$

양자 이론의 생소함과 불가해성에 관해서는 말이 많다. 양자전기역학 이론으로 노벨상을 받은 미국 물리학자 리처드 파인먼Richard Feynman은 '양자역학을 이해하는 사람은 아무도 없다고 해도 무방하다'고 단언했다.[5] 확실히 생소하다. 슈뢰딩거방정식은 아원자입자가 일종의 다중 존재를 갖는 것처럼 보이는 '중첩superposition' 같은 현상을 풀어낸다. 즉, 한번에 두 곳에 있거나 다른 두 방향으로 동시에 이동할 수 있다. 또 아인슈타인이 '으스스한 움직임'이라고 지적한 '얽힘entanglement' 현상도 있다. 이 현상이 그렇게 무서운 이유는 얽혀 있는 양자라면 우주에서 아무리 멀리 떨어져 있어도 서로의 성질에 영향을 미치는 것처럼 보이기 때문이다. 한 입자가 발길질을 하면 그 입자와 얽힌 쌍둥이는 우주의 반만큼 떨어져 있어도 거기에 영향을 받는다는 것이다.

양자가 지닌 모든 생소한 특성은 실험에서 관찰되기 훨씬 전에 양자 이론의 방정식에서 발견됐다. 그리고 이 방정식들은 복소수를 포함한다. 그 이유는 우리가 파동이라는 말로 가장 잘 묘사되는 현상을 실제로 다루고 있기 때문이다. 양자 물질에 처음으로 파동이란 말을 사용한 사람은 프랑스 귀족 루이 드브로이Louis de Broglie 왕자였다. 드브로이는 파리대학교 과학부 박사 과정에 있을 때 입자로 여기는 모든 건 파동으로 표현할 수 있고 그 반대도 마찬가지라고 주장했다.

드브로이의 주요 아이디어는 원자 내부의 전자를 에너지에 따라 파장이 달라지는 파동으로 다루는 것이다. 에너지가 증가하면 파동의 파장은 감소한다. 이 파동을 수학적으로 자세히 설명하는 유일한 방법은 복소수를 사용하는 것이다. 설명에서 가장 중요한 요소는 위상phase이라고 부르는 것이다. 위상은 보통 뭔가와 관련한 척도를 알려준다. 예를 들어 달의 위상은 태양과 달, 지구에 대한 상대적 위치를 말한다. 물결이나 음파 같은 물리적 파동의 위상은 파동의 시작과 끝 혹은 중간 정도까지 이르는 상대적 위치에 대한 척도다. 하지만 양자 파동에서의 위상은 완전히 다르다. 이는 양자입자의 간단한 특성이다. 전자에는 특정 위치, 특정 운동량 그리고 특정 위상이 있다고 말할 수 있다. 하지만 이상하게도 양자 위상은 입자 자체와 같은 물리적 공간에 실제로 존재하지 않는다.

이 아이디어를 아인슈타인의 상대성이론과 결합하기 위해 드브로이는 여분 차원의 개념을 도입해야 했다. 만약 파동이 물리적 공간을 통해 입자의 에너지와 운동량을 운반한다면 빛의 속도보다 더 빨리 이동해야 하지만 상대성이론은 이를 용납하지 않는다. 그래서 드브로이는 이를 '물질파'가 아닌 '위상파'로 설정했다. 믿거나 말거나 이 파동은 추상적 차원에서 진동하는 물결 모양의 복소수다.

이미 미친 소리처럼 들릴지 모르지만 상황은 더 나빠진다.

양자물리학은 각 전자의 물리적 특성마다 여분 차원을 부여한다. 그래서 슈뢰딩거는 드브로이의 혁신에 대한 자신의 확장을 '다차원 파동역학'이라고 표현했다.[6] 슈뢰딩거방정식에 있는 조그만 i는 매우 단순해 보이지만 무한히 많은 차원으로 구성된 거대하고 복잡한 (모든 의미에서) 풍경을 만들어 낸다.

이런 다차원 풍경은 '힐베르트공간Hilbert space'이라는 무한 차원 공간을 구성하는 데 사용된다. 힐베르트공간은 수학자 힐베르트의 이름을 따서 지어졌으며 미적분과 기하학에 관한 힐베르트의 연구는 우리에게 익숙한 3차원 공간을 무한 차원으로 확장한 개념을 선보였다. 이는 양자 이론에 대한 '다세계many worlds' 해석의 근원으로 이 해석은 우리 우주의 대체 우주가 존재하며 각 우주에는 미묘하게 다른 우리의 현실이 있다고 주장한다.

하지만 놀랍게도 양자의 다세계 개념은 복소수가 만들어 낸 가장 복잡한 결과물이 아니다. 양자역학은 우주의 최종 이론이 아니기 때문이다. 최종 이론을 위해서는 사원수quaternion와 (아마) 그들의 사촌인 팔원수octonion로 알려진 복소수 집합이 필요할지도 모른다. 이제는 더블린으로 가서 애꿎은 다리를 훼손한 수학자 윌리엄 로언 해밀턴William Rowan Hamilton 경을 만날 시간이다.

앨리스 이야기에 i를 넣다

우선 몇 장 전에 만났던 피타고라스학파에서 시작하자. 피타고라스학파는 "만물의 근원은 수"라고 선언하며 아치형 입구를 통해 학문에 입문한 학자들이었으며 그 신념 체계의 결함을 드러냈다는 이유로 동료 중 하나를 익사시켰을 수도, 그러지 않았을 수도 있다.

이런 광적인 신념은 음악을 향한 사랑과 존중에서 비롯됐다. 피타고라스학파가 우주의 음악으로 여기는 그리스 음악은 1:2, 3:2 그리고 4:3과 같은 비율로 간단히 정리된다. 장력이 같은 두 현 길이의 비가 1:2라면 음정은 한 옥타브 차이가 난다. 3:2라면 '완전 5도', 4:3이면 '완전 4도' 차이가 된다. 그리스인에게 숫자 1, 2, 3, 4는 신성한 수였고 이 숫자들의 합은 완전수 10이었다. 피타고라스학파는 이들을 삼각형으로 나타냈다. 이 삼각형이 4개의 수를 배열한 '테트락티스tetractys'였다. 피타고라스학파는 '끊임없이 흐르는 자연의 원천과 뿌리를 담고 있는 테트락티스를 주신 분'에게 맹세나 선서를 할 때마다 이 삼각형을 사용했다. 즉, 피타고라스학파는 숫자에 극도로 진지했고 우주 전체를 이해하는 열쇠가 숫자라고 믿었다.

그리고 어쩌면 피타고라스학파의 생각이 맞았을지도 모른다. 1960년 헝가리 수학자 유진 위그너Eugene Wigner는 〈자연과

피타고라스학파의 테트락티스

학에서 수학이 지닌 불합리한 효용성The Unreasonable Effectiveness of Mathematics in the Natural Sciences〉이라는 제목의 논문을 발표했다.[7] 위그너의 요점은 간단했다. 숫자 개념 발명이 숫자 조작 규칙과 더불어 수많은 실제 현상을 묘사하고 예측할 수 있게 했다는 것이다. 하지만 숫자와 그 규칙들, 즉 수학은 인간 두뇌의 산물이라고 말했다. 어째서 수학은 우리에게 그런 통찰력을 줘야 할까? 위그너가 말했듯이 '자연과학에서 수학이 지닌 엄청난 효용성은 신비에 가깝다'. 그리고 그는 '그 이유는 합리적으로 설명될 수 없다'고 덧붙였다. 위그너는 수학을 '기적'이라 부른다.

60년 후 그 기적은 계속 진행 중이지만 피타고라스학파의 호기심을 자극한 자연수 영역 밖으로 확장됐다. 앞서 봤듯이 복소수라는 범위로 확장한 수학은 앰프를 만들고 아원자입자의 작용을 분명하게 정의했다. 하지만 여기서 그치지 않았다. 이제 우리는 '다원수hypercomplex numbers'로 알려진 숫자들을 눈앞에 두고 있기 때문이다. 부담스럽게 들리겠지만 일단 참고 견뎌보자. 이 풍경은 용감하게 탐험할 가치가 있다. 피타고라스학파 이후 우주가 실제로 무엇으로 만들어졌을지에 관한 놀라운 통찰을 주기 때문이다.

이 모험의 주인공은 아일랜드 수학자 해밀턴이다. 해밀턴은 1805년 더블린에서 태어났다. 해밀턴의 전기 작가들은 그가 너무 영리해 10살 무렵 칼데아어, 시리아어, 산스크리트어를 포함한 10개의 고대 언어를 터득했다고 기록했는데 해밀턴의 영리함을 너무 과하게 포장한 것 아닌가 싶다. 하지만 해밀턴이 천재 소년이었던 건 사실이다. 17살 때 천체역학에 관한 라플라스의 새 논문을 읽은 해밀턴은 아무도 알아채지 못한 오류를 발견했다. 22살에는 아일랜드의 왕립 천문대장이 됐고 30살에는 과학 발전에 이바지한 공로로 기사 작위를 받았다.

이때는 1835년으로 해밀턴은 복소수에 집착하기 시작했다. 그리고 복소수를 더 멀리 확장하고 싶어 했다. 그는 허수 i가 다른 차원의 숫자 공간을 마련했다면 누군가는 더 많은 차원이 발견되길 기다릴지 모른다고 판단했다. 그래서 2개의 허수 집합, 사실상 2개의 차원을 추가한 수직선을 고안하는 실험을 하기로 했다. 해밀턴은 그 허수 집합을 j와 k라 불렀고 3세기 전 봄벨리가 -1의 제곱근(현재 i로 알려진 수)을 구한 방법처럼 산술적으로 찾아낼 수 있을지 시험했다.

밝혀진 대로 해밀턴은 j와 k에 수학적 성질을 부여할 수 있었다. i, j, k 간 덧셈과 뺄셈을 허용하며 이 세 허수를 '3쌍triplet'이라 불렀다. 하지만 곱셈이나 나눗셈은 불가능했다. 수용 가능한 일련의 작업을 확장하기 위한 그의 헌신은 매일 아침 그에게 던지는 아이들의 질문에 반영된다. "저, 아빠." 아이들은 아버지가 아침 식사를 하러 내려오면 물었다. "세쌍둥이끼리 곱할 수 있어요?" 해밀턴은 '슬픔에 젖은 얼굴을 절레절레 흔드는' 행동으로 대답을 대신했다.[8]

그리고 얼마 후 그는 문제를 해결했다. 해밀턴의 통찰력이 빛난 그 순간은 수학 역사상 유명한 일화로 기록된다. 1843년 10월 16일 해밀턴은 아내와 함께 더블린의 로열 운하를 걷다가 문득 i, j, k 사이의 관계가 문제를 해결할 수 있음을 깨달았다. 그리고 훗날 이렇게 회상했다. '나는 그날 거기서 사고의 전기 회로가 닫히는 것 같았다. 그 회로에서 번쩍인 불꽃은 i, j, k 사이의 기본 방정식이었다.' 너무 흥분한 해밀턴은 관계식을 잊지 않으려고 근처 다리 위에 새겨 넣었다. 그의 성급한 기물 파손 행위는 시간과 손길에 서서히 침식돼 사라진 지 오래다. 현재 그 다리에는 해밀턴이 깨달음을 얻은 장소라는 명판이 걸려 있으며 명판에는 해밀턴의 머릿속에 불꽃을 일으킨 다음 관계식이 새겨져 있다.

$$i^2 = j^2 = k^2 = ijk = -1$$

해밀턴은 익숙한 '실'수 집합에 3쌍을 추가해 사원수라는 개념을 만들어 냈다. 사원수라는 명칭은 신기하고 불가사의한 4개의 숫자를 나타내는 그리스의 테트락티스 개념에서 얻었다고 말했다. 우연한 연결 고리는 아니었다. 해밀턴에게 과학자는 고대 그리스 사상가와 같은 부류였다. 그에 따르면 과학자는 '언어를 배우고 우주의 신탁을 해석'해야 했다.[9] 해밀턴은 심지어 낭만주의 시인 워즈워스Wordsworth와 콜리지Coleridge를 가장 가까운 친구로 삼아 시에 대한 그리스인의 찬양을 함께 나누기도 했다. 해밀턴의 관점에서는 과학과 철학을 다시 연결해 신성을 찾는 노력이 절실히 필요했다. 그래서 그는 사원수가 그 첫발을 내디뎠다고 생각했다.

사원수를 발견한 다음 날 해밀턴은 친구이자 변호사인 존 그레이브스John Graves에게 편지를 썼다. 그레이브스는 대수학에 일시적인 관심 이상을 보인 적이 있었다. 그레이브스의 대답은 대담했다. 왜 거기서 멈추지? 그레이브스는 10월 26일 보낸 회신에서 '난 우리가 임의로 상상력을 창조하고 그 상상력에 초자연적 속성을 부여하는 자유에서 자유로울 수 있는지 아직 잘 모르겠다'고 적었다. 두 달 후 그레이브스는 다시 편지를 보냈다. 그는 상상력을 2배로 늘려 팔원수라는 개념을 고안했다. 마치 고대인의 음악적 취향을 만족시키기라도 하듯 두 사람은 한 옥타브의 숫자를 만들어 낸 것이다.

해밀턴과 그레이브스는 그보다 더 나아가려 노력했지만 실패했다. 오늘날 알려진 바와 같이 그 이상은 불가능하기 때문이다. 자연은 숫자 집합으로 쓰인 것처럼 보이지만 대부분 무한히 많지는 않다. 수학자들은 팔원수의 발견으로 인간이 우주를 숫자로 묘사하는 불합리하게 효과적인 작업을 수행할 모든 가능한 체계를 갖췄음을 증명했다.

그렇다면 허수는 어떻게 쓰이는 걸까? 그 수가 복잡하다는 사실을 알아도 별로 놀라진 않을 것이다. 사실 너무 복잡하다 보니 황당하기로 유명한 영어 소설의 가장 위대한 장면 중 하나에 영감을 준 것 같다. 바로 루이스 캐럴의 소설 《이상한 나라의 앨리스Alice in Wonderland》에 나오는 모자 장수의 다과회다.

캐럴은 옥스퍼드대학교 수학자 찰스 루트위지 도지슨의 필명이다. 도지슨은 크라이스트처치칼리지에서 기하학을 가르쳤다. 천성적으로 다소 보수적인 도지슨은 유클리드의 원론을 가장 좋아했다. 그래서 《큐리오사 마테마티카Curiosa Mathematica》라는 저서를 통해 존경하는 영웅의 순수수학을 칭송했다. "내 생각에 원론의 주된 매력은 그 결과가 절대적으로 확실하다는 데 있다. 확실함은 거의 모든 정신적 보물들 너머, 인간의 지성이 갈망하는 것이기 때문이다. 그러니 뭔가 확실한 것만 하자!"라고 말했다. 사실 도지슨은 실험적이거나 진보적인 아이디어를 별로 좋아하지 않았다.

도지슨의 가장 유명한 책은 다소 지루한 내용의 1864년 작품《앨리스의 땅속 모험Alice's Adventures in the Ground》에서 출발했다. 이 책에는 다과회에 관한 내용이 아예 없다. 하지만 글쓰기를 시작할 무렵 도지슨은 관심 주제가 향하는 방향에 점점 더 좌절하고 있었다. 유클리드의 대수학은 시대에 뒤처졌고 추상대수학, 특히 복소수와 사원수가 주목을 받고 있었다. 도지슨은 여동생에게 유클리드 대수학의 쇠퇴를 우려한 편지를 보내고 동료들과 의논하고 수학 저널에 기사도 전달했지만 아무도 귀 기울이는 것 같지 않았다. 그래서 유클리드가 가장 좋아하는 수사 기법을 이용했다. 바로 귀류법이었다.

《이상한 나라의 앨리스》는 도지슨이 가장 싫어한 수학 경향을 꼬치꼬치 캐묻고 쿡쿡 찔러댄다.[10] 즉, 음수, 상징적 대수학 그리고 '사영기하학'과 '연속성 원리'라고 불리는 분야를 은근히 비꼰다(도지슨은 이 개념들을 풍자하려고 아기를 돼지로 변하게 한다). 영문학자 멜라니 베일리Melanie Bayley는 그런 퍼즐 조각을 한데 모아 도지슨이 특히 자신의 책을 크라이스트처치칼리지 학장인 헨리 리델Henry Lidell의 집에 몰래 반입하길 즐겼으리라고 추측했다.[11] 리델은 도지슨의 원작 소설 속 주인공인 앨리스의 아버지였다. 베일리는 도지슨이 상징적 대수학을 옥스퍼드 강의 요강

에 도입하는 데 분노했고《이상한 나라의 앨리스》를 쓰고 있을
무렵에는 리델 학장과 그 문제로 크게 다퉜다는 사실을 알려주
는 문서를 발견했다. 그래서 베일리는 도지슨이 리델 가족에게
건넨《이상한 나라의 앨리스》수정본에 자기주장을 은근슬쩍
끼워 넣었으리라고 생각했다. 도지슨은 비밀스러운 농담 또는
어쩌면 지지자들과만 공유했던 이야기를 학장 응접실 탁자에
놓으며 반대 의사를 밝힌 것이다.

상징적 대수학을 향한 모든 의문 중 도지슨이 가장 신랄한
공격을 하도록 영감을 준 것은 해밀턴의 사원수였다. 모자 장수
의 다과회에 초대받은 앨리스는 모자 장수, 3월 토끼, 겨울잠쥐
라는 이상한 세 캐릭터를 우연히 만난 뒤 그들이 "계속 돌아다
녀"라고 말한다. 아마 이 부분은 해밀턴의 가장 위대한 혁신 중
하나, 곱셈과 나눗셈으로 사원수를 찾는 방법을 언급한 것으로
보인다. 그 방법은 아래 다이어그램으로 요약된다.

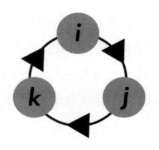

해밀턴의 사원수 곱셈 고리

이 고리가 설명하는 건 사원수의 경우 곱셈 순서가 중요하다는 것이다. 알다시피 2×3은 3×2와 같다. 하지만 $i×j(=k)$는 $j×i(=-k)$와 다르다. 따라서 고리 주위를 이동하는 방향이 중요하다. 앨리스와 3월 토끼의 대화는 새로운 수학을 향한 도지슨의 불신을 드러낸다. 얼빠진 모자 장수가 지적했듯이 '무슨 뜻인지 말하는 것'과 '네가 한 말의 뜻'은 다르다.

한편 네 번째 캐릭터 '시간'이 다과회에서 행방불명된다. 시간이 사라지자 항상 6시, 항상 다과회 시간에 문제가 생겼다. 여기서 도지슨은 사원수가 시간을 표현하는 물리학자들의 의문과 밀접하게 연관돼 있다는 해밀턴의 위대한 주장에 반응하는 것처럼 보인다. 1835년 해밀턴은 《순수 시간의 과학으로서의 대수학Algebra as the Science of Pure Time》이라는 책을 썼다. 그리고 자신이 고안한 사원수 가운데 하나는 시간이라고 암시했다. 해밀턴은 직접 쓴 (약간은 놀랍도록 멋진) 시에서 '3개의 공간, 하나의 시간'이 어떻게 존재하는지 주목했다. 이 말은 4차원으로서의 시간, 즉 흘러가는 게 아니라 정적이고 절대적인 형태로 존재하는 시간을 예언한 것이다. 해밀턴이 말했듯이 시간은 '전후, 선행 및 후행, 동시성, 과거에서 현재를 거쳐 미래로 이어지는 무한한 연속 진행'을 의미했다. 알려진 대로 해밀턴은 꽤 심오한 철학자였다. 그래서 '시간이라는 개념에는 신비롭고 초월적인 뭔가가 관련돼 있다'고 쓰면서도 '하지만 확실하고 분명한 것도 있다. 형이상학자가 하나의 시간을 명상하는 동안 수학자는 다른 시간을 추론한다'고 말했다.

해밀턴의 견해는 시간의 또 다른 위대한 지지자 아인슈타인의 시간에 관한 몇몇 인용문보다 좀 더 장황하다. 특히 다음과 같은 것이 떠오른다. 아인슈타인은 "시간이 존재하는 유일한 이유는 모든 일이 한 번에 일어나지 않기 위해서다"라고 말한 적이 있다. 하지만 사실상 요점은 같다. 시간은 마음으로 보면 그저 환상에 불과하다. 그리고 도지슨이 그려낸 장면에서 보듯이 도지슨은 시간을 전혀 갖고 있지 않았다. 그러나 시간이 없다면 진전도 없다.

상대성이론으로 그 사실을 증명한 건 해밀턴이 아닌 아인슈타인이다. 아인슈타인은 심지어 공간과 시간의 성질 그리고 움직임을 설명하는 특수 및 일반상대성이론을 전개할 때도 해밀턴의 4차원적 사원수를 이용하지 않았다. 베타맥스와 VHS 간의 비디오 포맷 전쟁과 비슷한 수학 전쟁이었다. 결국 사원수는 '벡터'라고 알려진 수학적 혁신에 패했다. 벡터는 항해 지도상 수치에 방향과 거리를 지정한다. 그 이후로 사원수는 벡터와의 관계가 좋지 않았다. 아인슈타인은 4차원 벡터를 사용했지만 피타고라스의 우주를 열어보고 싶은 모든 이들의 사고와 마음에 4차원 개념을 굳게 심어놓은 해밀턴은 여전히 칭찬받을 만하다. 물론 사원수가 실제 세계에 적용된 사례는 확인된 바 없지만 사원수를 확장한 팔원수는 물리학의 최종 이론을 밝혀낼 강력한 후보로 등장한다.

팔중도

사원수의 끈질긴 대변인 해밀턴조차 팔원수를 알리는 데는 주저했다. 4차원 대수학으로는 시간을 설명할 수 있었지만 8차원 대수학은 어떤 용도로 이용할 수 있을까? 대체 누가 그 많은 공간을 써먹으려 할까? 특히 수학적 규칙이 복잡하게 얽혀 있으면 더욱 엄두를 내지 않는다.

사원수의 수학적 관계는 다소 간단하다. 하지만 그레이브스는 8차원 연산이 가능하다는 사실을 알게 됐을 때 새롭지만 터무니없어 보이는 영역을 개척해야만 했다. 예를 들어 기존 곱셈에서는 괄호 위치가 중요하지 않았다. 하지만 팔원수의 경우 3×(4×5)의 값은 (3×4)×5와 다르다. 일반적으로 괄호가 있는 곱셈식에서는 괄호 안의 수를 먼저 계산한다. 3×(4×5)는 3×20이므로 답은 60이다. 물론 괄호를 옮겨도 아무 차이가 없을 것이다. (3×4)×5는 12×5로 계산해도 60이 된다.

하지만 팔원수에서는 더는 일반적인 곱셈 법칙이 적용되지 않는다. 사원수에서는 i, j, k의 세 숫자를 사용하지만 팔원수에서는 $e1$, $e2$, $e3$, $e4$, $e5$, $e6$, $e7$이라는 일곱 숫자를 사용한다. 궁금해할까 봐 말하자면 $e1$, $e2$, $e4$는 사원수의 i, j, k와 비슷하다. 다음 도표는 팔원수가 수학적으로 어떤 관계를 갖는지 보여준다.

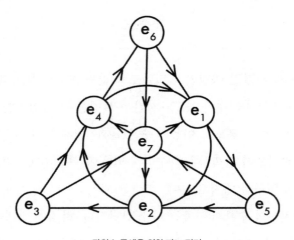

팔원수 곱셈을 위한 파노 평면

어떤 면에서는 아름답다. 이 팔원수 지도는 이탈리아 수학자 지노 파노Gino Pano의 이름을 따 파노 평면이라 불린다. 마치 미국의 국새나 달러 지폐 뒷면에 있는 만능의 눈, 일명 섭리의 눈The Eye of Providence을 떠올리게 할 만큼 신비로운 느낌이 든다. 르네상스 시대 수학자들이 이 그림을 봤다면 기독교의 거룩한 삼위일체를 나타낸 삼각형 안에 든 신의 눈이라고 했을 것이다. 현대 수학자들 또는 그들 중 일부는 뭔가 다른 것을 생각할

지도 모른다. 즉, 우주가 결합한 방법을 간단히 나타낸 그림이라고 할 수도 있다.

팔원수는 아직은 인류 역사를 바꾼 수학의 일부가 아니다. 팔원수의 적용은 아직 진행 중인 작업이라 어딘가로 이어질 수도, 이어지지 않을 수도 있다. 하지만 이 이상한 숫자들의 짓궂은 능력, 즉 자연의 힘과 입자가 어떻게 작용하는지에 대해 우리가 알고 있는 사실을 반영하는 방법은 몇몇 물리학자들을 토끼 굴로 미끄러지듯 꽤 당혹스럽게 한다.

앞서 양자 이론의 몇 가지 특이한 성질을 언급한 적이 있다. 다양한 아원자입자들이 어떻게 작용하는지 설명할 때 몇몇 수학적 생소함이 사원수의 특성을 반영했다. 하이젠베르크의 불확정성원리를 예로 들어보자. 이 원리에 따르면 입자의 특성, 예를 들어 위치와 운동량이라는 어떤 한 쌍은 동시에 정확하게 알 수 없다. 양자 수학에서는 물질의 순서가 사원수 i, j, k처럼 중요하다는 사실의 결과다.

풀리지 않는 양자 이론의 생소함 때문에 아인슈타인과 슈뢰딩거는 모두 양자 이론에서 손을 뗐다. 두 사람은 힘을 합쳐 양자 이론의 결함을 밝혔고 특히 왕왕 양자 이론의 창시자로 여겨지는 닐스 보어Niels Bohr를 비롯한 다른 과학자들에게 새로운 연구를 하는 편이 더 나을 거라고 설득했다. 1939년 아인슈타인은 보어를 포함한 청중에게 강연했다. 보어의 눈을 똑바로 바라

본 아인슈타인은 이제는 자신의 목표가 양자역학을 대체하는 이론이라고 말했다.[12]

슈뢰딩거 역시 아인슈타인과 거의 동시에 양자 이론을 더는 발전시키지 않았다. 두 사람은 양자물리학과 상대성이론을 결합하는 이론을 독립적으로 연구하기 시작했다. 우주의 우주적 특성에 대한 상대성이론의 해석과 아원자 세계 및 그 힘에 대한 양자 이론을 모두 아우르는 거대하고 최종적인 이론을 정립하는 게 목표였다. 한마디로 이 이론은 우주 전체를 하나의 수학으로 설명하는 것이었다. 하지만 두 사람 모두 성공하지 못했다. 그리고 상대방의 연구를 공개적으로 격렬히 비난하는 바람에 둘 사이가 보기 좋게 틀어지고 말았다.[13] 슈뢰딩거가 가뜩이나 꼴사나운 기자 회견에서 아인슈타인의 형편없는 사고방식을 지적하자 아인슈타인은 3년 동안 속을 끓이며(어쨌든 슈뢰딩거 때문에) 슈뢰딩거의 편지에 답장도 하지 않은 채 옛 친구를 외면했다.

지금은 다른 이들이 지휘봉을 잡았지만 아무도 그 목표를 거의 달성했다고 주장하진 않을 것이다. 수학자와 물리학자 그리고 그 두 부류 사이에서 비옥한 분야를 연구하는 사람들은 여전히 수많은 다른 길을 탐험하고 있다. 우리 목적을 위해 그나마 다행인 건 허수의 수학, 특히 팔원수가 이제는 낙관론의 주요 원천이 됐다는 것이다.

끈 이론이 먼저 출발했다. 끈 이론은 진동하는 끈의 에너지만큼 복잡한 건 없다는 가정을 시작으로 물리학의 모든 입자와 기본적 힘을 결정하려는 시도다. 끈이 한 방향으로 진동하면 전자가 생긴다. 또 다른 방향으로 진동하면 전자기력이 생긴다. 끈 이론은 음악의 수학이 우주의 수학과 얽혀 있다는 개념을 떠오르게 한다. 아마 피타고라스학파는 끈 이론을 좋아할 것이다.

하지만 이 접근법은 '여분' 차원을 불러들여야만 성립한다(이때의 여분 차원은 드브로이가 선보인 차원과 다르다). 끈 이론에 따르면 우리가 사는 세 가지 차원에 7개의 숨은 차원을 더한다. 그리고 이 체계에서 물질의 특성은 팔원수를 이용한 수학적 정의로 서로 연관돼 있다. 끈 이론이 최종적인 답이 될 것 같지는 않지만 아마도 지금까지의 '양자 중력 이론'에 대한 최선의 노력일 것이다. 또 이는 그것이 무엇으로 밝혀지든 최종 이론은 팔원수 수학을 포함할 수 있음을 암시한다.

이런 암시는 입자물리학자들이 소립자 동물원을 조립하는 방식에서 나온다. 기본 입자의 '표준 모형Standard Model'은 일종의 동물 분류 체계처럼 각 입자를 비슷한 성질의 다른 입자들과 묶어놓은 것이다. 예를 들어 어떤 그룹은 강입자hadrons군이다. 앞서 대수학을 살펴볼 때 만났던 쿼크로 이뤄져 있다. 강입자는 전하수의 배수만큼의 전하를 가진다(배수는 0일 수 있다). 원자핵에 있는 양성자나 중성자는 익히 들어봤을 것이다. 이 입자들이 강입자다. 표준 모형에는 렙톤(전자가 있는 곳)과 보손(예를 들어 힉스 보손)을 포함한 많은 다른 그룹이 있다.

이런 입자들의 다양한 분류, 특징 및 작용이 표준 모형을 엉망진창으로 만든다. 우리는 표준 모형의 모든 규칙이 어디에서 기원했는지 이해하려 애쓴다. 하지만 이 난장판이 난장판처럼 보이는 이유는 파노 평면의 복잡함과 아직 찾지 못한 중력의 기원 때문이라는 신호들이 있다. 아벨상(노르웨이 학술원에서 제정한 수학상_옮긴이)을 수상한 수학자 아티야가 말했듯이 '우리가 얻고자 하는 실제 이론은 이 모든 이론과 함께 중력을 포함해야 한다… 중력이 팔원수의 결과라는 관점에서… 팔원수가 어렵다는 것을 알기 때문에 힘들겠지만 그 사실을 발견하면 그 이론은 아름다운 이론, 독특한 이론이 돼야 한다'.[14]

물론 아직 이 이론은 허수를 가상으로 적용한 것에 불과하다. 하지만 한 세기 이상 사용된 대단히 실용적인 또 다른 아름다운 이론이 있다. 찰스 프로테우스 스타인메츠Charles Proteus Steinmetz라는 독일 출신 남자가 선보인 이론이다. 아마 이 이야기를 들으면 우리 문명이 다른 무엇보다 수학에 얼마나 큰 빚을 지고 있는지 알게 될 것이다.

미국의 전기화

이 이야기에는 친근한 괴짜들이 등장한다. 괴팍한 성격에 사교성도 부족한 토머스 에디슨Thomas Edison이 있다. 에디슨은 전구 발명가로 알려졌지만 때로는 그가 첫 실험실을 연 뉴저지 마을의 이름을 따 멘로파크의 마법사로 불리기도 한다. 그리고 비잔틴식 전기 설비로 깜짝 놀랄 번개를 만드는 데 집착해 곧잘 광적인 천재로 묘사되는 니콜라이 테슬라Nikolai Tesla가 있다. 마이클 패러데이Michael Faraday도 있다. 패러데이는 신앙심이 깊은 대장장이의 아들이자 최초의 전기모터를 만든 인물이다. 그리고 집에서 만든 이상하게 생긴 신발 때문에 친구들에게 '얼간이'라고 놀림받은 스코틀랜드 전자기 이론의 선구자 제임스 클러크 맥스웰James Clerk Maxwell도 있다. 하지만 이제 소개할 우리의 주인공은 그 누구보다 훨씬 기이했다.

카를 아우구스트 루돌프 스타인메츠Karl August Rudolf Steinmetz는 1865년 프로이센의 브레슬라우에서 태어났다. 스타인메츠는 아버지와 할아버지도 겪은 척추후만증에 시달렸다. 척추후만증은 등이 둥글게 구부러지는 척추 질환이다. 스타인메츠의 키는 약 145센티미터였지만 구부정한 자세 때문에 훨씬 작아 보였다. 스타인메츠는 지능이 비범해 모든 교육 과정을 빠르게 통과했다. 스타인메츠의 재능을 알아본 학우들은 돈을 듬뿍 내며 개인 지도를 부탁했다. 그들은 스타인메츠에게 변신에 능하고 만지기만 하면 지혜를 전해주는 그리스 신의 이름을 따 프로테우스Proteus라는 별명을 지어줬다. 빈곤의 종식과 모두를 위한 평등, 지배 계급에서의 자유를 꿈꾸던 불법 사회주의 무리와 연루된 스타인메츠는 당국의 추적을 피해 미국으로 도망쳤다. 이때 24살의 스타인메츠는 찰스 프로테우스 스타인메츠로 재등장한다. 1889년 미국에 도착한 스타인메츠는 1893년 말 빛나는 천재성으로 미국인의 삶의 방식을 바꿔놓았다.

1821년 패러데이는 전기모터 배후에 있는 아이디어를 생각해 냈다. 그는 수은 그릇과 자석, 배터리, 뻣뻣한 전선으로 이뤄진 독창적인 실험 장치를 고안했다. 전선을 통해 흐르는 전기와 자기장의 상호작용으로 전선이 자석 주위의 원형 경로를 따라 움직이는 장치였다. 몇 달 후 기술자들은 패러데이의 발명품을 바탕으로 오늘날 전기모터로 불리는 장치를 만들었다. 그리고 10년 후 발명가들은 이 과정을 전환해 자석 주위를 회전하는 전선에서 전기를 생산하기 시작했다. 1882년에 이르자 전신, 전화, 전기 등대 그리고 전기 발전소가 등장했다. 하지만 가정과 공장에 전력을 공급할 수 있는 믿을 만하고 효율적인 방법이 없었다.

주된 문제는 발전소에서 전기를 보낼 때 너무 많은 전기에너지가 손실된다는 것이었다. 전류의 양극과 음극 사이를 매끄러운 사인 곡선으로 순환하는 교류^{AC}를 사용하면 전력손실이 적었지만 에디슨에게는 또 다른 문제가 있었다. 에디슨은 표준 배터리에서 일정한 전력을 얻는 직류^{DC}에 상당한 투자를 했다. 가족 농장까지 걸고 수많은 DC 회로, 스위치, 전구를 개발하는 데 매달렸고 DC가 최고의 선택이라 옹호하며 모든 건물에 소형 DC 발전기를 설치하면 에너지 손실을 최소화할 수 있다고 제안했다. 에디슨에게는 불행하게도 에디슨 제너럴 일렉트릭 Edison General Electric 이사회는 이것이 실수라고 생각했다.

에디슨 제너럴 일렉트릭의 주요 경쟁사인 웨스팅하우스 일렉트릭Westinghouse Electric은 풍부한 인프라를 갖춘 회사로 나이아가라폭포의 수력발전기 같은 교외 발전소 건설에 주력하고 있었다. 게다가 웨스팅하우스는 AC를 선호했는데 일부 이유는 활기찬 천재 테슬라가 이미 도시, 심지어 나라 전체에 공급할 수 있는 완벽한 AC 전력망을 설계했기 때문이었다. 완고한 에디슨은 DC를 끝까지 밀어붙였지만 결국 이사회에서 쫓겨났고 에디슨 제너럴 일렉트릭은 제너럴 일렉트릭^{GE}이 됐다. 그 뒤 GE는 AC에 전력을 다했다. 그리고 GE에 필요한 경험과 기술자, 특허를 갖춘 회사들을 매수하기 시작했다. 그 회사 가운데 하나가 스타인메츠의 회사였다.

스타인메츠는 이미 유능한 전문가로 정평이 나 있었다. 그리고 전력이 다른 전압으로 변환될 때 발생하는 에너지 손실을 막는 연구로 산업적 변화를 꾀하고 있었다. 하지만 GE의 직원이 된 그해에 스타인메츠는 이미 그의 팬이었던 사람들조차 열광시켰다. 어떻게? 바로 허수를 받아들인 것이다.

스타인메츠의 중요한 순간은 1893년 8월 국제 전기 회의에서 찾아왔다. 1893년 시카고 세계 박람회 일부 행사로 열린 국제 전기 회의는 테슬라의 AC 발전기로 전기를 공급하고 있었다. 연설자로 초대받은 스타인메츠는 모두를 위한 혁신적인 전기를 가동하려면 전기기술자에게 무엇이 필요한지 열심히 생각했다. 마침내 스타인메츠는 새로운 하드웨어보다는 새로운 사고 도구를 제안하기로 결심했다.

스타인메츠의 연설 내용은 이미 외부로 새어 나가 있었다. 스타인메츠가 연설을 시작하기 전 의장인 헨리 아우구스투스 롤런드Henry Augustus Rowland 교수가 청중들을 불러 모았다. 그리고 "우리는 사인과 코사인 대신 이렇게 복소량을 점점 더 많이 이용하게 될 겁니다. 그 값들로 많은 혜택을 얻을 테고요"라고 말했다. "이 선상에서 이뤄지는 모든 것이 과학에 대단한 도움을 줄 겁니다."[15]

여기서 복소량은 오늘날 복소수로 알려진 수, $5+\sqrt{-15}$처럼 실수와 허수가 결합한 수다. 스타인메츠는 연설에서 전기기술자들의 모든 계산과 설계에 복소수를 사용하자고 제안했다. 스타인메츠의 아이디어는 곧바로 성공을 거뒀다.

복소수 없이 AC에 공을 들이는 기술자들은 난관에 부딪혔다. 발전기 터빈이 나이아가라폭포처럼 콸콸 흐르는 힘에 따라 회전하면 발전기가 생산하는 전기에도 일종의 회전이 생긴다. 전기가 발전기 바퀴 가장자리에 있는 점이라고 생각해 보자. 바퀴가 회전할 때 해당 점의 높이가 차축 위 또는 아래(0점)로 바뀌는 방식은 위아래로 부드러운 곡선을 그리는 사인파의 모습과 비슷하다. AC도 이 같은 방식으로 변화하고 그 전류는 양극과 음극을 부드럽게 번갈아 흐른다. 즉, 0에서 최댓값으로 상승한 뒤 다시 0으로 감소하고 극성을 바꿔 음의 최댓값(최솟값)에 도달했다가 다시 0으로 이동한다.

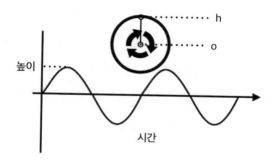

회전하는 바퀴에 있는 점의 높이는 사인파를 그린다.

이 주기는 AC가 흐르는 동안 계속된다. 따라서 전류값을 알고 싶다면 사인파의 주기로 현재 위치를 알아야 한다. 즉, 시간이 한 요인이다. 사실상 이 자체는 문제가 되지 않는다. 사인 및 코사인 언어를 사용하면 AC 발전기의 전류(및 전압)를 설명할 수 있다. 하지만 스위치, 저항기, 축전기, 인덕터와 같은 회로 요소를 가정용 전기회로나 제조 기계에 사용하면 관련 수학은 끔찍한 난장판이 된다. 수학이 다양한 파동의 '위상'을 바꾸기 때문이다. 위상은 파동의 진행 상태 주기를 알려주지만 축전기나 인덕터로 위상이 이동하면 대수학이 그 값을 처리하기가 난감해진다. 다양한 파동이 언제든 주기의 다른 지점에 있기 때문이다. 그래서 기술자들은 전기 시대의 시작과 함께 출발한 계산 공식에 압도됐다. 관심을 둔 모든 다양한 값이 회로를 분석한 시간에 따라 달라졌다. 하지만 스타인메츠는 그 등식에서 시간을 없애고 사인과 코사인만 복소수로 바꿨다. 어떤 면에서는 꽤 단순한 혁신이었다. 스타인메츠는 사인곡선의 합은 (봄벨리처럼) 적절한 산술을 사용해 2개의 복소수를 더한 결과로 볼 수 있음을 수학적으로 증명했다. 스타인메츠가 제안한 등식은 사인과 코사인, 허수에 관한 오일러의 공식을 포함했다.

$$e^{ix} = sin(x) + icos(x)$$

이 관계식을 쓰는 기술자들은 AC 회로가 작동하는 동안 모든 위상이 어떻게 변하는지 더는 걱정할 필요가 없었다. 복소수를 이용하면 언제든지 회로 성능의 스냅샷을 얻을 수 있었다. 회로 계산에서 시간에 따라 달라지는 부분이 사라진 것이다. 스타인메츠는 연설 첫머리에 이렇게 말했다. "독립변수 및 시간 주기 함수를 다뤄야 했던 곳에서 이제는 기본 대수학 문제, 즉 일정 상수를 더하거나 빼기만 하면 됩니다."

모든 게 바뀌었다. 전기기술자들은 전기회로에 대한 축전기(전기장을 만들어 에너지를 저장한다)와 인덕터(전기적으로 유도된 자기장에 에너지를 임시로 저장한다)의 영향을 계산할 때 단지 방정식에 대한 '허수'로 문제를 해결할 수 있었다. 복소수를 이용한 분석은 회로가 분기해 원래의 전류 흐름을 둘로 나눌 때 특정 회로의 전압이 총교류전류에서 갑자기 높아지는 이유와 같은 곤혹스러운 현상도 해결했다. 복소수를 보면 AC에 반응하는 기술자의 전류 측정 장비 때문에 전압이 급등했다는 사실을 분명히 알 수 있었다.

갑자기 전기공학이 다루기 쉬워졌다. 아니, 훨씬 쉬워졌다. 불과 몇 년 만에 전기 산업은 세계를 장악했고 스타인메츠는 영웅이자 유명 인사가 됐다. 스타인메츠는 테슬라, 아인슈타인, 에디슨, 마르코니 그리고 수많은 유명인과 어울려 다녔다. 그들처럼 스타인메츠 역시 괴짜로 여겨졌다. 스타인메츠는 악어나 검은과부거미, 미국독도마뱀 등을 집에서 길렀고 때로는 책과 종이로 둘러싸인 카누를 타고 모호크강을 따라 떠다니기도 했다. 게다가 GE에 12만 볼트의 번개 발전기를 세워 특수 제작한 모형 마을을 파괴하는 데 이용하는 등 장난스러운 속임수를 좋아해 '스케넉터디Schenectady의 마법사'라는 별칭을 얻었다(당시 〈뉴욕타임스〉는 스타인메츠가 벌인 무모한 장난에 '번개를 제멋대로 던지는 현대판 주피터'라는 기사 제목을 달았다).[16] 하지만 각양각색의 기질을 보여준 스타인메츠의 명성은 타고난 천재성을 통해 꾸준히 유지됐다. 1965년 미국의 시사 사진 잡지 《라이프Life》에 실린 훈훈한 기사는 스타인메츠가 얼마나 많은 존경을 받는 사람인지 말해준다.[17] 헨리 포드의 신생 자동차 제조 회사는 한때 생산 설비를 가동하는 발전기가 고장 나 골머리를 썩고 있었다. 회사 측은 스타인메츠를 불러 이 문제를 상의했고 스타인메츠는 발전기실에 누워 문제를 해결했다. 이틀 밤낮 동안 그는 메모장에 계산식을 휘갈기며 발전기 작동 소리에 귀를 기울였다. 마침내 벌떡 일어난 스타인메츠는 거대한 기계 위로 올라갔고 분필로 발전기 옆면에 점을 찍었다. 그런 다음 발전기에서 내려오더니 기술자들에게 발전기의 와이어 코일 16개를 교체하라고 말했다. 코일은 분필로 표시된 곳에 있었다. 기술자들은 스타인메츠가 시키는 대로 한 다음 다시 발전기를 켰다. 그제야 발전기가 완벽하게 작동했다.

이 이야기만으로도 충분하겠지만 뒷이야기가 더 있다. GE는 뉴욕의 스케넉터디에 있는 포드 본사에 스타인메츠의 수리

비를 요구하는 1만 달러의 청구서를 보냈다. 포드는 천문학적인 액수에 의문을 제기하며 명세서를 요청했다. 스타인메츠는 직접 회신을 보냈다. 스타인메츠의 항목별 계산서에는 이렇게 적혀 있었다.

발전기에 분필로 표시함 1달러
어디에 표시해야 할지 알아냄 9,999달러

듣자 하니 수리비는 더 지연 없이 지불됐다고 한다.

복소수로의 전환에 적응하자 전기 산업은 앞을 향해 달려갔다. 이제는 전기기술자들이 각종 기관과 부품 및 발전기와 변압기를 설계할 수 있으며 어떻게 작동하는지 정확히 알 수 있다. 롤런드가 말했듯이 복소수는 과학에 많은 도움을 줬다. 전력의 광범위한 이용은 실험실 연구에 변화를 가져왔고 인류는 엄청나게 늘어난 과학적 결과물을 발견했다. 그리고 몇 년 만에 라디오와 텔레비전 송출 및 브라운관의 발명을 목격했다. 라디오 공학이 이끈 앰프 회로는 훗날 펜더와 마셜의 문화적이고 상업적이며 획기적인 발명품으로 변모했다. 게다가 이때는 GE와 웨스팅하우스뿐 아니라 벨 연구소Bell Labs, AT&T, 필립스Philips, 오스람Osram 전구 회사, IBM의 시대였다. 1901년에는 최초의 반도체 장치 특허가 나왔고 몇 년 뒤 2극관(다이오드Diode) 및 3극관(트리오드Triode)이 선보였다. 이들은 향후 수십 년 동안 새로운 첨단 기술 회사에서 쏟아져 나올 전기 및 전자 기계의 가장 중요한 부품들이다. 이제 특별한 한 가지 혁신을 살펴보며 이 장을 마무리하겠다. 바로 오디오 주파수 신호를 생성하고 증폭하는 회로다. 별것 아닌 것 같지만 이 회로가 실리콘밸리를 만들어 냈다.

상상의 수가 진짜 돈을 벌다

만약 캘리포니아 팔로 알토에 있는 애디슨 애비뉴 367번지를 방문한다면 또 다른 명판을 발견할 수 있을 것이다. 이 명판은 미국 국립 사적지 차고 앞에 있다. 명판에 새겨져 있듯이 그 차고가 바로 '세계 최초의 첨단 기술 지역이 탄생한 곳'이기 때문이다.

차고는 데이비드 패커드David Packard 소유로 패커드와 친구 윌리엄 R. 휴렛William R. Hewlett이 휴렛의 '음향 발진기' 설계를 바탕으로 전자 회사를 설립한 곳이다. 휴렛은 스탠퍼드대학교에서 전기공학 석사 학위를 받기 위해 음향 발진기(사실상 소리 발생기)를 개발했다. 그리고 1939년 6월 9일 〈새로운 유형의 저항-용량 발진기〉라는 논문을 제출했다. 15쪽 분량의 이 논문에는 가볍고 휴대하기 쉽고 제조 및 사용이 간단하며 '성능의 품질과 저

럼한 비용을 결합한 이상적인 실험실 발진기를 고안했다'고 설명돼 있다.

휴렛이 쓴 논문 부록을 보면 흥미로운 읽을거리가 있다. 전기기술자들은 복소수를 'i' 대신 'j'로 사용한다는 걸 염두에 두면(i는 이미 전류로 지정돼 있으므로) 복소수의 중요도를 확인할 수 있다. 휴렛은 수많은 j를 이용한 방정식으로 발진기의 주된 성능을 보여준다.

휴렛에게 창업을 제안한 사람은 지도 교수였던 프레더릭 터먼Frederick Terman이었다. 터먼은 모든 제자에게 벨 연구소를 중심으로 모든 전기 및 전자 연구가 이뤄지는 동부 해안으로 가기보다는 서부 해안에 회사를 차리라고 권유했다. 휴렛은 패커드의 도움으로 그의 허름한 차고에서 실리콘밸리로 알려진 최초의 제조 회사를 설립했고 복소수를 서부 기술의 중심 기둥으로 확립했다. 휴렛과 패커드는 그들의 첫 번째 음향 발진기가 막 개발된 것처럼 보이지 않도록 'HP200A'라는 이름으로 판매했다. 그 후 HP200A를 개량한 HP200B를 내놓았다. 음향 발진기에 관심을 보인 월트 디즈니사는 HP200B 8대를 구매해 새롭고 흥미로운 프로젝트, 〈판타지아Fantasia〉라는 혁신적인 애니메이션 영화에 이용했다. 이때부터 휴렛과 패커드는 엔터테인먼트 혁명의 중심에 섰다.

월트 디즈니의 〈판타지아〉는 '판타사운드Fantasound'를 처음으로 선보인 영화였다. 판타사운드는 영화 속 교향악단의 연주 소리를 충실하게 구현하기 위해 고안된 기술로 휴렛 패커드의 장치를 비롯한 복잡한 전자 시스템이 포함됐다. 이는 1940년대 〈판타지아〉가 개봉했을 당시 HP200B에 내장된 것과 같은 '전자 증폭기'를 사용해 소리로 무엇을 할 수 있는지 보여줬다. 휴렛과 패커드는 순식간에 유명해졌다.

하지만 두 사람은 아직 많은 돈을 벌지 못했다. 첫해에 성사된 거래로 단 1,563달러, 오늘날의 돈으로 환산하면 약 3만 달러를 벌었다.[18] 두 사람의 회사는 제2차세계대전 동안 성장했다. 미군은 허수에서 영감받은 휴렛 패커드 제품의 우수성을 인정하며 'E상E Award'를 수여했다. 1951년이 되자 휴렛 패커드의 매출은 550만 달러에 달했고 현재는 약 5,700만 달러에 이를 것이다. 1996년 패커드는 40억 달러가 넘는 재산을 남기며 세상을 떠났다. 패커드의 재산은 대부분 자선단체에 기부됐다. 휴렛과 패커드는 항상 그들의 수익과 시간, 자원에 후했다.

두 사람의 관대한 혜택을 받은 인물 중 하나가 1967년 여름 HP에서 인턴십을 즐긴 스티브 잡스Steve Jobs라는 12살짜리 소년이었다. 잡스의 그 값진 경험은 HP에서 계산기 설계자로 일해 온 스티브 워즈니악Steve Wozniak과 함께 애플 컴퓨터를 설립하는 첫걸음이 된다. 이제 허수의 힘을 보여준 세계에서 가장 부유한 회사이자 거대 기업, 애플Apple의 기원을 추적해 보자.

21세기에는 일상생활에 미치는 허수의 영향이 무시할 수 없을 만큼 대단히 크다. 라디오 방송, 기타 앰프, 영화관 입체 음향 시스템 등은 그저 허수의 문화적 유산의 시작에 불과하다. 필수 디지털 기기는 대부분 복소수 처리에 의존한다. 휴대전화를 예로 들어보자. 휴대전화의 MP3 음악 파일은 복소수로 계산하는 고속 푸리에 변환이라는 수학적 기법으로 만들어진다(푸리에 변환은 다음 장에서 다룰 예정이다). 기지국에서 전화기로 신호를 전송하는 방식도 푸리에 변환이 제어한다. 전화기 배터리를 설계하려면 열을 발생시키는 방법을 복소수로 모델링해야 한다. 어떤 픽셀이 어떤 색상과 명암을 주는지 결정하는 화면 디스플레이도 복소수 루틴에 달려 있다. 그러고 보니 아이폰에도 'i'가 1개 이상은 있다.

학창 시절 아무 쓸모없는 허수를 왜 배우느냐고 수학 선생님께 불평했었다면 전화기도 내려놓고 음악도 끄고 인터넷 공유기 전선도 뽑고 가정용 전기 공급도 차단하고 영화관이나 연주회장도 가지 않겠다고 결심하는 게 옳다. 아니면 그때의 불만이 잘못이었음을 인정하든지.

물론 누군가는 허수를 배우지 않았을 수도 있다. 학교 커리큘럼은 수십 년에 걸쳐 바뀌고 잠깐 있다가 사라지는 단원도 있다. 하지만 커리큘럼에 꼭 포함되고 내심 머물렀으면 하는 단원은 통계다. 통계는 욕을 많이 먹는 편이다. '세상에는 세 종류

의 거짓말이 있다. 그냥 거짓말, 새빨간 거짓말 그리고 통계'라
는 마크 트웨인Mark Twain의 유명한 명언이 있을 정도다. 트웨인
은 '사실은 완고하지만 통계는 유연하다'고 선언한 적이 있다.
심지어 위대한 물리학자 어니스트 러더퍼드Ernest Rutherford도 통계
를 비난했다. 그래서 "실험에 통계가 필요했다면 더 나은 실험
을 했어야지"라고 말했다고 한다. 이제 곧 확인할 테지만 모든
게 너무 불공평하다.

통계

우리는 어떻게 더 나은 세상을 만들었을까

Statistics

How we made everything better

•

사람들은 속임수의 대명사로 여기지만 통계는 진실 탐구에 관한 것이다.

항상 아름답지는 않을 수 있다. 하지만 탐침과 핀셋, 작은 날, 긁개 등을 갖춘

만능 군용 칼처럼 데이터의 진정한 의미를 보여주는 매우 귀중한 수학적 도구다.

통계는 기네스, 플로렌스 나이팅게일, JPEG처럼 몇몇 유명한 이름을 남기기도 했지만

철저한 검토를 감당하지 못한 수많은 다른 이름은 매장했다.

통계가 없다면 엉터리 약을 사고 예방접종의 이점을 모르고

영화와 음악을 스트리밍할 수도 없을 것이다.

다시 말해 수명은 더 짧아지고 삶은 더 지루해질 것이다. 통계의 혜택이 어둡고

불편한 기원과 얼리 어답터들의 찟굿은 작업을 보상할 만큼 충분한지는

오직 당신만이 판단할 수 있다.

도도새가 마지막으로 목격된 1662년 런던의 한 의류 소매상은 시민이 곧 사망할 가능성을 분석한 첫 번째 통계 결과를 발표했다. 당시는 흑사병이 유행하던 시기로 찰스 2세는 런던 시민에게 늘어나는 위급 상황을 알려주는 경고 시스템을 만들고 싶었다. 존 그랜트John Graunt는 자신이 도울 수 있을지도 모른다고 판단했다. 그리고 출간만 된 채 거의 읽히지 않은 《사망률 통계Bills of Morality》라는 주간 사망률을 요약한 책에서 원데이터를 발견했다.[1] 저서 《사망률 통계에 관한 자연적, 정치적 고찰Natural and Political Observations Made upon the Bills of Mortality》의 서문에서 그랜트는

'방치된 논문에 대한 내 명상이 몇 가지 진실과 잘 믿기지 않는 견해를 발견해 냈다. 나는 그 지식이 세상에 어떤 이익을 줄지 궁금해 앞으로 더 나아갔다'고 썼다. 그리고 '쓸데없고 쓸모없는 추측'에 빠지지 않겠다고 결심하며 '하지만… 하늘에 핀 꽃들이 맺은 진정한 열매를 세상에 선물'하겠다고 말했다. 《사망률 통계》의 사망자 목록을 '하늘에 핀 꽃'이라고 말한 사람은 아무도 없었다. 하지만 다음 주에 살아남을 인구수를 실제로 분석한 사람도 없었다.

그랜트는 모든 면에서 호감이 가는 사람이었다. 친절하고 학구적이고 총명하고 관대했다. 그랜트는 한때 일기 작가인 새뮤얼 피프스Samuel Pepys에게 자신의 건축 판화들을 보여준 적이 있다. 피프스는 '지금까지 본 것 중 최고의 작품집'이라고 말했다. 그랜트의 책도 마찬가지로 평판이 좋았다. 피프스는 '매우 아름다운 책'이라 칭찬했고 신생 왕립 철학 학회는 그랜트가 책을 출판한 해에 왕립 학회에 발탁됐다는 사실을 매우 인상적으로 발표했다. 그랜트의 입회는 찰스 2세가 직접 승인했다. 찰스 2세는 런던의 옷가게 주인이 그렇게 통찰력 있는 작업을 했다는 데 깊은 감명을 받았다. 그래서 '만약 그렇게 훌륭한 상인들이 더 있다면 거두절미하고 그들 모두를 왕립 학회에 입회하게 해야 한다'고 말했다.

그랜트는 《사망률 통계에 관한 자연적, 정치적 고찰》을 통해 생명보험 산업의 토대인 나이에 따른 수명 예측뿐 아니라 더 많은 혁신을 보여줬다. 사망률과 더불어 세례 기록도 살펴봤고 여성은 출생률이 낮고 밤에 외출하는 남성은 사망률이 더 높다는 사실을 언급했다. 또 런던의 인구를 합리적으로 예측했고 각종 질병에 따른 런던의 사망률을 비교한 도표도 작성했다. 그리고 흑사병은 사람에서 사람으로 직접 전염되지 않으며(사실 그랜트는 쥐벼룩이 흑사병을 퍼뜨렸다는 자료는 갖고 있지 않았다) 전염병 발생 시기가 군주의 대관식과 일치한다는 미신도 없애버렸다. 그랜트는 심지어 '생명표Life Tables'를 만들어 사람들의 기대수명과 세대별 평균수명도 예측했다. 아마 가장 중요한 것은 그랜트가 자신의 분석을 신뢰할 수 없다는 걸 알고 있었다는 점이다. 그래서 그는 하나의 질문을 여러 방향에서 공격하며 도출된 결론을 검증했다.

그랜트의 업적을 향한 찬사에도 불구하고 노년에 접어든 그랜트가 널리 비난받는 가톨릭교로 개종하며 사업은 곤경에 빠졌고 가족들은 빈곤해졌다. 그랜트는 10여 년 후 세상을 떠났고 드레이퍼스 회사는 어려운 가정 형편을 고려해 미망인에게 연 4파운드의 연금을 지급했다. 물론 그랜트의 책은 꾸준히 출판됐다. 황달로 사망한 1674년 그랜트는 자신이 분석한 통계에 포함됐다.

숫자에 의한 삶

그랜트는 사실 확률을 뒤엎었다. 54세 생일 직전 사망함으로써 당시 영국의 기대수명을 약 20년 정도 넘어선 것이다. 데이터 집단이 가장 긴 영국의 경우 1540년대부터 19세기 초까지 평균수명은 30~40년 사이였다. 이 상황은 어디서나 비슷했다. 1800년 사람들의 평균수명은 세계 어느 나라에서든 40세 이하였다. 하지만 2019년 세계의 평균수명은 73세로 늘어났다.[2] 무슨 일이 있었을까? 인류는 효과적인 의약품을 개발했고 전염병을 통제했다. 아마 통계가 없었다면 불가능한 일이었을 것이다.

깊이 들여다보면 통계는 한 벌짜리 도구에 불과하다. 이 도구를 숫자 집합에 적용하면 숫자가 설명하는 내용을 꽤 정확하게 알아낼 수 있다. 대단하게 들리진 않겠지만 통계는 대단히 강력한 발명품이다. 우리가 측정한 모든 것에 변화를 주고 새로운 측정으로 그 변화의 장단점을 확인한 뒤 결론을 얼마나 확신할 수 있는지 알려준다.

이렇게 조금은 단순하고 지루한 도구가 인류에 심오한 영향을 줬다. 그도 그럴 것이 간호사이자 의료통계학자인 플로렌스 나이팅게일Florence Nightingale은 통계를 연구하면 신의 생각이 드러나리라 믿었다. 과장된 얘기일 수도 있으나 통계를 다룰 줄 아는 사람들은 강력한 힘을 쥐는 게 확실하다. 조너선 로젠버그 Jonathan Rosenberg가 구글 수석 부사장 시절 "데이터는 21세기의 칼이다. 그 칼을 잘 휘두르는 자가 바로 사무라이"라고 선언한 것도 바로 이 때문이다.[3]

알 만한 사람들에게 이런 정서는 사실 양날의 검이다. 사무라이는 매력 넘치고 능숙한 무사로 여겨지지만 실제로 그들 중 대다수가 통계를 수집하고 처리하는 관료로 은퇴한다. 약간은 따분한 일을 한다고 여겨지는 사람들 말이다. 다소 실망할 만한 사실이지만 일본에서는 고학력자가 사무라이를 맡았고 더는 무사가 필요 없게 되자 대부분 칼을 내려놓고 공무원이 됐다.

공무원들은 항상 데이터로 통계를 다룬다. '통계statistics'라는 단어는 1749년 첫선을 보인 '국가state에 관한 사실'을 뜻하는 독일어 'Statistik'에서 유래했다. 영국에서는 통계가 '정치 산술political arithmetic'로 알려져 있었다. 통계라는 말이 영어로 처음 소개된 건 1791년 출판된 《스코틀랜드 통계 보고서The Statistical Account of Scotland》였다.[4] 그 후 19세기에 들어서자 통계에 관한 관심이 폭발적으로 늘어났다. 사실을 말하자면 그다지 좋은 이유 때문만은 아니었다.

모든 이점에도 불구하고 통계의 발명이 좋은 결과만 만들어 냈다고는 감히 주장할 수 없다. 실제로 통계가 가장 문제 많은 수학 분야로 불리는 것도 합리적이다. 원자폭탄 개발에 사용된 로그가 훨씬 문제라는 의견도 있겠지만 적어도 로그는 원자폭탄을 위해 발명되진 않았다. 물론 대수학을 전쟁 무기 개선에 이용한 타르탈리아의 사례를 보면 수학의 적용에 의구심이 생길 수도 있다. 개인적으로 전쟁은 인류 역사의 일부일 뿐이며 대수학 역시 게임이론과 마찬가지로 전쟁을 피하는 도구로 사용됐다고 생각한다. 하지만 통계를 가장 먼저 적용한 우생학, 즉 인종, 지능, 범죄 등에 대한 잘못된 견해를 바탕으로 인구를 통제하려는 학문에는 고개를 숙일 만큼 수치심을 느껴야 한다. 이 수치심은 대부분 프랜시스 골턴Francis Galton의 연구에서 비롯된다.

골턴은 영리한 데다 유복한 집안에서 태어난 소위 금수저(찰스 다윈이 골턴의 사촌으로 두 사람 모두 특권층의 혜택을 누렸다)로 또래 친구들과는 현저한 거리를 두며 성장할 수 있었다. 통계와 도량형을 발전시키는 데 부단한 노력을 기울인 골턴은 빈곤층과 사회적 약자, 장애인, 심지어 못생긴 사람들에게까지 오염되지 않은 초인적 종족 창조를 다음 목표로 삼았다.

이는 비밀 프로젝트가 아니었다. 1869년 골턴은 그 계획을 담은 《유전적 천재Hereditary Genius》라는 제목의 책을 펴냈다. 그리고 이 책을 통해 과학이 '부적격자의 출산율을 점검한 뒤 좋은 혈통 간의 조혼을 통해 적격자의 출산율을 더 높여 인종을 개량해야 한다'고 제안했다. 또 영국의 미인 지도를 만들어 가장 못

생긴 여성들, 일명 '혐오녀'들은 스코틀랜드 애버딘에 살고 있다고 결론 내렸다. 골턴은 《유전적 천재》에서 그리스어로 '잘 태어났다'라는 뜻의 '우생학eugenics'이라는 용어를 만들었다. 그래서 1904년 발표한 〈우생학: 그 정의와 범위 및 목적Eugenics: Its Definition, Scope and Aims〉이라는 논문을 통해 '자연이 맹목적으로, 천천히, 무자비하게 하는 일을 인간은 신중하고, 빠르고, 친절하게 처리할 수 있다. 인간에게는 그럴 만한 권한이 있으므로 그 방향으로 노력하는 게 인간의 의무'라고 강조했다.[5]

골턴의 견해는 많은 이에게 반향을 불러일으켰다. 영국과 미국의 수많은 뛰어난 지식인들이 우수 인종을 만들고 '열등인 undesirables'의 번식을 막겠다는 생각에 뛰어들었다. 예를 들어 H. G. 웰스H. G. Wells는 '인간 품종의 개량 가능성은 번식을 위한 성공적 선택이 아니라 실패작의 살균에 있다'고 공표하기도 했다. 심지어 극작가 조지 버나드 쇼George Bernard Shaw는 한술 더 떠 런던에 있는 우생학 교육 협회Eugenics Education Society 강연에서 '처형용 가스실의 광범위한 사용'을 옹호했다.[6] 그러면서 '꽤 많은 사람이 그저 자기만 돌보느라 타인의 시간을 낭비한다'며 더 나은 세상을 만들려면 '그 사람들은 사라지게 해야 한다'고 주장했다.

골턴은 우생학 교육 협회 창립회장이자 평생회원이었다. 우생학을 지지한 또 다른 유명 인사는 윈스턴 처칠Winston Churchill이다. 1910년 처칠은 영국 총리[7] 허버트 헨리 애스퀴스Herbert Henry

Asquith에게 '정신박약자의 증식은 우수 인종에 매우 끔찍한 위험'이라고 경고하는 메모를 썼다. 2년 후 처칠은 1회 국제 우생학 회의 부의장을 맡았다. 1989년 우생학 교육 협회는 우생학이라는 단어를 둘러싼 논란을 떨치려고 골턴 협회Galton Institute로 개명했다. 이 단체도 골턴의 이름을 단 첫 번째 우생학 옹호 기관은 아니었다. 미국에서는 골턴의 업적이 수많은 우생학 연구회 창설에 영감을 줬고 그중 가장 권위 있는 단체는 골턴 연구회Galton Society였다. 골턴 연구회의 설립자 중 하나인 매디슨 그랜트Madison Grant는 1916년 출간된 《위대한 종족의 소멸The Passing of the Great Race》이라는 책의 저자였다. 미국 이민 정책을 친필로 한탄한 이 책은 초인적 종족의 출현을 보장하는 강제 불임 시술과 여러 다양한 조치를 통해 더 나은 사회로 발전해야 한다고 주장했다. 그래서 '미국의 과학적 인종차별에 대한 가장 영향력 있는 책'[8]으로 묘사됐지만 그 파급력은 국제적이었다. 1930년대 초 히틀러는 그랜트에게 편지를 보내 견해를 나눠줘 감사하다며 그랜트의 책을 '가장 중요한 책'으로 삼았다고 전했다. 나치는 독일을 장악했을 당시 《위대한 종족의 소멸》을 증쇄하라고 명령했다.

골턴과 그의 동시대인들이 살았던 시대를 근거로 하면 우리는 그들을 용납할 수 없다. 골턴의 이복 사촌인 다윈도 뛰어난 사상가였고 과학적 혁신가였으며 새로운 영역을 개척하려는 인물이었다. 하지만 인종에 따라 인간의 순위를 매길 수 있다고 주장하는 유사 과학적 주장에 경악했고 노예제도 폐지를 은근히 옹호하는 진보적 운동가였다.[9] 다윈은 '노예 상인이 동료 흑인을 노예로 만들어 자기 본성을 모독하고 가장 본능적인 모든 감정을 짓밟았다'고 썼다.

사실 골턴에 대해서는 뭐라고 말해야 할지 모르겠다. 골턴의 견해는 끔찍하고 변명의 여지가 없다. 그의 연구는 수많은 과학적 탐구 방향을 확립했고 그 유산은 인종적 특성에 대한 유전적 설명을 탐색하며 인류 집단의 분열을 조장하는 그릇된 시도에 여전히 남아 있다.[10] 하지만 골턴의 유산에 오늘날 가장 널리 사용되는 수학적 기법 일부가 포함돼 있다는 사실은 인정해야 한다. 골턴은 '집단 지성'으로 알려진 현대적 이론을 발견했다. 집단 지성을 이용하면 수량에 관한 여러 가지 미지의 추측에서 괜찮은 근사치를 얻을 수 있다.

고대 집단 지성은 기원전 5세기 펠로폰네소스전쟁 때 등장했다. 플라틴Platean의 사령관은 부하들에게 펠로폰네소스인과 보이오티아인이 도시 주변에 세운 벽에서 노출되고 도색되지 않은 벽돌 수를 세라고 지시했다. 사령관은 병사들이 보고한 가장 일반적인 값, 즉 최빈값에서 벽돌 너비 추정치를 곱해 벽의 높이를 알아냈다. 그런 다음 벽을 기어오르면 탈출할 수 있을 정도로 긴 사다리를 만들었다.

이 기법을 재발견했을 때 골턴은 중앙값을 사용했다. 1907년 골턴은 영국 남부 해안 마을 플리머스에 있었다. 시장을 돌아다니던 골턴은 식육용 가축과 가금류 품평회장에서 우연히 황소 몸무게 맞히기 행사를 목격했다. 골턴의 관심은 행사장에 전시된 수두룩한 숫자 배열에 있었고 행사가 끝난 뒤 골턴은 주최 측을 설득해 행사 참여자의 추측이 적힌 종이를 달라고 요청했다. 그는 숫자를 알아볼 수 없는 종이를 제외한 787장의 종이에 적힌 숫자를 크기순으로 배열했고 그 중간에 있는 중앙값 1,207파운드가 황소의 실제 몸무게인 1,198파운드의 1퍼센트 이내라는 사실을 알아냈다. 골턴은 과학 잡지 《네이처Nature》에 이 경험을 기록한 논문을 보냈다.[11]

논문에는 통계를 순진하게 적용할 때 따르는 위험이 잠재해 있으므로 여기서 잠시 멈춰 살펴보겠다. 골턴은 '요즘 같은 민주주의 시대에는 대중적 판단의 신뢰성과 특수성에 대한 모든 조사가 흥미롭다'는 의견으로 포문을 열며 '평균적인 경쟁자라면 아마 공정한 평가를 내리기에 적합했을 것이다… 평균 유권자가 본인이 투표하는 대다수 정치적 이슈의 장점을 판단하는 것처럼'이라고 강조한다. 결국 골턴은 그 결과가 '민주적 판단의 신뢰성이 정확하다는 것을 말해준다'고 인정했다. 하지만 그렇다고 해도 이는 위험한 비교였다. 통계학자들은 한 맥락에서 잘 통하는 분석이 다른 맥락에서도 통하는 경우가 거의 없다는 것을 안다. 심지어 피상적 분석조차 민주적 과정이 황소 무게를 재는 것과 다름을 보여준다. 예를 들어 민주적 과정은 중앙값을 찾거나 투표 평균조차 계산하지 않는다. 환경이 다른데 같은 도구가 적용됐다고 해서 똑같은 맥락으로 성공할 순 없다. 그래서 통계학자들은 분석과 사용법에 극도로 신중하다. 결국 옛날 농담처럼 통계적으로 평범한 남자의 고환은 1개보다 살짝 적다.

모든 끔찍한 사회적 관점에도 불구하고 골턴은 그 관점의 비밀을 밝히기 위한 수치를 얻는 데 관한 한 가장 가혹한 비평가였다. 집단 지성에 관한 《네이처》 논문에서 골턴은 각 값에 대한 '확률오차'의 추정치를 포함하는 데 주의를 기울였다. 그리고 오늘날에도 사용되는 다양한 통계 방법을 고안했다. 예를 들어 골턴은 상관관계 탐구법을 개척했다. 이는 두 변수의 변화를 추적해 서로 관련성이 있는지 결정하는 것이다.[12] 골턴은 이 방법을 이용하면 팔 길이와 다리 길이를 측정한 다수 값으로 두 길이가 상관관계에 있는지 결정할 수 있다고 강조한다. 어쩌면 오늘날에는 공기 오염도와 호흡곤란으로 입원한 환자 수 사이의 상관관계를 찾는 데 이 방법을 이용할지도 모르겠다.

또 골턴은 여러 원인의 영향을 분리하는 방법을 처음 연구했다. 골턴의 오랜 협력자 칼 피어슨Karl Pearson은 이 연구에 영감을 받아 정교한 수학 모델을 만들었고 결국 '카이제곱chi-squared' 검정이라는 방법을 개발했다. 오늘날에는 아이들에게 백신을 접종하기 위한 최적의 나이 같은 의학 실험 데이터를 해석하는데 카이제곱 검정을 이용한다. 골턴의 또 다른 발명품 '평균 회귀'는 일련의 측정치가 '이탈값' 영역에 진입한 후 평균값으로 되돌아가는 경향을 설명한다. 골턴은 원래 이 방법을 '평범함으로의 복귀reversion to mediocrity'라고 불렀지만 아이디어는 같다. 이 방법은 어떤 증상이 곧 호전될 것임을 말해주는 일종의 통계적 관찰이다. 예를 들어 나는 병원에 다녀왔기 때문에 증상이 호전되리라는 걸 안다. 그리고 극도로 아플 때만 병원에 간다. 일단 증상이 극단에 이르고 나면 반대 방향으로 돌아갈 가능성이 훨씬 크다. 다시 말해 평균 회귀는 최고로 아픈 단계가 곧 나아지려고 하는 단계라고 말해준다.

게다가 골턴은 의학, 심리학 그리고 사회학 연구의 중심인 설문 조사를 개발했다. 그리고 이 방법을 또 다른 창의적 발명품, 쌍생아 연구에 사용했다. 연구자들은 생물학적 변수를 최소화한 쌍생아 연구로 본성nature 문제를 (거의) 무시하며 양육nurture 효과를 조사할 수 있었다. 골턴은 쌍생아 연구를 하면 '본성과 양육의 효과를 비교하고 인간의 기질과 지적 능력을 구성하는 데 본성과 양육의 몫을 확인하는 것'이 가능하다고 말했다.[13] 그래서 쌍둥이 부모들에게 수백 개의 설문지를 보내 유사점과 차이점 그리고 삶의 경험이 미친 영향을 조사했다.

골턴이 결코 이해하지 못했던 한 가지는 숫자가 모든 사람에게 전부는 아니라는 것이다. 이따금 사람들은 누군가의 발견에 지적 반응이 아닌 본능적 반응을 보이길 원한다. 그리고 우리 뇌는 숫자와 씨름하기 때문에 그 숫자를 나타낼 때 원시적 회로를 이용한다. 비명을 지르는 얼굴 그림이 아드레날린을 폭발시킬 수 있듯이 데이터 시각화는 우리 뇌의 한계를 우회해 접근하기 힘든 진실을 설득할 수 있다. 만약 지난 10년 동안 사들인 플라스틱 물병 4조 개의 영향을 생각해 보라고 요청한다면 맨해튼까지 약 2.4킬로미터 높이로 산더미처럼 쌓여 있는 플라스틱 물병을 보여주지 않는 한 사람들은 환경 재앙이 임박했다는 전망에 별로 동요하지 않을 것이다.[14] 그리고 등불을 든 여인Lady with the Lamp만큼 이 전략을 잘 수행한 이는 없었다.

그림의 힘

나이팅게일은 크림전쟁 동안 터키 스쿠타리에 있는 영국 육군 병원에서 맡은 야간 간호로 가장 잘 알려져 있다. 나이팅게일의 명성은 1855년 2월 8일 자 〈런던타임스London Times〉의 한 기사가 나이팅게일을 '구원의 천사ministering angel'로 묘사하면서 시작됐다. 이 기사에 따르면 '호리호리한 나이팅게일이 복도를 따라 조용히 지날 때마다 모든 부상자가 나이팅게일에게 부드러운 미소를 보이며 고마워했다. 모든 의료진이 잠을 청하러 자리를 뜨고 몇 마일로 늘어선 병자들 위로 침묵과 어둠이 내려앉으면 나이팅게일은 작은 등불을 들고 홀로 병실을 돌며 가엾은 병사들을 일일이 살폈다'.[15]

나이팅게일이 병사들 눈에 띄는 건 놀랄 일이 아니다. 그는 오후 8시 이후 병동에 들어갈 수 있는 유일한 여성이었다. 그리고 간호사들의 정조를 보호하기 위해 그들의 거처를 자물쇠와 열쇠로 잠근 뒤 베개 밑에 열쇠를 두고 잠이 들었다.

나이팅게일에게는 그런 조치가 필요해 보였다. 나이팅게일은 병원에서 일어나는 일에 놀라움을 금치 못했다. 그래서 친구 헨리 보넘 카터Henry Bonham Carter에게 편지를 보내 어떤 병장이 간호사와 함께 군용품점에 몰래 들어가 그곳에서 밤을 보낸 일을 논의했다. '보나 마나 결과는 뻔했지.' 나이팅게일은 간호사의 임신을 신랄하게 비난했다. 그리고 부대 지휘관에게 병장을 징계하라고 요청했지만 지휘관의 반응에 격분했다고 토로했다. '그 병장을 징계하기는커녕 질책조차 하지 않았어.'[16] 이렇듯 나이팅게일은 규율과 도덕을 고집한 여성이었지만 사실은 숫자에 더 집착했다. 그리고 숫자를 제대로 분석하면 생명을 구할 수 있음을 알아냈다.

나이팅게일은 어릴 때부터 수학을 공부했다. 프랑스와 독일에서 간호 교육을 받을 당시에는 병원 보고서와 통계 자료, 병원 위생과 간호 체계에 대한 정보를 수집했다. 스쿠타리에서 일하는 동안 나이팅게일은 그곳과 다른 곳에서 죽어가는 환자 수를 방대하게 기록했다. 그 기록을 분석한 결과 스쿠타리 병원에서의 사망률은 37.5퍼센트지만 최전방 병원의 사망률은 12.5퍼센트에 불과했다. 수치로 무장한 나이팅게일은 그 이유를 찾아 적절한 조치를 강구하기로 했다. 어떻게? 바로 강렬한 데이터 시각화를 이용했다.

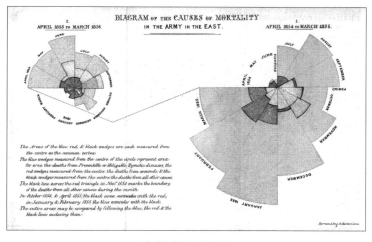

나이팅게일의 장미 도표
출처: 웰컴 컬렉션Wellcome Collection, 저작권 4.0 국제(CC BY 4.0)

　　나이팅게일의 '장미 도표'는 전장의 부상보다 크림반도 병원에서의 질병이 더 많은 병사를 죽이고 있다는 사실을 한눈에 보여준다. 각 조각의 넓이는 월별 사망자 수를 나타내며 사망 원인은 색깔로 구분된다. 나이팅게일은 이 도표를 육군 장관에게 제출했고 1858년 쓴 〈영국군의 건강과 능률 및 병원 관리에 미치는 영향에 관한 보고서Notes on Matters Affecting Health, Efficiency, and Hospital Administration of the British Army〉에 포함했다. 또 이 보고서의 사본을 빅토리아 여왕에게 전달했는데 빅토리아 여왕은 나이팅게일에게 직접 와서 이에 관해 설명해 달라고 요청했다. 그 결과 나이팅게일은 영국군의 건강을 돌보는 왕립 위원회Royal Commission를 확보했고 이는 군 의료 관행 개혁을 이끌었다. 나이팅게일이 말했듯이 장미 도표는 다음과 같은 이유로 중요했다. '도표는 중요한 통계에 대한 특정 질문을 설명하는 데 매우 유용하다. 주제의 아이디어가 숫자에 얽매여 있어 즉시 파악되지 않는 경우 도포를 이용하면 눈으로 직접 그 의미를 확인할 수 있다.'

나이팅게일은 간호사 이상이었고 통계학자 이상이었다. 그는 대단히 유능한 로비스트였다. 〈런던타임스〉 보도로 명성을 얻은 나이팅게일은 유력 인사까지 동원했다. 물론 그 명성에는 단점도 있었다. 1856년 8월 나이팅게일은 폭도의 습격을 피해 가명으로 몰래 영국에 돌아와야 했다. 그래도 그 명성 덕에 4만 파운드가 넘는 '나이팅게일 기금'을 모금해 런던 세인트 토마스 병원에서 나이팅게일 간호 학교를 설립할 수 있었다. 게다가

1859년에는 왕립 통계 협회Royal Statistical Society 첫 여성 회원으로 선출됐다. 나이팅게일이 유명 인사여서 임명된 것이 아니었다. 수십 년 동안 통계 분야에 힘써온 업적Tour de Force을 인정받은 결과였다.

유의성 탐색

나이팅게일이 여러 도표를 개척했을 무렵 통계학자들은 이미 데이터를 해독하기 위한 다양한 방법을 취합했다. 첫 번째는 흩어져 있는 데이터 점에서 주요 경향을 가장 잘 설명하는 가장 간단한 곡선을 찾는 방법이다. '최소제곱법'이라 불리는 이 방법을 이용하면 가능한 각 점을 통과하는 가장 매끄러운 곡선을 그릴 수 있다.

수학자들은 최소제곱법을 최초로 고안한 사람을 두고 논쟁한다. 1805년 프랑스 수학자 아드리앵마리 르장드르Adrien-Marie Legendre가 최소제곱법을 책으로 소개했지만 독일 수학자 카를 프리드리히 가우스Carl Friedrich Gauss가 1809년 더 완전한 설명을 곁들인 책을 출판했다. 미국의 중학교 교사 로버트 애드레인Robert Adrain이 똑같은 견해를 담은 책을 출판한 지 1년 후였다. 르장드르, 가우스 및 애드레인은 모두 각 데이터 점에서 곡선까지의 수직 거리인 '잔차'를 구하는 공식을 발견했다. 데이터 점은 곡선 양쪽에 있으므로 일부는 양수고 일부는 음수다. 따라서 첫 번째 단계에서는 잔차를 제곱해 음수를 제거한다. 최소제곱선은 제곱한 잔차의 합을 최소화하는 선이다.

훨씬 더 흥미로운 방법은 가우스가 1809년 선보인 '정규분포'다. '분포'란 데이터가 흩어져 있는 상태로 다양한 방법으로 설명될 수 있다. 정규분포(또는 가우스분포)는 데이터의 세 가지 특정 속성이 같은 형태다. 여기서 세 가지 특정 속성이란 평균, 최빈값 및 중앙값을 말한다. 골턴의 연구를 살펴볼 때 이미 두 가지 속성은 접한 적이 있다. 최빈값과 더불어 이 세 가지 속성은 비전문가가 보통 '평균값'이라 부르는 대푯값을 계산하는 세 가지 방법이다.

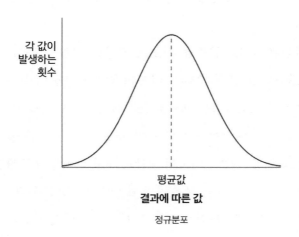

정규분포

예를 들어 거리를 지나는 모든 사람의 키로 구성된 데이터 집합이 있다고 하자. 평균은 모든 키를 더해 사람 수로 나누면 구할 수 있다. 최빈값은 가장 많은 사람이 공유하는 키다. 중앙값은 키가 가장 작은 사람부터 가장 큰 사람까지 한 줄로 늘어놓고 그 줄 한가운데에 있는 사람의 키를 측정해 구하면 된다. 정규분포에서는 평균, 최빈값 및 중앙값이 모두 같다. 정규분포를 보면 데이터 분포 상황에 관한 여러 가지 흥미로운 특성을 알 수 있다. 잠시 후에 살펴보자.

키는 정규분포를 따르는 경향이 있는 값을 보여주는 한 예일 뿐이다. 학교 시험 결과나 인구의 혈압도 정규분포를 따른다. 보험 설계사나 생명보험 전문가가 말하듯 인간의 생존 나이도 정규분포를 따르지만 살짝 쏠린 형태를 띤다(쏠린 상태를 정확히 이해하는 게 보험사가 돈을 버는 방법이다). 정규분포는 어디에나 있다. 그 명칭의 기원은 분명하지 않아도 정규분포는 데이터를 표준화하는 것이라고 불 수 있다.

정규분포는 수많은 독립 요인이 측정 대상에 아주 작은 영향을 미칠 때 발생하는 편이지만(예를 들어 다양한 유전적, 사회적, 진화적 요인이 인간의 키를 결정하는 경우) 데이터가 분포되는 다른 방법들이 있다. 그중 하나가 시메옹드니 푸아송Siméon-Denis Poisson이 발견한 방법이다.

5장에서 오일러의 상수 e를 만났을 때 확인했듯이 푸아송분포는 사건이 드문드문 일어날 때 존재하며 각 사건은 다른 사건과 무관하다. 푸아송은 1820년대 파리 법원의 부당한 유죄판결 비율에서 배심원이 동료 시민에게 유죄를 판결하는 경향이 줄었는지 조사했다(조사 결과 줄어들지 않았다).[17] 오늘날에는 축구 경기에서 득점한 골의 수(영국 프리미어 리그에서는 2골이나 3골이 가장 흔하다)나 1년 동안 지구와 충돌할 가능성이 있는 특정 크기 이상의 운석 수(지름 22.4미터 이상의 운석이라면 10개나 11개, 12개가 출동할 가능성이 가장 크다) 등 다양한 사례에서 푸아송분포를 볼 수 있다.

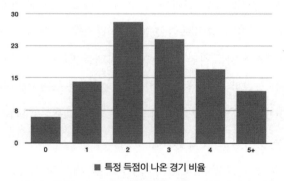

푸아송분포의 예: 2019~20시즌 잉글랜드 프리미어 리그 축구 경기 골 분포

각각의 경우에서 평균값을 계산하고 이 값을 푸아송 통계에 적용하면 결과를 예측할 수 있다. 예를 들면 내가 술집을 운영하고 있고 하루 평균 10상자의 맥주를 구매한다고 하자. 손

님이 예상치 못하게 급증하면 어떻게 대비해야 할까? 그렇다고 20상자를 구매하자니 지출이 너무 늘어나 부담스럽다. 하지만 너무 적게 구매하면, 예를 들어 12상자만 구매하면 술집을 운영할 줄 모르는 것처럼 보일 위험이 있다. 그러면 새로운 손님을 영영 놓칠지도 모른다.

이때 푸아송 통계를 이용하면 이를 합리적으로 추측할 수 있다. 몇 상자가 필요한지 알려주는 확률 공식이 있기 때문이다. 이 공식에는 필요한 상자 수 x, 과거 구매했던 평균 상자 수 λ, (물론 어디에나 등장하는) 오일러의 수 e가 포함된다.

$$P(x) = \frac{e^{-\lambda}\lambda^x}{x!}$$

(분모 x 뒤에 오는 느낌표는 '팩토리얼'을 나타낸다. 즉, x값에 x-1, x-2, x-3, …1까지 곱하면 된다).

맥주 15상자가 필요할 확률(P)은 3.5퍼센트에 불과하다. 저녁 시간에만 13상자를 사용할 확률은 7.3퍼센트다. 저녁 시간에 12상자가 필요할 확률은 9.5퍼센트를 차지한다.

그렇다면 나는 얼마나 많은 재고가 있어야 할까? 내게 여유가 있다면 아마 15상자 아닐까…. 1년 중 (대략) 12번의 저녁이면 맥주가 몽땅 팔릴 것이다. 하지만 정말로 이건 개인의 판단에 따른 결정이다.

이 점이 중요하다. 본질적으로 통계는 항상 개인의 판단을 결정짓는 도구다. 굳이 말한다면 합리적 추측의 과학이다. 수학처럼 보이고 수학 냄새가 나지만 수학과 어울린다는 완벽한 확실함은 없다. 특정 숫자에 관해 무엇이 가능한지 말하고 그 숫자들이 얼마나 신뢰할 수 있는지 몇 가지 가정을 하는 것이다. 그리고 아마 이것이 우리가 수학을 배우려고 애쓰며 통계가 보여주는 결과와 여전히 씨름하는 이유일 것이다.

우리 뇌가 숫자에 능하지 않다는 건 이 여행을 시작할 때부터 깨달은 사실이다. 통계에 관한 한 더욱 그렇다. 대부분 통계가 알려주는 수치를 보면서도 그에 따른 경고는 잘 잊는다. 아니면 정확히 무슨 뜻인지 모른다. 예를 들어 내가 세계보건기구WHO가 매일 50그램의 가공육(얇게 저민 베이컨 2장이 든 샌드위치처럼)을 먹는다는 건 대장암에 걸릴 확률이 18퍼센트 증가한다는 뜻이라고 했다고 전한다면 이게 당신에게 문제가 될까?[18]

이 말이 걱정스럽게 들린다면 앞 문장에서 '증가'라는 단어를 제대로 처리하지 않았기 때문일지도 모른다. 매일 샌드위치를 먹는다고 해서 언젠가 암에 걸릴 확률이 18퍼센트 증가하는 건 아니다. 베이컨 샌드위치를 매일 먹지 않아도 결국 삶의 어느 시점에 대장암에 걸릴 확률 6퍼센트에 합류할 가능성이 커진다. 여기서 바로 18퍼센트가 증가한다. 대장암 환자들에 합류할 확률 6퍼센트의 18퍼센트를 더하는 것이다.

6퍼센트의 18퍼센트는 1.08퍼센트다. 따라서 6퍼센트의 확률이 아니라 6+1.08, 즉 7.08퍼센트의 확률이 된다. 대장암에 걸릴 확률 6퍼센트쯤은 전혀 걱정되지 않을 것이다. 매일 베이컨 샌드위치를 먹지 않을 확률이 7퍼센트라는 게 그렇게 신경 쓰이나?

어쨌든 확률이 가공육을 그렇게 많이 먹지 않는 가장 합리적인 이유는 아닐 것이다. 그리고 아마 당신은 애초에 그렇게 많이 먹진 않을지 모른다. 게다가 베이컨 샌드위치를 먹으면 얼마나 즐거운 지 그리고 즐거운 일이 건강에 얼마나 도움이 된다고 생각하는지에 따라 통계는 분명 개인의 판단을 결정짓는 방법일 뿐이다.

입자물리학자들이 2012년 제네바 CERN에서 힉스 보손을 검출했는지에 관한 질문도 마찬가지다. 그들도 힉스 보손이 검출기에서 우연히 발견된 게 아니라고 100퍼센트 확신하지 못한다(오히려 검출기에서 발생한 여러 사건을 토대로 결정한 의견이므로 우연한 발견일 수도 있다). 과학에서 어떤 사건이 일어난 게 확실하다고 말한다면 그 말이 실제로 의미하는 바는 그 사건이 우연히 일어났을 가능성은 매우 낮다는 것이다.

통계학자는 데이터의 다양한 속성, 예를 들어 평균이나 표본 크기를 수치로 분석해 이런 확실성을 정량화한다. 한 가지 필수 요소가 '표준편차'로, 다양한 표본값이 평균값과 얼마나 다른지 나타낸다. 표준편차의 단위는 자료의 단위와 같다. 만약 분석하려는 자료가 달마티안 101마리의 키라면 달마티안의 평균 키는 60센티미터고 표준편차는 3센티미터일 수 있다.

표준편차는 데이터를 분석할 때 유용하다. 달마티안의 키가 약 60센티미터를 중심으로 한 정규분포를 따른다고 가정하면 3센티미터의 표준편차는 달마티안 키의 68퍼센트가 57~63센티미터 사이에 있다고 말해준다. 이 범위를 1표준편차 또는 1σ (시그마)라고 한다. 2표준편차(2σ)는 달마티안 키의 95퍼센트를 차지하는 키의 범위다. 그리고 3σ는 99.7퍼센트다.

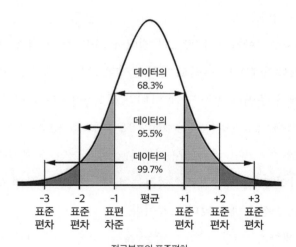

정규분포의 표준편차

힉스 보손으로 돌아가 보면 실험 결과에 대한 신뢰도는 데이터의 표준편차 및 기타 속성에서 도출한 수치로 설명된다. 이 수치를 '유의확률 또는 p값$^{p\text{-value}}$'이라고 하는데 쉽게 이해할 수 있도록 간단하게 정의하기는 힘들다. 통계학자는 '가설이 정확하다고 가정할 때 유의확률은 가설 검증의 관찰 결과만큼 극단적인 결과를 얻을 수 있는 확률'이라고 설명한다. 대충 말하자면 생각하는 사건이 일어나지 않을 경우 p값은 특정 결과를 얻을 가능성을 나타내는 척도라는 것이다. 예를 들어 CERN에서 분석한 결과가 힉스 본손과는 무관하고 단지 실험에서 일어난 배경 소음의 우연한 변동일 뿐이라면 CERN 과학자들은 실험을 반복할 때 힉스 보손이 있다는 결론을 몇 번이나 내릴 수 있을까?

결론을 내리려면 또 다른 개인적 판단이 필요하다. 이 방법은 로널드 피셔$^{\text{Ronald Fisher}}$라는 영국 통계학자가 처음 고안했다. 1925년 피셔는 《연구 인력을 위한 통계 방법$^{\text{Statistical Methods For Research Workers}}$》이라는 책을 출판했다.[19] 그리고 이 책에서 관찰된 현상이 흥미로운 원인 때문인지 아니면 단지 우연 때문인지 결정하려는 대다수 실험에서 20분의 1은 적절한 컷오프라고 제안했다. 이것이 '통계적 유의성'으로 알려진 요인이다.

피셔가 말하는 20분의 1은 5퍼센트에 해당한다. 하지만 피셔의 컷오프는 '만약 시간의 95퍼센트 안에 결과를 얻는다면 그게 정답이다'처럼 간단하지 않다. 그럴 수 있다면 좋을 텐데. 통계적 유의성을 입증하려면 실제로 복잡하고 까다로운 단계를 넘어야 한다.

우선 가설을 세워 그 가설의 사실 여부를 시험해야 한다. 힉스 보손의 경우 검출기에서 나오는 데이터와 관련 있을 것이다. 따라서 힉스 보손이 특정량의 에너지로 부딪치는 횟수를 (대략) 측정한다. 이론에 따르면 힉스 보손의 존재는 특정 에너지값의 검출 횟수에 특이한 충돌을 일으킬 것이다.

물론 탐지기 내에서 무작위로 요동치면 이상한 패턴이 튀어나올 가능성은 항상 있다. 예를 들어 전기 소음으로 생기는 변동이나 성간 공간을 여행한 후 탐지기에 부딪히는 무수한 에너지 입자 등이 생길 수 있다. 즉, 어떤 특정 충돌이 힉스 보손 때문에 일어나는지 결코 확신할 수 없다. 하지만 힉스 보손이 원인이 아니라면 장치에서 특정 데이터 집합을 얻을 가능성이 극히 낮아지도록 설정할 수 있다. 얼마나 작은 가능성으로 설정해야 할지 결정하면 된다.

CERN이 힉스 보손 '발견'에 사용한 과학적인 최적 기준은 5σ로 그 범위 내에서 기록된 값의 99.99994퍼센트에 해당한다. 이게 무슨 뜻일까? 복잡한 통계 작업을 정확하게 분석하면 힉스 보손이 존재하지 않을 경우 평균적으로 350만 번의 실험당 1씩 노벨상 수상 데이터 집합과 비슷한 결과를 볼 수 있다.

관심 있다면 이 경우 p값은 0.0000003에 해당한다.

발견 기준을 5σ에서 1σ로 낮추면 (평균적으로) 6번의 실험만 반복해도 발견처럼 보이는 우연한 결과를 얻을 수 있다. 임계값이 3σ면 평균 741회 실험으로도 잘못된 발견이 나올 수 있다. 그렇다면 5σ 이상을 고수해야 힉스 보손 발견을 주장할 수 있다. 왜 10σ는 아닐까? 이것이 바로 개인의 판단에 따른 결정이다. 사실 10σ를 요구한다면 아마 아무것도 발견하지 못했다고 말할 수 없을 것이다. 따라서 항상 5σ가 요구된 건 아니라는 사실을 지적할 만하다. 1984년 CERN의 과학자 카를로 루비아Carlo Rubbia와 시몬 판데르 메이르Simon Van Der Meer는 그 전년도에 W와 Z입자를 '발견'한 후 노벨 물리학상을 받았다. 하지만 그 결과의 통계적 유의성은 5σ에도 미치지 못했다.[20]

개인의 판단에 따른 결정은 중요하다. 생명을 구하는 약물이 시장에 출시될지 또는 법정에서 피고인이 유죄로 인정될지를 결정하는 핵심이기 때문이다. 일단 법률적 측면부터 따져보자. 그게 대다수가 인정하는 사실보다 훨씬 더 중요하기 때문이다.

죄와 벌

•

세계 어느 지역에 사느냐에 따라 삶의 어느 시점에서 배심원으로 봉사할 확률은 약 3분의 1이다. 그리고 배심원으로 일하는 동안 통계적 증거를 평가하라는 요청을 받을 수 있다. 하지만 그 요청에 대한 훈련은 거의 받은 적이 없을 것이다. 그리고 증거를 제시하는 사람 역시 충분한 훈련을 받지 못했을 가능성이 있다. 이것은 사법 체계의 심각한 문제고 그 결과 사람들이 죽었다.

특히 샐리 클라크Sally Clark라는 영국 여성은 첫 두 아이를 죽인 혐의로 1999년 11월 유죄판결을 받았다. 피고 측은 클라크의 아기들이 진단되지 않은 가족력 또는 비통하고 불가사의한 '영아돌연사증후군SIDS'과 같은 자연사로 사망했다고 주장했다. 아동보호 전문가이자 의학 전문가인 로이 메도우Roy Meadow 소아과 교수는 법정에서 클라크와 같은 가정에서 아이가 SIDS로 사망할 확률은 통계적으로 8,453분의 1이라고 증언했다. 그리고 한집에서 같은 일이 두 번째로 일어날 확률은 8,543분의 1의 제곱, 즉 7,300만 분의 1이라고 말했다. 한마디로 가능성이 희박해도 너무 희박한 일이었다.

배심원단은 클라크에게 유죄를 선고했다. 피고 측은 바로 항소했지만 받아들여지지 않았다. 두 번째 항소가 확정된 뒤 클라크는 법원의 유죄판결이 통계적으로 타당하지 않다는 이유로 석방됐다. 하지만 이 사건이 무죄로 입증된 건 또 다른 여성이 또 다른 끔찍한 비슷한 사건에서 이중 살인으로 유죄판결을 받고(역시 메도우 교수가 증언에 참여했다) 클라크 역시 정신 건강이 무너져 석방된 지 4년 만에 알코올의존증으로 사망한 후였다.

클라크의 기소에는 몇 가지 문제가 있었다. 하지만 우리는 단지 두 가지 문제에만 초점을 맞추겠다.[21][22] 첫째, 클라크 가정의 생활 방식이나 환경에서 SIDS가 일어날 확률이 8,453분의 1에 해당한다고 해도 한집에서 두 번째 SIDS로 아이가 사망할 확률은 그렇게 희박하지 않다. 단지 확률을 제곱해서는 안 된다는 뜻이다. 어떤 미지의 요인으로 그런 일이 발생했다면 똑같은 미지의 요인으로 또다시 같은 일이 발생할 가능성은 상당하다. 즉, 설명할 수 없는 또 다른 죽음이 발생할 가능성이 훨씬 더 커진다(한 추정치에 따르면 60명 중 1명꼴로 높게 나타난다). 둘째, 피고의 무죄를 입증할 해명이 그럴듯하지 않다는 이유로 유죄가 될 가능성이 큰 건 아니다. 허위나 오해의 소지가 있는 통계로 유죄 가능성이 작은 것처럼 보이게 하는 전략을 검사의 오류prosecutor's fallacy라고 한다.

피고의 오류defendant's fallacy도 주목할 만하다. 이 오류는 O. J. 심슨O. J. Simpson 재판에 이용됐다. 피고 측은 아내를 때리는 남편이 아내를 살해하는 경우는 1,000명 중 1명에 불과하다고 말했다. 배심원이라 생각하고 자신에게 물어보자. O. J. 심슨이 1,000명 중 1명보다 더 나쁠까? 하지만 그렇게 생각해서는 안 된다. 그건 주의력을 흩트리는 혼란스러운 질문이다. 요점은 니콜 브라운Nicole Brown이 죽었다는 것이다. 그리고 관련 통계는 실제로 이렇다. 남편에게 맞아 살해당한 아내는 5명 중 4명꼴이다.

통계가 잘못되면 DNA 일치 같은 과학적으로 타당한 증거도 오해를 살 수 있다. 예를 들어 강도 사건 재판에 참여한 미국 배심원단은 용의자의 DNA와 범죄 현장에서 발견된 DNA가 일치할 확률이 '100만 분의 1'이라는 견해를 제시할 수 있다. 그러면 배심원들은 이것이 미결 사건이라고 생각할 수 있다. 하지만 이는 미국 성인 남성 1억 5,200만 명 가운데 용의자 외에도 151명의 또 다른 용의자가 있을 수 있다는 뜻이다. 따라서 유죄판결을 받으려면 통계 수치보다 더 많은 증거가 있어야 한다.

최근 바이러스성 전염병 코로나19 집단검사에서도 유사한 문제가 발생했다. 불완전한 세상에서 '정확도 99퍼센트'의 검사는 완벽에 가깝게 들린다. 왜 아니겠는가? 그렇다면 코로나19 증상 유무를 알아보기 위해 모든 사람이 반드시 그 검사를 받아야 할까? 양성 반응이 나온다면 회복하는 데 시간이 걸릴 테니(필요하다면) 면역력이 생겨 다시는 아프지 않으리라는 확신이 생기면 검사를 받을 것이다. 하지만 이는 잠재적으로 아주 나쁜 개인적 판단이다.

1,000명 중 1명이 실제 코로나19에 걸린다고 하고 1,000명을 검사해 보자. 정확도 99퍼센트의 검사를 한다면 아픈 사람 99퍼센트와 건강한 사람 99퍼센트에게 올바른 답을 알려 줄 것이다. 즉, 코로나에 걸리지 않은 나머지 999명 중 1퍼센트

가 긍정적인 결과를 얻는다는 뜻이다. 무려 9.99명이다. 사실상 1,000명 중 11명이 양성 판정을 받고 그들 중 단 1명만이 실제 면역력을 갖게 될 것이다. 그래서 만약 양성 반응이 나온다면 10퍼센트만 면역력이 생긴다고 확신할 수 있다. 알고 보니 별 도움이 안 되지 않나? 모든 정보가 그렇다. 인구 중 코로나19 감염률을 실제로 알지 못하면 우리는 얼마나 많은 거짓 양성 반응이 있는지도 알 수 없다.

이 모든 것의 반직관적 특성 때문에 많은 통계학자가 다른 체계를 선호한다. '베이즈 정리Bayesian analysis'라는 방법인데 새로운 발명품은 아니다. 오히려 그 반대다. 18세기 중반 토마스 베이즈Thomas Bayes라는 목사가 발전시킨 정리다. 언제인지는 정확히 모른다. 베이즈가 직접 고안한 이론을 아무에게도 말하지 않았기 때문이다.

1761년 베이즈 목사가 사망한 후 발견된 베이즈 통계는 학자들 사이에서 여전히 논쟁을 불러일으킨다. 지금까지 살펴본 표준적 '빈도' 통계보다 더 나은지에 대해서는 누구도 동의하지 못한다. 빈도 통계는 결과가 발생하는 빈도를 분석해 확률을 찾는 것으로 우리에게 익숙한 방법이다. 예를 들어 주사위를 계속 굴리면 결국에는 모든 숫자가 같은 빈도로 나온다. 하지만 베이즈 통계는 '조건부확률', 즉 사건 A가 일어났을 때 사건 B가 일어날 확률이 얼마일지 살펴보는 것이다.

예를 들어 어떤 배심원이 내 폭행 혐의가 유죄임을 70퍼센트 믿게 하는 증거를 들었다고 하자. 하지만 아직 법의학적 증거는 듣지 못했다. 법의학적 증거가 제시되자 배심원은 희생자에게서 발견된 혈액형이 나와 같은 혈액형이라는 사실을 알게 된다. 여기서 잠깐! 인구의 35퍼센트는 모두 그 혈액형이다. 그렇다면 그 배심원은 내가 유죄라고 더 확신하게 될까, 아니면 덜 확신하게 될까? 아니면 상관없는 정보일까?

베이즈 통계를 이용하면 연필과 종이로 문제를 해결할 수 있다. 사실 그 계산은 내게 재앙이다. 배심원은 내가 무죄라는 확신이 이전보다 절반으로 줄어든다. 그렇다고 유죄라는 확신이 140퍼센트 늘어난 건 아니다. 배심원은 내 결백을 30퍼센트 확신했지만 법의학적 증거 때문에 내가 유죄라는 예감이 더 강해졌을 뿐이다. 이제 배심원은 내가 무죄일 확률이 겨우 14퍼센트, 유죄일 확률이 86퍼센트라고 확신한다.[23]

배심원이 숫자를 계산하며 피고의 유죄를 판단한다는 게 억지스럽게 들릴 수 있지만, 장담하건대 이런 경우는 오랫동안 있어왔다. 1993년 뉴저지 대 스팬New Jersey vs Spann 사건을 예로 들어보자.[24] 조제프 스팬Joseph Spann이라는 흑인 남성 교도관이 여성 수감자를 임신시킨 혐의로 기소됐다. 남성의 지위로 볼 때 그건 범죄다. 이 사건은 모두 검찰이 아이 아버지가 스팬이라는 사실을 증명할 수 있느냐에 달려 있었다.

주 정부는 유전자 검사에 근거한 법의학적 증거를 제시했고 스팬이 아버지일 확률이 96.55퍼센트라고 주장했다. 아이에게 엄마 DNA에 없는 특정 유전자가 있다는 사실 때문이었다. 일반적으로 그 유전자는 미국 흑인 남성의 1퍼센트에 존재했고 스팬은 그 1퍼센트에 속했다. 배심원단은 스팬의 죄가 인정된다고 생각하는 어떤 '전과' 기록으로든 판단할 수 있다는 말을 들었다. 하지만 주 정부의 전문가 증인이 그 확률이 '중립적인' 50퍼센트라고 하는 말도 들었다. 사건의 내막을 들여다보면 정말 흥미롭다.[25] 전문가는 친자일 확률이 90퍼센트 미만이면 '해당 없음', 90~94.99퍼센트는 '가능성 있음', 95~99퍼센트는 '매우 가능성 있음', 99.1~99.79퍼센트는 '굉장히 가능성 있음'으로 해석될 수 있다고 증언했다.

배심원단은 직접 고른 전과 기록으로 자신만의 개인적 판단을 내리는 방법을 보여줬다. 하지만 그 전과 기록이 그들의 추정을 어떻게 바꾸는지에 대한 지도는 받지 않았다. 결국 배심원단은 피고가 유죄라고 판결했지만 이 재판은 통계에 순진한 배심원이 만든 통계적 계산에 의존했을 뿐 아니라 여러 가지 이유로 여전히 논란이 되고 있다.

이 모든 숫자 때문에 머리가 빙빙 돈다면 혼자만 그런 게 아니니 안심하자. 법의학적 증거가 사법 체계의 핵심이 되는 요즘 관련 수학은 거의 문제가 되고 있다. 일반 대중이 범죄로 기소

된 사람들의 무죄나 유죄를 결정해야 한다는 생각은 우리 사회의 중심축이지만 통계는 전문가에게 맡기는 게 최선이라는 생각에 반대하기 어렵다. 우리가 상세히 알아볼 다음 사례가 분명 그런 경우다. 바로 제약업계의 운명을 좌우하는 사례다. 표준적인 빈도 통계로 가상의 약물 실험 통계를 간단히 살펴보자.

통증과 정제약, 위약 그리고 유의확률(*p*값)

우리가 더 많은 수학적 기술을 습득하기 전 의학 치료의 효능은 왕왕 소문이나 직감에 근거한 의견 문제였다. 이를테면 유명한 천재 뉴턴은 두꺼비 토사물을 섞은 팅크제를 먹으면 페스트를 치료할 수 있다고 스스로 확신했다. 요즘에는 우리가 더 나은 판단을 할 수 있다. 진통제(페인다운PainDown이라고 부르자)를 복용하는 게 아예 약을 먹지 않거나 위약(치료제가 없는 가짜 약)을 먹는 것보다 훨씬 효과적이라는 가설을 시험하고 싶다고 하자. 먼저 모든 환자에게 가벼운 전기 충격을 주고 고통 점수를 보고하도록 한다. 그리고 나서 그중 절반에게는 페인다운을 주고 나머지 절반에게는 생김새와 맛은 같지만 통증 억제력이 없는 위약을 준다. 이제 다시 한 번 전기 충격을 준 뒤 환자들에게 고통 점수를 물어본다. 이 실험으로 3개의 뚜렷한 정규분포 곡선을 얻을 수 있다. 페인다운 곡선, 위약 곡선 그리고 기존 곡선이다. 그럼 페인다운을 생산할 만한 가치가 있는지 어떻게 알 수 있을까?

'가설 검증'을 거치면 된다. 일단 개선된 사항이 우연일 가능성은 얼마나 되는지 확인해 보자. 기존 고통 점수의 평균은 50명의 경우 5.71점(10점 만점)이라고 가정한다. 이 데이터 집합의 표준편차는 1.97이다. 페인다운을 복용한 환자들이 느낀 고통 점수는 10점 만점에서 4.28점이고 표준편차는 1.72점이다.

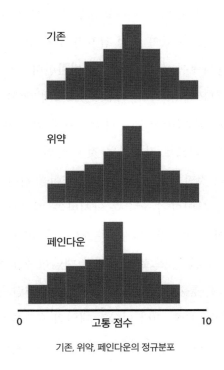

기존, 위약, 페인다운의 정규분포

위약을 복용한 환자들은 10점 만점에서 4.80점으로 평가했고 표준편차는 1.42점이다.

페인다운 집단과 위약 집단의 숫자를 표준 통계 공식에 대입하면 p값을 얻을 수 있다. 먼저 위약 및 페인다운 결과에 대한 가설을 세운다. 여기서 '영가설(귀무가설이라고도 함_옮긴이)'은 두 집단 사이의 차이가 단지 우연에 불과하다는 것이다. 교과서로 배운 통계 공식으로 이 가설을 확인하고 페인다운 효능을 어느 정도 신뢰해야 하는지 정량화하는 p값을 찾을 수 있다. 평균 점수, 표준편차 및 실험 대상자 수를 대입하는 이 공식을 t 통계량이라고 한다. 질문 종류와 실험 참가자 수를 고려한 통계 소프트웨어를 사용해 t 통계량을 p값으로 변환한다. 이 실험의 경우 t 통계량은 1.5116이다. 따라서 p값은 0.072에 가깝다.

이 값은 p값의 일반적 기준인 0.05보다 약간 높은 수치다. p값은 약물이 위약으로 작용하는 것 이상의 효과가 없다면 우리가 관찰했던 것만큼 큰 평균 점수의 차이를 관찰했을 확률이므로 영가설을 부인할 수 없음을 암시한다. 따라서 페인다운이 위약보다 확실히 더 나은 것은 아닌 것 같다. 이 과정은 언제나처럼 판단을 내리는 것으로 끝나지만 대단히 유용한 혁신이었다. 현대 의학은 통계를 기반으로 구축됐다. 이런 통계 작업을 거치면 약물이나 수술, 기타 의학적 개입의 효과를 수량화해 수술실 및 수술 시간은 물론 비용과 같은 귀중한 의료 자원을 낭비하지 않으면서 수많은 생명을 근본적으로 치료하거나 때로는 구할 수 있다.

정교한 외삽법

통계의 탄생 그리고 개인적 판단에 따른 결정이라는 다소 주관적 속성에 관한 문제점에도 현대 세계에 미치는 통계의 중요성과 영향력은 부인할 수 없다. 의학, 정치, 경제, 정의 그리고 과학은 모두 일상생활에서 통계 도구를 사용한다. 하지만 다른 어떤 것보다 훨씬 더 심오한 영향을 끼치는 통계 분야가 있다. 바로 표본추출이다.

표본추출은 어떤 자료에 대한 일부 정보를 가져와 신뢰할 수 있도록 외삽한 뒤 전체 의미를 파악하는 기술이다. 누구나 항상 표본추출을 활용하지만 아마 수학적 엄격함보다는 직관에 따르는 경우가 많을 것이다. 예를 들어 스파게티 요리를 준비하고 있다면 냄비 물이 잘 끓었는지 알아보기 위해 한 가닥이상의 면을 넣어 시험할 것이다. 전기기술자를 찾는 경우 바가지를 쓰지 않으려면 여러 번의 견적을 받아야 할 것 같은 불안함을 느낄 것이다. 온라인 쇼핑을 할 때는 고객 후기를 확인하며 또 다른 개인적 판단을 표본추출할 것이다. 별 5개짜리 후기가 6개 달린 제품이 별 4개짜리 후기가 200개 달린 제품보다 더 나은 선택일까?

표본추출의 난제는 상업에서도 마찬가지다. 밭에서 뽑은 잘 익은 보리 10줄기 품질이 밭 전체의 품질을 얼마나 대표할 수 있을까? 공장 컨베이어 벨트에서 고른 10개 품목이 내력 시험stress test을 통과한다면 나머지 품목의 내력도 똑같이 신뢰할 수 있을까? 몇몇 사람에게만 수행한 시약 검사로 대다수 사람에게 효험이 있는지 알아낼 방법이 있을까? 전깃줄이나 광섬유를 통해 극히 일부의 신호만 보낼 수 있다면 내가 보내는 일부 신호로 다른 쪽 끝에 있는 사람이 원본을 재구성할 수 있게 할 방법이 있을까? 이 모든 게 오늘날 소비자 주도 경제의 핵심에 자리 잡고 있는 수백만 달러의 질문이 됐다.

표본추출의 역사는 적어도 기원전 400년까지 거슬러 올라갈 수 있다. 산스크리트 대서사시 〈마하바라타Mahabharata〉에 따르면 고대 인도 왕 리투파르나Rituparna는 비비타카 나무에 달린 과일 양을 두 나뭇가지로 추정한다. 그리고 몇몇 작은 나뭇가지에 달린 열매를 센 뒤 나무 전체에 2,095개 열매와 10만 개 잎이 있다고 선언한다. 리투파르나의 동료 날라Nala 왕은 일일이 숫자를 세 밤새워 확인한다. 영국에서도 1282년부터 영국 조폐국이 만든 화폐를 확인하기 위해 비슷한 과정이 진행됐다. 픽스(영국 조폐국의 화폐 검정함_옮긴이) 검사Trial of the Pyx라는 이 과정에서는 새

주화를 표본추출해 화폐의 일관성을 확인한다.

픽스라는 명칭은 라틴어로 '작은 상자'를 뜻하는 단어에서 유래했다. 무작위로 추출된 각 단위의 주화는 일련의 나무 상자에 담겨 검사 대상이 된다. 주화의 무게, 성분, 크기 및 표시가 바람직한 기준과 모두 비교된다. 선택된 각 주화 수는 주조된 주화 수에 비례한다. 만약 주화의 속성이 기준치 내에 있다면 나머지 주화도 그 기준치와 부합하는 게 거의 확실할 것이다.

픽스 검사는 매년 런던 골드스미스 워십풀 컴퍼니 홀에서 열린다. 화려함과 색채가 돋보이는 의식이지만 전통 규약을 엄격히 준수한다. 재무장관 또는 지명된 대표자가 골드스미스 워십풀 컴퍼니 임원 및 조폐국 관리와 함께 의식에 참석해야 한다. 조폐국이 새 주화를 잘 주조했는지에 관한 결정은 워십풀 컴퍼니 임원으로 구성된 심사위원단이 내린다. 만약 모두 검사를 통과한다면 시중에 유통되는 주화와 일치하지 않는 주화는 위조된 것으로 보는 게 합리적이다.

영국 조폐국은 항상 화폐를 자랑스럽게 여겼고 위조를 통제하는 데 무자비했다. 1696년에는 화폐에 유독 열광하는 인물을 조폐국 감사로 임명했는데 그 직책은 무엇보다 위조 방지를 책임지는 자리였다. 뉴턴은 한 번도 공직에 있었던 적이 없었지만 관찰력과 기획력, 통찰력 등을 인정받아 조폐국 감사에 임명됐다. 1699년 뉴턴은 가장 악명 높았던 화폐 위조범 윌리엄 챌로너William Chaloner를 직접 추적해 끝내 체포했다. 챌로너는 매우 노련하고 침착했다. 위조라는 재앙을 막기 위해 '도둑은 도둑이 잡는다'는 구호를 내건 정부를 상대로 전문 지식까지 키웠다. 하지만 챌로너는 뉴턴의 상대가 되지 못했고 3월 16일 교수대에 올랐다.[26] 얼마 후 뉴턴은 훨씬 돈벌이가 좋은 직업을 얻었다. 바로 조폐국장이었다. 하지만 뉴턴은 이 직책 때문에 픽스 검사에서 기분이 언짢았다.

뉴턴의 성향을 파악하고 있다면 주화 가치가 1,000분의 1로 낮아졌다는 1710년 심사위원단의 보고서에 걷잡을 수 없이 분노했을 그의 모습을 금세 상상할 수 있을 것이다. 뉴턴은 자기가 통제하는 당시의 조폐국이 '그 어느 때보다도 훨씬 정확한' 주화를 생산하고 있다고 생각했다.[27]

뉴턴의 반발이 너무 거세자 골드스미스 임원진은 뉴턴을 홀 밖으로 내쫓았다. 심사위원단의 보고서에 굴하지 않은 뉴턴은 실험실에서 펜과 종이를 놓지 않은 채 오류의 원인을 찾아냈다. 그해 교체된 금 합금으로 만든 비교 기준인 '검사판'이 불량이었던 것이다.

뉴턴은 억울한 비난을 초래한 검사판의 제조 오류를 설명한 뒤 픽스 검사의 규약을 수정하자고 제안했다. 그리고 조폐국이 나서서 이를 순금 검사판으로 대체해야 한다고 주장했다. 뉴턴의 아이디어는 거부됐다. 하지만 150년 후 조폐국 관계자들은 뉴턴의 아이디어가 좋았다고 인정했다. 뉴턴이 웨스트민스터 사원에 묻힌 지 133년 만에 그의 혁신적인 제안이 실행됐다. 그렇다. 뉴턴은 심술궂은 인물이었다. 하지만 우리가 뉴턴의 지혜를 완전히 구현하기까지는 1세기가 넘게 걸렸다.

기네스와 스튜던트 t-검증

표본추출을 통한 통계적 혁신도 20세기 가장 출세한 세계적 상표 중 하나인 기네스^{Guinness}의 성공에 이바지했다. 물론 기네스도 상당한 대가를 치렀다. 흑맥주를 개선하려는 기네스 양조 회사의 노력은 가장 널리 사용되는 통계 도구를 선사했다.

1899년 윌리엄 실리 고셋$^{William\ Sealy\ Gosset}$은 기네스 회사에 입사했을 때 기네스 과학 양조 팀에 속한 6명 중 하나였다.[27] 과학 양조 팀의 각 구성원은 옥스퍼드대학이나 케임브리지대학에서 화학을 전공했고 마치 록 스타 같은 대접을 받았다. 게다가 기네스 하우스에 개인 숙소도 있었다. 하급 직원들은 복도에서 운 좋게 양조업자를 만나면 그 사람이 지나갈 때까지 눈을 내리깔아야 한다는 말을 듣기도 했다.

기네스는 이제 막 사업 규모를 확장하면서 과학을 사업의 중심에 두기로 했다. 1886년 기네스 양조 회사는 런던증권거래소에 상장되며 큰 성공을 거뒀다. 고셋이 합류했을 당시에는 전세계에서 가장 큰 양조 회사였다. 그 말은 엄청난 양의 홉과 보리가 필요하고 높은 품질을 꾸준히 유지해야 한다는 뜻이었다. 새로 입사한 양조업자들은 관련 데이터를 축적하기 시작했지만 분석하기가 어려웠다. 지위와 학위에도 불구하고 그들은 수학을 다루는 데 서툴렀고 통계는 거의 익숙하지 않았다. 그나마 수학을 전공한 고셋이 데이터 분석에 필요한 게 무엇인지 고민해야 했다. 그래서 몇 권의 통계학 교재를 탐독했고 1903년 표준편차와 표본 크기를 이용해 '표준오차'를 계산해 냈다. 심지어 상관관계 척도도 고안했다. 고셋은 맥주 양조를 위한 보고서를 작성해 새로운 통계 도구의 개요와 맥주 생산 개선법을 설명했다. 그리고 이 통계 도구가 생소한 이유는 과학 양조 팀을 비롯한 모든 양조업 종사자에게 팽배한 '수학을 향한 대중적 공포' 때문이라고 언급했다. 이제 마음이 놓이려나? 누구나 수학을 두려워한다.

1905년 여름 기네스는 회사의 새로운 통계 전문가 고셋을 영국으로 보내 골턴의 수제자 피어슨에게 자문하도록 했다. 피어슨은 현재 세계 최고의 통계학자로 널리 인정받고 있다. 고셋은 보리를 이용한 기네스 실험에는 네 가지 다른 품종만 포함돼 있어 소수의 다른 품종들로 비교하는 방법을 알아야 한다고 설명했다. 4개의 표본으로 표준편차를 정확하게 판별하기는 매우 어려웠으므로 고셋은 피어슨이 최소한의 오류를 추정하고 '유의성'으로 선언해야 할 확률을 결정하는 것과 같은 판단 방법을 찾길 바랐다. 하지만 당시에는 피어슨을 비롯한 그 누구에게도 작은 규모의 실험을 다룰 통계 도구가 없었다. 피어슨은 실망한 고셋을 부드럽게 진정시키며 본인이 알고 있는 모든 통계 방법을 가르쳤다. 고셋은 여기에 약 30분 정도가 걸렸다고 회상했다.

놀랍게도 이 일은 고셋이 기네스로 돌아가 일부 데이터 분석을 구현할 때 충분히 유용했다. 그리고 고셋이 유니버시티칼리지런던의 학생이 된 지 1년 후 기네스 양조 팀이 고셋을 다시 피어슨에게 보내 함께 일하게 할 만큼 충분히 성공적이었다. 1907년 훗날 '영감을 받은 추측'이라 명명한 방법으로 고셋은 작은 표본의 오류라는 질문의 답을 얻었다. 이 연구에서는 보리 데이터가 아니라 런던 경시청이 제공한 지역 교도소 범죄자들의 키와 왼손 가운뎃손가락 길이를 사용했다. 당시 골턴이 영국 국민의 범죄성을 포착(및 제거)하는 연구에 노력을 기울이고 있었기 때문이다.

문제가 해결되자 고셋은 기네스로 다시 돌아와 새로운 통계법을 적용했다. 아처Archer라는 품종이 기네스의 목적에 맞는 최고의 보리를 제공한다고 밝혀지자 기네스는 시장에 있는 아처 씨앗 1,000배럴을 모두 사들였다. 파종한 지 1년 후 1만 배럴의 씨앗이 생긴 기네스는 농부들에게 씨앗을 분배했다. 그 외에는 아무도 그 씨앗을 갖지 못했다. 기네스는 그들에게 가장 중요한 원료를 장악했다.

보리 시장을 독점하게 된 기네스는 고셋이 그의 혁신적인 방법을 출판하도록 허락했다. 다만 경쟁사들이 기네스의 영업 기밀을 눈치챌 경우를 대비해 고셋의 이름은 사용하지 못하게 했다. 고셋은 '퍼필Pupil' 또는 '스튜던트Student'라는 가명으로 이론을 발표했다. 이 이론은 현재 '스튜던트 t-검증Student's t-test'으로 알려져 있다.

t-검정을 이용하면 표본 크기와 이 크기가 계산에 미치는 불확실성 사이의 관계를 파악할 수 있다. 그러면 결과에 얼마나 큰 자신감을 가져야 하는지도 알 수 있다. 고셋의 혁신은 기네스에 효과가 있었지만 사실 통계적 유의성의 구성 요소를 결정한 피셔가 t-검정 이면에 있는 수학을 증명하고 적용 대상의 범위를 넓히기 전까지는 아무도 그 혁신에 관심이 없었다. 지금은 서로 다른 표본을 비교하려는 모든 분야에 t-검증이 활용된다. 의학 연구에서는 HIV 치료에 대한 항레트로바이러스 효과를 시험할 때 t-검증을 사용한다. 비즈니스 연구에서는 t-검증을 통해 고객 서비스 규약 개선과 같은 중재 효과를 검토할 수 있다. 그리고 여전히 t-검증이 시작된 바로 그 분야에서도 사용되고 있다. 농업 연구의 경우 비료의 효능 및 작물 품종의 상대적

가치, 우유나 치즈와 같은 가공식품의 안전성을 결정하는 데 t-검증이 도움을 주고 있다.

압축이라는 절충안

———————————— • ————————————

피셔의 모든 혁신에 비해 압축은 지난 수십 년 동안 전 세계를 점령한 다른 유형의 표본추출이다. JPEG, MPEG, MP3, HDTV 같은 약자를 일상용어로 제안하며 삶의 질을 크게 개선했다. 이제 잠시 데이터 압축에 관한 수학을 분석해 보자.

2019년 미국 국민은 전 세계 데이터 서버에서 스트리밍된 1조 개 이상의 오디오와 비디오 파일을 전송받았다. 인터넷을 구성하는 데이터 채널의 용량을 고려하면 이런 파일이 '압축'되지 않는 한 불가능했을 일이다. 즉, 해당 파일의 기존 데이터양이 대폭 줄어들었다. 이런 압축은 표본추출이 없었다면 꿈도 꾸지 못했을 것이다.

우리는 음악 한 곡을 녹음할 때 원곡의 모든 정보가 녹음 파일에서 그대로 재생되길 원한다. 원곡의 정보는 레코드판 홈에, CD에 있는 미세한 구멍에 또는 디지털 파일의 0과 1로 인코딩된다. 그 정보는 어떤 음악을 재생하든 정확히 어떤 순간에 어떤 주파수를 내야 하는지 그리고 그 주파수가 어떻게 다량으로 서로 연관돼야 하는지 말해준다. 불과 3분짜리 팝송에도 엄청난 양의 정보가 담겨 있다. 하지만 알고 보니 그렇게 많은 정보는 불필요했다.

19세기 초 프랑스 수학자 푸리에는 아무리 복잡한 연속 신호라도 주파수와 진폭이 서로 다른 사인파로 재현될 수 있음을 보여줬다. 완전히 완벽하게 재현하려면 무한한 파동이 필요하겠지만 푸리에는 유한한 파동으로도 충분하다고 증명했다. (비교적) 간단한 공식과 복소수로 나타낸 이 증명을 푸리에 변환이라고 한다.

푸리에의 혁신 덕분에 과학자들은 완전히 새로운 도구를 마음대로 이용할 수 있었다. 시간에 따라 변하는 신호는 이제 구성 요소의 주파수를 통한 스윕sweep으로 나타낼 수 있다. 알려진 바와 같이 '주파수 영역'으로 이동하면 각 구성 요소는 시시각각 변하는 신호를 완전히 새로운 방식으로 분석하고 처리할 수 있었다. 푸리에 변환은 열역학과 지질학 그리고 훨씬 뒤에는 양자역학을 포함한 많은 연구 분야의 중심이 됐다.

전 세계가 디지털 정보로 움직이기 시작했을 때 조금 다른 도구가 등장했다. 연속적 아날로그 파형이 아닌 불연속적 신호 0과 1에 적용된 푸리에 변환은 '이산 푸리에 변환discrete fourier transform'이 됐다. 이산 푸리에 변환은 통합 사진 전문가 단체Joint Photographic Experts Group가 선보인 JPEG 탄생의 배경이 됐고 JPEG

는 1992년 디지털 이미지 파일을 압축하는 표준 규격으로 공식 승인됐다. 하지만 1965년 미국 수학자 존 튜키John Tukey가 이산 푸리에 변환보다 훌륭한 아이어디를 제안했다.

1915년 태어난 튜키는 타고난 수학적 두뇌를 빠르게 인정받았다.[29] 아들의 재능을 일찍이 알아본 튜키의 부모님은 1920년대에 가정에서 직접 아들을 가르쳤다. 35번째 생일을 맞이할 무렵 튜키는 프린스턴대학교 정식 교수가 됐고 1965년에는 이 대학에 통계학부를 설립했다. 고속 푸리에 변환FFT이 등장한 때와 같은 해 케네디 대통령의 과학자문위원회 회원이었던 튜키는 러시아 핵폭탄 실험을 감지하는 지진학적 신호를 신속하게 처리할 필요가 있음을 깨달았다.

'큰 곰 같은 사람'으로 묘사되는 튜키는 정보이론(다음 장에서 다룰 예정)에서 쓰이는 이진수를 위해 이미 '비트bit'라는 용어를 만들었다. 1947년의 일이었다. 1958년에는 '소프트웨어software'라는 용어를 발명했다. 어쩌면 고속 푸리에 변환보다 조금 덜 귀에 거슬렸다. 하지만 디지털 혁명이 전개되자 그만큼 중요해졌다.

본질적으로 FFT는 디지털 압축에 사용되는 이산 푸리에 변환을 계산하는 지름길이다. JPEG에는 FFT의 속도가 필요하지 않았다. 하지만 1993년 동영상 전문가 단체Moving Pictures Experts Group가 승인한 표준 MPEG에는 분명 필요했다. 동영상의 오디오는 MP3 파일이 지원했다. MP3 파일은 무선이나 블루투스, 구리 또는 광섬유를 통해 매일 스트리밍하는 파일 유형이다. MP4는 오디오와 비디오를 모두 지원한다. 튜키는 FFT 통계 분석을 이용해 기록된 데이터 파일 크기는 줄이면서 화질이나 음질은 눈에 띄게 줄이지 않는 방식으로 기존 신호를 처리했다. FFT를 3번 반복한 MPEG-3는 고화질 텔레비전에 쓰인다. MPEG는 이미 게놈(MPEG-G)과 완전 몰입형 360도 가상현실 비디오(MPEG-I)의 정보를 압축하고 전송하는 표준방식을 개발했다. 그렇다. 기여도는 미묘한 문제지만 통계는 21세기 삶을 매우 특별하게 만들며 엔터테인먼트와 교육 자원, 비즈니스용 중요 데이터 그리고 심지어 필요한 곳이면 전 세계 어디든 맞춤 의료 서비스를 효율적으로 제공하고 있다.

여기서 언급해야 할 인물이 1명 더 있는데 이 여성 수학자는 지극히 현실적이다. 푸리에는 9살이라는 어린 나이에 고아가 돼 지구온난화의 주범인 온실효과를 발견하고 프랑스혁명 동안에는 감옥에 투옥되고 나폴레옹의 과학 고문으로 대륙을 횡단했다. 튜키는 앞서 살펴본 것처럼 수학 신동으로 자라 케네디 대통령을 보좌하며 냉전 시대에 결정적인 역할을 했다. 하지만 지금 소개할 잉그리드 도브시Ingrid Daubechies에 대해서는 딱히 들려줄 이야기가 없다(1994년 프린스턴대학의 첫 여성 수학 교수가 됐다는 사실을 제외하면 말이다. 하지만 이 사실 역시 도브시보다는 프린스턴대학의 보수적인 분위기에 더욱 솔깃할 것이다). 벨기에에서 태어나 지금은 노스캐롤라이나 더럼에 있는 듀크대학교에서 일하는 도브시는 무척 재능 있는 수학자다. 그리고 뛰어난 통계 방법을 고안해 FBI 지문 데이터베이스, 수많은 생명을 구하는 의료 기술 그리고 10억 광년 정도 떨어진 블랙홀의 충돌을 매일 감지하는 장비에 보탬이 됐다. 하지만 그는 이 일로 공연한 법석을 떠는 건 싫어할 것이다.

도브시의 프로필을 볼 때는 정원 가꾸기를 향한 사랑에 초점을 맞추는 편이다. 아마 도브시의 발명품에 관한 복잡한 수학을 이해하기가 사실상 불가능하기 때문일 것이다. 하지만 적어도 약간 귀엽게 들리는 웨이블릿Wavelets이라는 이론에는 손을 흔들 수 있다.

웨이블릿은 점멸 신호를 수학적으로 나타내는 방법이다. 즉, 심장 박동 모니터의 스파이크처럼 단 하나의 짧은 신호를 수학적으로 변환한다. 이 변환은 생각보다 훨씬 어렵다. 신호가 사인파로 바뀌면 거의 항상 '긴 꼬리'가 생긴다. 따라서 신호를 갑자기 멈추려면 매우 높은 주파수의 사인파를 사용해야 한다. 이 작업은 실제로 한계가 매우 제한적이다. 신호에 엄청난 양의 데이터를 추가하기 때문이다. 대부분 원본에 포함된 양보다 훨씬 더 많다.

도브시의 웨이블릿은 푸리에 변환 방식의 대안으로 무한 차원 공간을 사용한다(그렇게 어려운 말은 아니다. 웨이블릿을 이용하려면 미적분 공식에서 접한 무한급수의 힘을 빌려야 한다). 도브시는 꼬리가 아예 없는 신호, '모母'웨이블릿으로 알려진 원래 신호를 만드는 방법을 찾았다. 그 신호는 정점에서부터 아주 짧은 거리에서 정확히 0으로 간다. 그런 다음 도브시는 모웨이블릿을 조정해 딸, 손녀, 증손녀 등의 신호를 만든다. 더 많은 세부 정보를 제공하는 이 신호들은 정보가 풍부한 짧은 점멸 신호로 합쳐진 뒤 아주 작은 데이터 파일로 인코딩된다.

도브시의 발견은 1986년 큰 성공을 거두며 데이터 처리에 즉각적인 영향을 미쳤다. 특히 의료 영상 기기 분야에서 크게 활약했다. 내시경, 초음파, X선, MRI 및 CT 스캔 영상 등은 모두 웨이블릿 변환을 이용해 중요 세부 사항(아마도 생명을 구하는 정보)의 손실 없이 스캔을 처리하고 쉽게 전송한다. 그러나 웨이블릿이 일으킨 가장 큰 변화는 아마도 지문 기록일 것이다.

법률 집행을 위한 수단으로 지문 개발을 개척한 사람은 골턴이었다. 골턴은 1888년 《네이처》에 보낸 논문에서 지문은 '겉으로 보이는 모든 흔적 중 가장 아름답고 특징적인 표식'일 수 있다고 제안하며 다소 이상한 소리지만 '버터 묻은 아이들의 손가락 지문이 책 가장자리에 자국으로 남을 만큼 미세한 선'이라고 묘사했다.[30] 또 골턴은 두 사람의 지문이 같을 확률은 640억분의 1이라는 걸 알아냈다. 골턴의 노력은 헛되지 않았다. 런던 경찰청은 1901년 최초로 지문 감식국을 설립했고 설립 1년 만에 첫 지문 증거가 법정에 제출됐다. 지문 감식은 1903년 뉴욕 주립 교도소에서 수감자를 식별하는 용도로 채택됐다.

지문의 가치는 기록에 남은 지문 수에 비례하며 지문에 접근하고 비교하는 데 걸리는 시간에 반비례한다. 문제는 데이터베이스에 지문이 많을수록 검색 시간이 더 오래 걸린다는 것이다. 푸리에 변환에 의한 지문 압축은 이 역설을 해결하는 데 도움이 되지 않았다. 유용한 데이터 압축이라도 지문의 유용한 세부 정보를 지켜주지 못했다. 하지만 웨이블릿이 등장하자 모든 게 달라졌다. 오늘날 FBI 형사사법정보국은 도브시의 웨이블릿으로 암호화한 약 1억 5,000만 명의 지문 기록을 보유하고 있다.

사기꾼 찾기

앞서 봤듯이 통계학자에게는 사람들을 감옥에 가두거나 그들의 무죄를 입증할 방법이 하나 이상 있다. 하지만 아마도 그중 가장 뛰어난 방법은 벤포드 법칙일 것이다. 언뜻 보면 정말 터무니없는 법칙이다. 간단히 말해 인간의 활동을 포함한 자연 활동을 기록하는 모든 숫자 표에 특정 패턴이 있다는 것이다. 숫자 1이 가장 빈번하게 등장하고 다음은 2, 다음은 3… 순으로 나타나며 마지막 숫자 9가 나올 확률은 4.6퍼센트에 불과하다.

천문학자 사이먼 뉴컴Simon Newcomb은 19세기 과학자들이 로그표 책을 어떻게 사용했는지 분석하다가 처음으로 그 패턴을 발견했다.[31] 그리고 1로 시작하는 수가 있는 책 앞쪽 책장이 더 더럽다는 점을 알아냈다. 책장은 뒤로 넘길수록 점점 깨끗해졌고 9로 시작하는 숫자의 로그표는 손을 댄 흔적이 거의 없었다. 뉴컴은 과학자들이 대부분 큰 수보다 작은 수가 더 많은 문제를 해결했다고 결론지었다. 이제 곧 알겠지만 천문학은 이 법칙이 통하는 세상의 아주 작은 분야에 불과하다.

이 보편적 진리는 공학자이자 물리학자인 프랭크 벤포드Frank Benford의 이름을 따서 명명됐다. 벤포드가 겨우 6살이던 1889년 그의 고향 펜실베이니아주 존스타운에 있는 사우스 포크 댐이 무너지며 재앙이 덮쳤다. 급격히 범람한 물이 시속 40마일로 존스타운을 강타해 2,200명의 목숨을 앗아갔다. 벤포드는 팔이 부러지는 상해를 입었지만 다행히 살아남았다. 그리고 표류하는 나무에 멀쩡한 팔 하나를 의지한 채 홍수 속에서 밤을 보냈다.[32]

홍수가 덮친 존스타운에서의 생활은 녹록지 않았다. 벤포드는 12살에 학교를 그만둬야 했지만 훗날 다시 공부를 시작해 23살에 미시간대학교에 입학했다. 졸업 후에는 GE에 입사해 스케넥터디에 있는 조명 공학 연구소에서 일했다. 38년 동안(물론 그동안 스타인메츠와도 함께 일하며) GE에서 근무한 벤포드는 1948년 7월 은퇴했다. 그리고 불과 5개월 후 세상을 떠났다.

벤포드는 떠났어도 그의 이름은 아직 살아 숨쉬고 있다. 1938년 벤포드가 강 유역 면적, 도시인구, 다양한 화학물질의 분자량, 심지어 시민들의 주소까지 2만 개의 자연현상을 관찰해 숫자 패턴을 알아냈기 때문이다. 하지만 이 패턴이 존재하는 이유는 1995년에야 밝혀졌다. 정규분포나 푸아송분포처럼 또 다른 방식의 분포가 자연에서 일어나고 있었다. 벤포드 법칙(사실 벤포드는 '이례적인 숫자들의 법칙'이라고 했다)은 이렇게 다양한 분포가 어떻게 툭 튀어나오는지 설명한다.[33] 현재 미국 국세청이 벤포드 법칙으로 기업 회계를 감사하며 속임수를 잡아낼 만큼 이 패턴은 믿을 만하다. 만약 숫자가 들어간 자료를 조작할 생각이라면 반드시 벤포드 법칙을 염두에 둬라. 통계는 항상 사기꾼을 귀신같이 잡아낸다.

사실 통계는 개인적 판단을 결정하는 과학이라고 생각하겠지만 그건 통계의 힘을 과소평가한 것이다. 그런 개인적 판단은 이따금 틀리기도 하고 (규율이 형성되고 있을 때는) 미심쩍은 목적을 위해 결정되기도 한다. 하지만 통계는 효능이 알려진 약물로 가득 찬 욕실 찬장, 믿을 수 있는 수많은 과학적 발견에 접근하는 방법 그리고 법정에서 증거를 선별하고 설득력 있는 방법으로 진실을 제시할 수 있는 도구를 선사했다. 물론 기네스 맥주의 완벽한 맛도 빼놓을 수 없다.

　1장의 고대 바빌로니아 세금 징수 도구에서 출발해 결국 미국의 세금 검사 도구로 되돌아오다니 정말 놀랍다. 하지만 내가 다짜고짜 수학은 그저 삶의 지루한 부분만을 위한 것이라는 인상을 줬다면 다음 (그리고 마지막) 장에서 바로잡도록 하겠다. 태양계 외곽으로 향하는 여행, 저글링 로봇, 은밀한 스파이의 세계 그리고 정확히 아무것도 하지 않도록 설계된 기계가 우리를 기다리고 있다. 정보이론이 별것 아닌 것처럼 들릴지 모르지만 사실 꽤 재밌다. 게다가 세금과는 아무 관련이 없다.

정보이론

우리는 어떻게 현대를 창조했을까

여러 면에서 우리는 제자리로 돌아왔다. 이 장의 제목은 다소 생소하지만

실제로는 첫 장과 마찬가지로 원시 숫자의 힘을 다루고 있다.

사실 이 장의 내용은 원시 숫자의 절대적 본질을 간추린 숫자이자

다른 모든 수를 나타내는 데 필요한 유일한 두 숫자 0과 1에 관한 것이다.

또 인류가 0과 1로 추구해 온 통찰력에 관한 것이다.

이진 체계는 컴퓨터 사용, 디지털 데이터, 암호화 및

인터넷으로 이뤄진 정보 시대를 가져왔다.

하지만 마침내 우주를 이해하려는 인류의 가장 큰 희망을 담고 있는 것도 같다.

미적분을 선보인 수학자들은 둘 다 못 말리는 신비주의자였다. 뉴턴은 성경이 암호화된 비밀을 품고 있다고 여기며 그 비밀을 해독하는 데 많은 시간과 노력을 들였다. 하지만 라이프니츠는 분리할 수 없는 '단체simple substance'가 식욕, 행동, 지각의 궁극적 원천이라는 믿음에 사로잡혀 있었다. 그래서 그런 모든 '모나드 monad(단체 또는 단원)'가 '마치 분리된 세계에 있는 것처럼 그리고 하나님과 자신만이 존재하는 것처럼 모든 시간 동안 영혼에서 일어나는 외부 사물에 대한 인식이나 표현을 그 자체 법칙에 따라 만들어 낸다.'고 말했다.[1]

단자론^{monadology}으로 알려진 라이프니츠의 철학은 어렵고 모호했다. 이는 라이프니츠를 웃음거리로 만들었다. 볼테르^{Voltaire}는 '소변 한 방울이 무한한 모나드며 각 모나드에 우주 전체에 대한 모호한 아이디어가 있다는 걸 정말 믿을 수 있을까?' 하고 쓰기도 했다. 하지만 라이프니츠는 단자론을 통해 다른 철학을 연구하고 그 안에서 몇몇 심오한 진리를 찾아낼 수 있는지 확인하고 싶은 엄청난 욕구가 있었다. 그 결과 1679년 이진 체계에 바탕을 둔, 오로지 0과 1로만 구성된 계산 도구 제작이 가능하다고 설명하는 논문을 썼다.[2] 라이프니츠는 이 도구가 무척 흥미로웠다. 이진수를 사용하면 지금까지 불가능했던 계산, 즉 '인간 사고의 알파벳'이 열리고 심지어 아주 기초적인 현실의 밑바탕이 되는 단체의 본질이 드러난다고 믿었기 때문이다. 게다가 단지 0과 1로 모든 수를 나타낼 수 있다는 사실은 신이 무에서 우주를 창조하는 방법일 수 있음을 암시했다. 라이프니츠는 중국 선교사이자 친구인 요아킴 부베^{Joachim Bouvet}에게 이런 생각을 담아 편지를 보냈다. 부베는 중국이 먼저 이진수를 생각해 낸 것 같다고 회답했다. 《역경易經》때문이었다.[3]

신화에 따르면 이따금 변화에 관한 책으로 불리는 《역경》은 사람 얼굴을 가진 용, 복희伏羲의 연구에 바탕을 두고 있다. 복희는 우주의 모든 규칙과 내용, 즉 별자리, 바위의 이끼 모양, 비둘기 깃털의 자국 등을 연구해 '8괘'라고 일컫는 그림문자로 간단히 줄였다. 8괘는 모양이 서로 다르며 각 괘는 총 3단으로 이뤄져 있다. 이 줄이 바로 '이진'으로 두 가지 형태 중 하나, 즉 한 가지 선 또는 두 가지 선으로 그려진다. 8괘는 각각 형태나 장소, 현상을 나타낸다.

이진법으로 이뤄진 복희의 8괘

복희는 이 8괘에서 문명의 모든 양상을 찾아냈다(그중 4괘는 대한민국 국기에 그려져 있다). 8괘는 전쟁과 통솔력, 결혼, 사업, 농업, 여행 그리고 인간의 기타 모든 활동에 대한 통찰력을 선사했다. 기원전 1050년경 중국 주나라의 시조 원제Emperor Wen는 3단 구조를 2배 늘린 6단으로 복희의 8괘를 확장했다. 6단 구조가 된 역경은 64괘 조합이 가능했고 주 황제와 후계자들은 백성들을 위해 이 조합을 해석했다. 그 후 200년 동안 《역경》은 점술과 조언에 쓰이는 거의 신성한 문헌이 됐다. 말하자면 6개의 동전을 던져 나온 이진 결과가 64괘를 끌어냈고 각 64괘는 특정 상황에 대한 통찰을 위해 해석돼야 했다. 그로부터 300년 후 철학자인 공자는 주역에 대한 유명한 논평을 책으로 펴내며 각 체계의 윤리를 설명했다. 마침내 이 풍부한 지혜는 《주역周易》이라는 책에 집대성됐다. 이 책에는 64괘마다 이름과 숫자가 적혀 있으며 각 상황의 중요성에 대한 해석이 포함돼 있다. 고대 지혜를 담은 이 책에는 일상생활에 대한 조언, 물리적 우주에 대한 지침, 윤리적 원칙의 선언과 개인의 미래에 대한 예언이 담겨 있다.

부베는 라이프니츠에게 중국의 64괘를 그린 목판화와 각 괘의 효력을 의미하는 설명서를 보냈다. 라이프니츠는 즉시 〈숫자 0과 1만 사용하는 이진 체계 설명 및 중국 고대 문양에 대한 복희의 설명과 그 유용성에 대한 논평Explanation of the binary arithmetic, which uses only the characters 1 and 0, with some remarks on its usefulness, and on the light it throws on the ancient Chinese figures of Fu Xi〉이라는 제목의 논문을 쓰기 시작했다. 이 논문은 1705년 프랑스어로 출판됐다.[4]

실망스럽게도 라이프니츠의 책은 아무런 관심을 받지 못했다. 설상가상으로 라이프니츠의 평생 동안 단자론이든 이진 산술이든 그 방법이 인간 생활의 신비, 우주의 거대한 계획에 들어맞는지도 설명해 주지 못했다. 한 세기 반 후 영국 수학자 조지 불George Boole도 라이프니츠와 똑같은 실망감에 빠졌다. 두 사람 모두 오늘날 0과 1이라는 이진수의 힘이 마침내 세상을 장악했다는 사실을 알면 기뻐할 것이다. 디지털 통신에서 두각을 보이며 20세기식 주역, 인터넷의 탄생으로 정점에 이른 정보화 시대는 라이프니츠의 이진 체계와 불의 논리 법칙을 바탕으로 탄생했다. 이 특별한 발명이 인류 문명에 얼마나 깊은 영향을 끼쳤는지는 굳이 말할 필요가 없을 것이다.

참과 거짓의 수학

불은 딱히 수학을 잘하지는 않았다. 1831년 16살 때 학업을 포기하고 돈을 벌기 위해 학교에서 보조 교사로 일하며 아이들을 가르쳤다. 불은 3년 뒤 영국 이스트 미들랜즈의 링컨에 직접 학교를 열 만큼 이 일을 잘했다. 하지만 불이 수학적 유산을 남길 수 있었던 건 17살에 겪은 신비로운 경험 덕분이었다.

불이 49살의 나이로 세상을 떠난 후 그의 아내 메리 에베레스트Mary Everest(영국 동인도 회사의 인도 아대륙 대삼각법 측량 조사를 이끌었던 측량사의 조카로 이 측량사는 조사 대상 중 가장 높은 산의 이름을 따 자신의 이름을 지었다)는 남편이 경험한 깨달음의 순간을 묘사하기길 '어떤 생각이 불현듯 남편을 덮쳤다. 사고가 지식을 가장 쉽게 축적하는 조건에 대한 심리적 통찰력의 섬광'이라고 썼다.[5] 이때부터 가르치는 일은 생계 수단에 불과했고 불은 사고 기능을 연구하는 데 강박적으로 매달렸다. 그는 '보이지 않는 것'이라고 명명한 데서 직접 지식을 얻는다고 확신했다. 그래서 성공회 사제로 훈련하며 더 폭넓은 지식을 탐구할 기회를 얻고 싶었으나 그의 통찰력이 조직화한 종교를 훨씬 뛰어넘었다고 판단해 곧 사제 훈련을 포기했다. 사실 불은 어떤 단어로도 그 지식을 포착할 수 없다고 느꼈다. 그래서 대수학과 미적분학을 책으로 독학하며 숫자라는 장대한 언어에 도전했다.

마침내 불은 책이 이끌어 준 길보다 더 나아갔다. 그는 이진대수학binary algebra이라는 고유의 대수학 체계를 개발했고 나중에 라이프니츠도 정확히 같은 이유로 똑같은 이론을 발견했다는 사실을 알고 기뻐했다. 두 사람 모두 가능한 한 가장 작은 숫자로 줄여 가장 큰 질문에 답하는 방법에 집착했다. 하지만 불은 라이프니츠보다 더 깊이 파고들었다. 그가 작업을 마쳤을 때 완성된 체계는 복잡한 추론을 그저 참이나 거짓인 진술로 분해할 수 있었고 논리적 사고 과정이 어떻게 이 진술에서 형성됐는지 묘사할 수 있었다.

불대수는 오늘날 알려진 논리곱(AND), 논리합(OR) 그리고 부정(NOT)이라는 세 가지 논리연산에 따라 진행된다. 처음 두 연산에는 2개의 입력이 있고 각 입력은 참(TRUE) 또는 거짓(FALSE)일 수 있다(또는 불이 인정한 1과 0). AND는 두 입력이 모두 참일 경우에만 참을 출력한다. OR는 입력 중 하나가 참이거나 둘 다 참이면 참을 출력한다. NOT은 딱 한 번만 입력하며 입력이 거짓이면 참이고 그 반대도 마찬가지다.

불은 1854년 《논리와 확률의 수학적 이론을 기초로 한 사고법칙에 관한 탐구An Investigation into the laws of Thought, on Which are founded

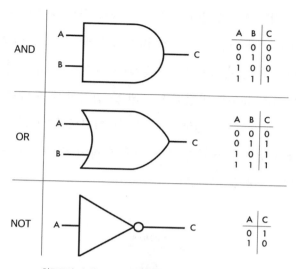

				A	B	C
AND				0	0	0
				0	1	0
			C	1	0	0
				1	1	1

				A	B	C
OR				0	0	0
				0	1	1
			C	1	0	1
				1	1	1

				A	C
NOT			C	0	1
				1	0

회로도와 진리표로 다양한 결과를 보여주는 불의 논리연산

the Mathematical Theories of Logic and Probabilities》라는 책을 출간했다.[6] 이 책
에 매우 만족한 불은 자기 이름이 이 책으로 기억되길 바랐다.
그리고 실제로 그랬다. 불의 저서는 영국 수학자 존 벤John Venn
이 1880년 만든 새로운 도표의 바탕이 됐다.[7] 벤은 그 도표를 오
일러의 원이라고 불렀지만 벤다이어그램Venn diagram으로 알려져
있다. 벤다이어그램을 이용하면 AND, OR 그리고 NOT을 그림
으로 쉽게 나타낼 수 있다. 또 불의 논리연산은 현대 컴퓨팅의
기초가 됐다. 컴퓨터에서 인텔 칩 같은 것을 꺼내 성능이 뛰어
난 현미경 아래에 놓고 확대하면 트랜지스터를 볼 수 있다. 이

트랜지스터는 사실상 논리 '게이트gate'라는 전자회로로 만들어진 스위치로 전류의 흐름을 제어한다. 이 게이트는 불의 AND, OR, NOT이라는 논리연산을 수행한다. 게이트를 더 빨리 결합하는 몇 가지 유용한 방법이 있는데 두 입력이 다를 때만 참을 출력하는 배타적 논리합EXCLUSIVE-OR, XOR 게이트와 2개의 입력이 모두 참인 경우를 제외한 모든 경우에 참이 되는 부정논리곱NOT-AND, NAND 게이트 등이다.

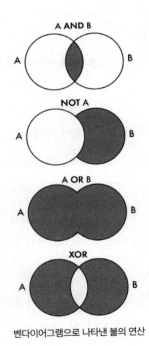

벤다이어그램으로 나타낸 불의 연산

비록 지금은 대단한 도약처럼 보이지 않지만 불의 사고 법칙은 수학에 접근하는 급진적이고 새로운 방법을 보여주며 이전에는 불가능했던 암호화를 성공시켰다. 불은 이 법칙으로 수많은 명예 학위와 왕립 학회 회원 자격을 얻었다. 하지만 이 영광을 오래 누리지 못한 채 사고 법칙의 탐구를 발표한 지 10년 만에 사망했다.

안타깝게도 불은 아내 때문에 세상을 뜬 게 거의 분명했다. 아내에게 어떤 악의가 있었던 건 아니다. 두 사람의 결혼 생활은 무척 행복했고 17살의 나이 차이에도 두 사람은 서로를 영혼의 동반자로 여겼다. 하지만 불행히도 메리는 동종요법 옹호자였다. 그래서 동종요법이 치료다운 치료라고 믿었다. 1864년 11월 어느 날 폭풍우에 흠뻑 젖은 불이 몸을 벌벌 떨며 집으로 돌아왔다. 메리는 남편을 침대에 눕힌 뒤 양동이에 든 찬물을 부었다. 불은 감기에 걸렸고 그러다 폐렴에 시달렸다. 그리고 며칠 후 세상을 뜨고 말았다.

불에게 쏟아진 찬사에도 불구하고 새로운 논리 대수학의 잠재력을 충분히 이해하는 데는 73년이나 걸렸다. 불의 업적을 이어받은 사람은 외발자전거를 타며 저글링을 하는 공학도, 클로드 엘우드 섀넌Claude Elwood Shannon이었다.

전화번호

•

불의 사고 법칙 입증은 또 다른 가장 영향력 있는 석사 논문에
서 비롯됐다. 그렇다. 휴렛의 논문은 실리콘밸리를 설립했지만
1937년 발표된 섀넌의 논문 〈계전기와 스위치 회로의 기호학
적 분석Symbolic Analysis of Relay and Switching Circuits〉은 완전한 정보화 시
대를 열었다.[8] 이 논문은 섀넌이 미시간대학에서 전기공학 및
수학 학사 학위를 취득한 뒤 입사한 첫 직장에서 싹트기 시작
했다. 매사추세츠공과대학교MIT에 고용된 섀넌은 초기 기계식
컴퓨터 '미분해석기differential analyser'에 미분방정식을 설정하는 일
을 맡았다. 이 컴퓨터는 MIT 공과대학에 배치됐고 섀넌은 계전
기라고 불리는 100개 이상의 전기 기계 스위치 상태를 설정해
야 했다. 이런 수천수만 개의 계전기 역시 새로운 통신 산업의
기반이 됐고 섀넌은 MIT에서 쌓은 경험 덕에 1937년 여름 동안
미국 전화 전신 회사AT&T의 벨 연구소에서 일할 기회를 얻었다.
이곳에서 섀넌은 빠르게 성장하는 미국 전화 시스템을 위해 방
대한 계전기 회로망을 설계하고 시험하는 무척 지루하고 시간
소모가 큰 작업으로 새로운 길을 찾는 데 몰두했다. 섀넌이 불
의 연구를 재발견한 건 이때부터였다.

　계전기의 켜짐/꺼짐 상태를 1/0으로 재구성한 섀넌은 불의
혁신을 활용해 전화 시스템의 전체 스위칭 네트워크를 보여주

는 이진 수학을 개발할 수 있었다. 기술자들은 수천 개의 스위치를 구축한 뒤 시험하고 또 시험하는 대신 불대수를 이용해 스위치 배열을 기록하고 배열의 작동 여부를 계산할 수 있었다.

그 혜택은 곧바로 드러났고 섀넌은 이 계획을 기록한 보고서로 권위 있는 상을 받았다.[9] 섀넌이 미국 전기기술자 협회가 주최하는 회의에서 발표할 논문을 제출했을 때 주최자들은 섀넌의 스승에게 편지를 보내 섀넌이 고안한 이론이 '뛰어나다'고 칭찬했다. 그 스승은 MIT 공과대학 학장이자 미분해석기를 만든 바네바 부시Vannevar Bush였다. 1940년 6월 유럽이 전쟁을 치르는 동안 부시는 미국 국방연구위원회National Defense Research Committee, NDRC라는 새로운 기관을 설립했다. 그리고 부시가 맡은 군사 연구 계약 중 상당수가 당시 섀넌이 정규직으로 일하고 있던 벨 연구소로 향했다.

섀넌이 NDRC에서 맡은 첫 번째 임무 중 하나는 루스벨트 미국 대통령이 처칠 영국 총리와 비밀리에 대화할 수 있는 보안 전화 회선 'X 시스템X System'의 구축을 돕는 일이었다. 기술자들은 대서양 횡단 전화가 변화무쌍한 전자파에 불과하다고 생각했고 벨 연구소 기술자들은 양쪽 통화자만 아는 일련의 다른 파동을 섞으면 통신을 교란할 수 있음을 알고 있었다. 즉, 발신자가 신호를 추가하면 수신자는 그 신호를 제거해 원래 송신된 내용을 알아낼 수 있었다. 하지만 벨 기술자들은 연속파를 추가하는 수학이 신호를 완전히 교란할 수 없다는 사실을 곧 깨달았다. 도청에 재능이 충만한 사람이라면 언제든 쌍방의 대화를 엿들을 수 있었다. 그래서 벨 기술자들은 디지털 방식으로 그 문제를 해결했다.

우선 신호를 일련의 이산 단위로 분해하고 각 단위는 통화 순간의 파동 진폭을 설명하는 숫자로 표시했다. 이렇게 하면 발신자와 수신자만 아는 난수를 추가할 수 있어 도청자가 정보를 엿듣는 건 수학적으로 불가능했다.

X 시스템 구축에 공헌한 이후 섀넌은 암호화 기술에 매료됐다. 심지어 독일의 암호 기계 에니그마Enigma를 해독한 영국 수학자 앨런 튜링Alan Turing과 암호화 기술을 논의하기도 했다. 튜링은 1943년 미국의 혁신적인 암호 기술을 배우기 위해 벨 연구소를 방문했다. 알고 보니 튜링과 섀넌은 메시지를 인코딩하는 가장 좋은 방법을 두고 견해차가 있었다. 그래서 대화를 나누는 동안 공식적인 일 얘기는 대부분 피했고 대신 함께 차를 마시며 컴퓨터가 할 수 있는 역할을 의논했다. 두 사람은 이론적으로 보면 컴퓨터가 인간의 두뇌를 시뮬레이션할 수 있다는 생각에 동의하면서도 실제 시스템에서 구현하려면 수십 년이 걸릴 것으로 예상했다. 튜링은 이 생각이 뇌리에 박혔던 게 분명하다. 전쟁이 끝난 뒤 1948년 튜링은 〈지능을 가진 기계 Intelligent Machinery〉라는 획기적인 논문을 썼다.[10] 하지만 섀넌의 관

심은 딴 데 있었다. 1948년 섀넌은 통신 기술의 신기원을 이룬 논문 〈통신의 한 수학적 이론A Mathematical Theory of Communication〉을 발표했다.[11] 섀넌의 뛰어난 석사 논문을 뼈대로 한 이 논문은 향후 70년 동안 통신 기술에서 일어날 모든 혁신을 완벽하게 설명해 낸다.

비트의 탄생

섀넌의 논문을 구성하는 첫 번째 요소는 통계적 사고의 발달로 정보를 모델링할 수 있다는 생각이다. 섀넌은 몇몇 단어를 조합하면 그 가능성이 더 크다고 지적했다. 예를 들면 'table'이라는 단어에 'funk'라는 단어가 뒤따르진 않는다. 우리는 이 점을 응용해 자동 완성 문장이라는 영리한(하지만 절대 오류가 없진 않은) 기술로 구체화했지만 이 기술이 더 효율적인 의사소통 기회를 제공한다는 것을 처음 보여준 사람은 섀넌이었다. 사실상 섀넌은 많은 형태의 커뮤니케이션을 '압축'할 수 있다고 증명했다. 이를테면 우리는 정보의 특정 부분을 전송하지 않겠다고 결정할 수 있다. 별 도움 없이도 인간 수신기가 정보를 복구할 수 있기 때문이다. 영어는 이 방법에 매우 적합하다. 영어의 모음은 왕왕 중복되기 때문이다. 섀넌이 〈브리태니커 백과사전〉 글에서 지적했듯이 'MST PPL HV LTTL DFFLCTY N RDNG THS SNTNC[MOST PEOPLE HAVE LITTLE DIFFICULTY IN READING THIS SENTENCE(대부분의 사람들은 이 문장을 읽는 데 어려움이 없다)에서 모음을 생략_옮긴이]'.

두 번째 요소는 '정보 엔트로피information entropy'라는 개념이다. 섀넌은 신호를 조작 가능한 일련의 숫자로 줄일 수 있는 디지털화의 잠재력에 매달렸다. 또 신호로 전달되는 정보를 수량화하는 방법을 알아냈다. 이 방법에는 튜링도 관심을 가졌다. 튜링은 정보량을 나타내는 단어를 '밴ban'이라고 불렀지만 섀넌은 1946년 말 함께 점심을 먹으며 의견을 주고받던 동료의 제안을 받아들였다. 튜키는 이진수를 '밴'이나 '비짓bigit', '비닛binit'으로 부를 수 없다고 말했다. 그러고는 덧붙였다. "비트라는 말이 더 와 닿지 않아?"[12]

하지만 비트양은 어떻게 결정해야 할까? 여기서 섀넌은 랄프 하틀리Ralph Hartley라는 공학자가 쓴 별로 유명하지 않은 논문을 참고했다. 하틀리는 10년 넘게 미국 웨스턴 전기 회사에서 전신과 음성 전송 연구를 연구할 무렵인 1928년 〈정보의 전송 Transmission of Information〉이라는 주목할 만한 논문을 발표했다.[13] 그는 정보의 배후에 있는 선택을 이해하면 불확실한 언어나 전송 기술이 없어도 정보를 수량화할 수 있음을 알아냈다. 동전을 던진다면 앞 또는 뒤라는 한 가지 선택만 할 수 있다. 누군가와 영어로 대화한다면 여러 가지 영어 단어를 선택할 수 있다. 만약 문자가 3개인 영어 단어를 적는다면 26개의 알파벳 중에서 세 가지를 고르면 된다. 하틀리는 선택 가능한 범위를 알면 의사소통에 필요한 정보를 측정할 수 있다고 말했다. 하지만 딱 떨어지는 양은 아니라고 덧붙였다. 알파벳에서 이 세 문자를 선택할 가능성은 총 1만 7,576개(즉, $26 \times 26 \times 26$)이다. 하지만 하틀리는 세 문자로 된 단어에는 그 정도로 많은 정보가 없다고 언급했다. 대신 총가능성 수의 로그(밑은 2)로 정보량(예/아니오)을 정의하자고 제안했다.

밑이 2인 17,576의 로그는 14.1이다. 즉, 세 문자로 영어 단어를 전송한다는 건 15개 이하의 이진수를 선택한다는 뜻이다. 따라서 메시지 크기는 15비트다.

비트를 보면 그 관계를 알 수 있다. 1비트로는 0 또는 1이라는 두 가지 가능성을 정의할 수 있다. 2비트로는 00, 01, 10, 11의 네 가지 가능성을 얻는다. 3비트로는 000, 001, 010, 011, 100, 101, 110, 111의 여덟 가지 가능성이 생긴다.

4비트로는 16가지 가능성을 얻는다. 이를 해석하는 또 다른 방법은 그것을 뒤집어 똑같이 가능성 있는 16개의 메시지 중 하나를 결정하는 데 4비트의 정보를 다 쓴다고 말하는 것이다. 여기에 로그 관계가 있다. 4는 밑이 2인 16의 로그다.

일반적으로 선택할 수 있는 가짓수가 C가지라면 하나의 메시지가 선택될 확률은 1/C이다. 그리고 이 선택에 관련된 정보는 1/C의 로그(밑은 2)다. 일부 메시지(또는 언어로 된 단어)가 다른 메시지보다 더 사용될 가능성이 크다면 공식은 좀 더 복잡하다. 먼저 첫 번째 선택 확률에 -1을 곱한 다음 그 결과를 해당 확률의 로그에 곱한다. 두 번째 선택에서도 같은 작업을 수행한다. 모든 작업이 끝나면 그 결과를 다 더해 정보 내용인 '섀넌 엔트로피shannon entropy'를 얻는다.

이 개념을 이해하기 위해 첫 예시였던 동전 던지기로 돌아가자. 동전 1개를 던져 앞면 또는 뒷면이 나올 확률은 2분의 1이나 0.5다. 밑이 2인 0.5의 로그는 -1이다. 따라서 '앞면'을 선택하면 이 값에 0.5와 -1을 곱한다. '뒷면'이 나오는 경우도 마찬가지다. 그다음 두 결과를 더한다. 즉, 동전 던지기에서 전달되는 정보량 섀넌 엔트로피는 1비트다.

섀넌은 논문의 다른 부분에서 또 다른 하틀리의 관찰을 발견했다. 바로 의사소통에 사용하는 채널이 중요하다는 것이다. 예를 들어 해당 채널에서 광범위한 주파수를 사용한다면, 즉 '광대역'이라면 더 세부 조정이 가능하고 더 선택권이 많으므로 주어진 시간 내에 더 많은 정보를 전송할 수 있었다. 섀넌은 이 사실을 바탕으로 '채널 용량'의 수학을 만들었다. 그래서 정보를 전송하기 위해 어떤 채널을 사용하든 매초 안정적으로 밀고 들어갈 수 있는 최대 비트 수를 정할 수 있다고 증명했다. 예를 늘어 용량 C는 신호 전력 S, 제어되지 않고 문제가 있는 노이즈에 의해 주입되는 전력 N, 채널이 처리할 수 있는 신호 주파수 범위(대역폭이라고 한다) W에 의존한다. 수학적 관계는 다음과 같다.

$$C = W \log_2 \left(1 + \frac{S}{N}\right)$$

채널 용량은 초당 비트 수로 측정된다. 만약 인터넷 연결 용량을 측정하는 경우라면 초당 수백만 비트(메가비트)다. 이것이 광대역 인터넷이 이전 전화 접속 모뎀보다 더 나은 이유다. 광대역 인터넷은 대역폭이 훨씬 넓어 위 방정식에 있는 W값을 늘린다. 데이터 소스에서 멀리 떨어져 있는 경우 신호 전력 S값이 더 작아져 C값이 작아지므로 버퍼링이 생긴다. 그러면 데이터를 전송하는 데 너무 많은 시간이 걸릴 것이다. 만약 인터넷 회선이 많은 간섭을 받는다면 N값이 커져 C값이 훨씬 작아질 것이다. 이것은 대다수 사람이 전화나 태블릿, 컴퓨터로 웹 서핑을 하다 겪는 일상적인 경험이다. 아마 섀넌의 채널 용량은 이전 세대보다 요즘 우리와 훨씬 직접적인 관련이 있을 것이다.

섀넌의 네 번째 큰 공헌은 데이터 전송 시 발생하는 오류 처리 방법을 제공한 것이다. 신호가 전송될 때마다 노이즈(임의의 외부 요인)가 생기면 해당 비트를 읽고 재구성하는 수신기 기능이 손상될 가능성이 있다.

이것은 단지 첨단 기술 문제가 아니다. 로마 시대에 광 펄스 코드로 의사소통을 하고 있었다고 상상해 보자. 아마 거울을 이리저리 움직이며 반대편 언덕에 있는 동맹군을 향해 태양 빛을 반복적으로 반사했을 것이다. 그러다 태양 빛이 누군가의 방패에 부딪히면 가짜 정보가 전달될 수 있다. 오늘날에도 마찬가지다. 만약 구리선을 따라 웹 페이지의 HTML 코드를 보낸다면 낙뢰 또는 회로 구성 요소의 무작위 변동으로 전기신호가 빗나갈 수 있다. 마찬가지로 TV 신호를 위해 디지털 광 펄스를 전달하는 광섬유가 중요한 비트를 전달하는 광자(빛에너지 패킷) 일부를 누출할 수 있다. 하지만 걱정하지 말자. 섀넌에게는 다 계획이 있다.

군이 섀넌이 끼어들지 않아도 분명한 해결책이 있다고 생각할지도 모르겠다. 신호를 2번 보내면 된다. 물론 나쁜 생각은 아니다. 두 신호가 일치하면 올바른 메시지를 받았다고 확신할 수 있다. 무작위 투입(또는 손실)이 같은 방식으로 2번 발생하지는 않기 때문이다. 하지만 모든 과정이 느려지고 여분의 에너지가 소비된다. 그래서 섀넌은 신호를 2번 보낼 필요가 없다고 증명했다.

섀넌의 논문에는 '채널 부호화channel coding'에 관한 내용이 포함돼 있다. 여기서 강조할 점은 만약 발생하는 잡음의 종류를 안다면 메시지를 부호화하는 시스템을 설계해 수학적으로 완벽한 의사소통을 할 수 있다는 것이다. 예를 들어 네 가지 정보를 전송하고 싶다고 생각해 보자. 그 정보를 이진 숫자 쌍으로 만든 '부호어codeword'로 인코딩하면 각각을 구별할 수 있다.

A	B	C	D
00	01	10	11

만약 이 부호어가 순서가 살짝 뒤집히는 잡음 채널을 통해 전송된다면 수신자는 A가 의미하는 곳에서 B를 보거나 C가 의미하는 곳에서 D를 보는 위험을 감수하게 된다. 각 부호어를 두 번씩 보내면 어떻게 될까? 그러면 C는 1010이 되지만 단 1번의 잡음으로 비트가 뒤집히면 1011로 나타날 수 있다. 그럼 이제 그 정보가 C인지 D인지 헷갈리게 된다. 둘 중 어느 것인지 알아낼 수 없다. 신호를 3번 보낼 수도 있다. 이제 C는 101010이지만 비트가 1번 뒤집히면 111010, 100010 또는 001010이 된다. 하지만 비트가 1번 뒤집히기는 했어도 2 대 1의 다수결로 그 비트가 10이라고 말할 수 있다.

그러나 섀넌은 이를 더 잘 해결할 수 있다고 말한다. 다소 직관에 어긋나는 5비트를 보내는 것이다. 다만 부호어의 모양을 신중하게 선택해 그 '거리'를 최대화한다. 이 예시에서는 다음과 같이 인코딩해야 한다.

$$\begin{array}{cccc} A & B & C & D \\ 00000 & 00111 & 11100 & 11011 \end{array}$$

이 경우 개별 비트를 임의로 뒤집어도 그 의미가 모호해지지 않는다. 한번 확인해 보자! 놀랍게도(실제로 모두가 놀랐다) 섀넌은 모든 잡음 채널에 통하는 최적의 부호 유형을 찾을 수 있음을 입증했다. 다시 말해 오류 수정 코드가 항상 존재하므로 채널 용량 근처에서 데이터를 전송할 수 있다(요즘에는 오류 없는 통신을 위한 섀넌의 한계로 알려져 있다). 안타깝게도 섀넌의 주장은 확률에 바탕을 두고 있었다. 섀넌은 어떤 코딩 유형이 주어진 상황에서 섀넌의 한계에 도달할 방법을 제공하지 않았다.

섀넌의 1948년 논문에서 다른 연구자의 몫으로 남겨둔 건 오류 수정 코드의 선택이 유일하다. 나머지 정보이론은 거의 모든 면에서 완전히 형성됐다. 〈통신의 한 수학적 이론A Mathematical Theory of Communication〉이라는 제목의 논문에서 달라진 단 하나의 중요한 변화는 이듬해 〈통신의 그 수학적 이론The Mathematical Theory of Communication〉이란 제목으로 재발간됐다는 것이다. 그야말로 충격적이지 않은가?

섀넌의 논문이 발표되자 세상은 그저 모든 것을 작동할 하드웨어를 기다릴 뿐이었다. 수십 년 만에 섀넌의 혁신에 필요한 기술이 충분히 발전하면서 이메일, 인터넷, 오디오와 비디오 스트리밍 서비스, 데이터 저장 그리고 21세기에 당연하게 여기는 거의 모든 것이 등장했다. 물론 곧잘 잊히는 사실도 있다. 이 혁신을 가능하게 한 문화적 변화다. 섀넌은 주문형 비디오만 준비해 준 게 아니다. 우리는 인공위성, 우주 프로그램, 지구 너머 세계의 발견, 달 위를 걷는 인간도 볼 수 있었다. 그리고 이 모든 업적은 아마 정보이론의 가장 큰 결과물, 즉 지구가 보호받아 마땅한 인류를 위한 연약하고 아름다운 요람이라는 발견에 비하면 미미할 것이다.

1968년 크리스마스이브에 아폴로 8호 승무원들은 달 궤도에서 바라본 우리 행성의 첫 번째 사진을 생방송으로 전송하면서 그동안 번갈아 〈창세기〉를 읽었다. 지휘관 짐 러벨Jim Lovell은

'지구돋이' 사진
출처: 빌 앤더스Bill Anders 촬영, 위키미디어 공용

'광대한 외로움은 경외심을 불러일으키며 지구상에 있는 당신이 무엇을 소유하고 있는지 깨닫게 해준다'고 말했다.[14] 윌리엄 앤더스William Anders가 그 유명한 지구돋이Earthrise 사진을 찍어 환경 운동의 시동을 걸었다고 평가받은 것도 바로 이 순간이었다. 훗날 앤더스가 말했듯이 '우리는 달을 탐험하기 시작했고 대신 지구를 발견했다'.[15] 섀넌의 정보이론 덕분이었다.

섀넌, 아폴로 그리고 지구의 발견

사실 그 발견은 소련의 첫 위성 스푸트니크Sputnik에서 비롯됐다. 1957년 10월 소련이 스푸트니크를 발사하자 미국은 불현듯 열등감에 휩싸였다. 그래서 다음 해 나사를 설립했다. 나사의 목표는 간단했다. 미국이 우주 탐사의 세계 선두 주자로 우뚝 서는 것이었다. 나사 설립 직후인 1961년 5월 25일 의회에 참석한 케네디 대통령은 '우리 미국은 앞으로 10년 안에 인간을 달에 착륙시키고 안전하게 지구로 돌려보내는 목표에 전념해야 한다'고 말했다.[16]

나사 기술자들은 섀넌의 연구가 이 노력에 필수 요소라는 사실을 이미 알고 있었다. 우주를 탐사하려면 우주선과 지구가 서로 교신할 수 있는 항법 및 영상, 통신 신호가 필요하다. 우주에서 지구로 신호를 전송하려면 용량이 크고 규모가 거대한 발전기는 물론 통신 이론의 수학을 다루는 것처럼 발사체 무게를 줄일 수 있는 모든 이론을 갖추는 게 최우선 과제였다.

1961년 케네디의 의회 연설이 있기 불과 몇 주 전 나사의 제트 추진 연구소Jet Propulsion Laboratory는 지구와 먼 우주 사이에 신호를 교환해야 하는 사람들을 위해 섀넌의 정보이론에 관한 기초 입문서《부호화 이론과 통신 체계에서의 적용Coding Theory and Its Applications to Communications Systems》을 출판했다.[17] 조금 전까지 섀넌의 기초 이론을 살펴본 만큼 이 입문서를 대강 훑어보는 건 꽤 흥미로운 일이다. 마치 초심으로 돌아간 나사 기술자처럼 읽게 된다. 입문서의 두 번째 단락은 이렇게 시작한다. '최근 몇 년간 소위 디지털 통신digital communication을 강조하는 경향이 늘어나고 있다. 이 입문서의 목적상 디지털 신호의 개념은 1과 0의 또는 1과 -1의 연속 배열이다.'

그리 어려운 책은 아니다. 이 입문서는 전송 오류를 최소화하는 '부호어'로서 이진 숫자를 넣을 수 있는 다양한 방법을 논의한다. 저자들은 가능한 오류를 계산하는 방법을 예시로 선보인 뒤 최첨단 IBM 704 컴퓨터에서 얻은 결과를 보여준다.

섀넌은 입문서 마지막에만 언급된다. 섀넌이 1948년 발표한 논문이 마지막 참고 문헌이다. 75쪽 '정보이론의 또 다른 중요한 척도는 그 유명한 채널 용량이다'라는 문구 뒤에 온다. 저자들은 '무한 부호화의 한계에서 채널 용량을 달성할 수 있다'고 강조한다. 하지만 섀넌의 1948년 논문은 아폴로 계획의 수많은 기술 문서에 인용됐다는 점에서 대단한 영향을 끼쳤다. 또 그 영향력은 나사의 1967년 예산 요청 주장도 구체화했다. 무엇보다 이렇게 말한다.

기존 시스템을 유지 및 업데이트하기 위한 반복 장비 항목도 1967 회계연도에 요구될 것이다. 이 장비에는 신호 발생기, 변조 및 복조 장치, 고주파 무선 데이터 모뎀, 데이터 품질 모니터, 데이터 감지 및 오류 수정 장비, 왜곡 측정기가 포함된다.[18]

데이터 감지나 오류 수정, 왜곡 측정은 섀넌의 이론을 적용해 인간을 달에 보내는 작업에 필수 요소다. 왜일까? 나사는 케네디의 아폴로 계획이 단일 시스템을 통해 달을 오가는 모든 전송, 즉 우주 비행사의 목소리, 우주선의 상황 및 위치, 상태 데이터, 화상신호, 과학적 결과 등을 가장 잘 수행하리라 판단했기 때문이다. 이 일로 1963년 모토로라의 정부 전자 부서는 '통합 S-밴드 무선 송수신기Unified S-Band(USB) Transponder' 개발 계약을 맺었다.[19]

USB 무선 송수신기의 책임은 막중했다. 아폴로 계획의 모든 게 그 성과에 달려 있었다. 일단 인간이 달에 도착하면 USB

무선 송수신기가 우주 비행 관제 센터와 교신할 수 있는 유일한 연결 고리였다. 이는 역사적 순간의 모든 통신을 전송했다. 그 유명한 말, '작은 한 발짝…'에서 화상신호, 연료 상황, 착륙 지점 정보에 이르기까지 모든 것을 전송했다. 만약 USB 무선 송수신기가 제대로 작동하지 않았다면 우리는 아마 여전히 달에 처음으로 발을 디딘 사람들의 이름을 자연스레 떠올리지 못했을 것이다. 그리고 이 모든 게 섀넌의 정보이론을 구현하는 데 달려 있었다.

섀넌의 연구가 USB 무선 송수신기 시스템 형성에 어떤 영향을 줬는지 정확한 세부 사항을 말할 수 있다면 얼마나 좋을까. USB 시스템 성능에 대한 1972년 검토서에 따르면 이 시스템을 형성하는 특정 수학적 모델이 있었다. 이 모델은 〈아폴로 통합 S-밴드의 거리 조절 모드를 위한 변조 지수 설계 철학Design Philosophy of Modulation Indices for Apollo Unified S-Band Modes with Ranging〉이라는 논문에서 설명됐다. 이 논문은 1965년 벨 연구원 J. D. 힐J. D. Hill 이 발표했다. 안타깝게도 나사 규정상 힐의 논문은 확인하지 못했다. 내가 듣기로는 '기밀은 아니나 나사 직원 전용으로 제한돼 있어 현재는 대중에게 공개할 수 없다'고 했다.[20] 확실한 건 USB 시스템의 수학적 모델로 암호화된 섀넌의 이론은 여전히 매력적이라는 것이다.

섀넌이 우주여행에 미친 영향은 아폴로 계획뿐만이 아니다.

1949년 섀넌의 이론이 〈통신의 그 수학적 이론〉으로 재탄생한
해 스위스 출신 수학자 마르셀 골레이Marcel Golay가 아마 정말로
유용할 최초의 오류 수정 코드를 발명했다. 골레이는 벨 연구소
에서 4년 동안 일하다가 미 육군 통신부대에 입대했다. 그리고
이곳에서 수석 과학자 자리에 올랐다. 골레이의 오류 수정 논문
은 참고 문헌이 딱 하나였다. 바로 전년도에 발표된 섀넌의 논
문이었다. 골레이는 논문을 통해 비트 4분의 1을 훼손하는 채
널로 비트 그룹을 오류 없이 수신하는 방법을 설명한다. 골레이
에 따르면 원래 비트 수의 2배만 전송하면 오류 수정 코드를 실
행할 수 있다. 골레이 코드(정확히는 확장 골레이 코드로 알려져 있다)
는 섀넌의 한계 근처 어디에서도 전송할 수 없지만 알려진 다른
어떤 방법보다 훨씬 훌륭했고 앞으로도 오랫동안 이용될 것이
다.[21] 골레이 코드가 1977년 발사된 나사의 우주 탐사선 보이저
1호Voyager 1에 사용된 것도 바로 이 때문이었다.

  보이저 1호가 전송해 온 목성과 토성의 유명한 사진은 섀넌
의 연구를 발전시킨 골레이의 노력 덕분에 매우 선명하고 깨끗
했다. 이 탐사선은 또 천문학자 칼 세이건Carl Sagan의 제안으로 약
60억 킬로미터 떨어진 곳에서 찍은 유명한 지구 사진 '창백한
푸른 점Pale Blue Dot'도 전송했다. 세이건은 1994년 그 사진의 의미
를 되돌아봤다. 그리고 이런 문장을 남겼다. '저 점을 다시 바라
보라. 저곳이 바로 이곳이다. 우리 집이며 우리 자신이다. 저곳

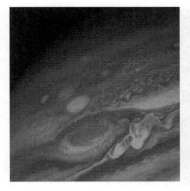

보이저호가 촬영한 목성과 토성
출처: 나사

에서 당신이 사랑하는 사람들, 당신이 알고 있는 사람들, 당신
이 들어봤던 사람들 그리고 지금까지 존재했던 모든 인류가 그
들의 삶을 살았다.'[22]

지구를 떠올리게 하는 창백한 푸른 점은 60억 킬로미터 떨
어진 곳에서 찍은 사진으로 우리 행성은 단 하나의 화소만 채
웠다. 물론 화소를 높일 수 있는 여지도 많지 않았다. 하지만
보이저 1호가 촬영한 다른 사진들은 사실 화질이 더 좋았을 것
이다. 아무도 또는 거의 아무도 깨닫지 못했던 사실은 1960년
또 다른 벨 연구소 전 연구원(그리고 전 통신부대 기술자)이 보이저
1호가 상상하기 훨씬 전에 더 나은 오류 수정 코드를 발명했다
는 것이다.

5G 그리고 그 너머

•

로버트 G. 갤러거Robert G. Gallager가 육군 통신부대에서 수행한 발명 과정은 골레이보다 덜 순탄했다.[23] 갤러거는 벨 연구소에서 육군에 징집돼 '과학 및 전문 인력 부대'에 배치됐다. 부대 지휘관들은 그들의 병력을 이용해 '전장 감시'를 개선하는 임무를 수행했다. 각 부대 병력은 대부분 벨 연구소, 원자력 위원회, 미국 전역의 대학원 출신들이었다. 하지만 이들은 고급 두뇌를 마음대로 낭비했다. 갤러거는 대령이 군용 트럭에 앉아 메모를 쓰면 그 메모를 과학자 중 1명에게 건네는 훈련을 떠올렸다. 메모를 받은 과학자는 다른 트럭으로 달려가 또 다른 지휘관에게 손으로 직접 전달해야 했다. 만약 이런 게 전장 감시 훈련이라면 갤러거는 그 훈련을 거부했을 것이다. 결국 갤러거는 상원 의원에게 편지를 써 육군의 과학 자원이 낭비되고 있다고 보고했지만 그 의원은 갤러거를 고발한 게 틀림없었다. 그 후 3개월 동안 갤러거는 초라한 영창 경비 임무로 재배치됐다. 하지만 그는 기뻐했다. 한번은 '딱히 할 일이 없어 많은 이론을 공부하고 문제점을 생각하는 데 시간을 보냈다'고 회상했다. '그전에 경험한 어떤 환경보다 훨씬 더 학문적이었다.'

사실일 리 없는 말이다. 갤러거는 군대를 떠난 뒤 MIT에 취직했다. 그리고 MIT에서 '저밀도 패리티검사low-density parity check'를 통해 오류를 수정하는 아이디어를 생각해 냈다.[24] 이 체계에서는 데이터를 전달하는 비트가 이사 상자 외부에 있는 '이쪽으로 올리세요'라는 안내처럼 보호 역할을 하는 '패리티' 비트를 동반한다. 상자를 뒤집으면 내용물이 손상되지 않았는지 확인할 수 있다. 마찬가지로 패리티 비트가 뒤집히면 데이터 비트도 점검해야 한다. 당시에는 이 원리를 구현할 컴퓨터 연산 능력이 없었기 때문에 복잡해도 너무 복잡했지만 섀넌의 한계에 가까운 범위 내에서는 전송할 수 있었다.

갤러거의 발명품은 사용되지 않은 채 결국 잊혔다. 하지만 1993년 2명의 프랑스 통신 연구원이 '터보 코드turbo code'라는 아이디어를 발표했다. 터보 코드는 갤러거의 패리티검사와 체계가 비슷했고 그 결과도 마찬가지였다. 실제로 1996년에는 두 연구원의 기억을 뒤흔들 만큼 비슷했다. 래드포드 닐Radford Neal과 데이비드 맥케이David Mackay는 갤러거의 논문을 찾아냈고 저밀도 패리티검사가 여전히 가능할 뿐 아니라 검사의 특허권도 유효하지 않다는 사실을 알아냈다. 갤러거의 발명품을 공짜로 사용하면 되는데 왜 군이 프랑스 터보 코드에 돈을 내고 허가를 받아야 할까? 와이파이 표준 802.11, 수많은 위성 TV 방송 그리고 영상 통화 소프트웨어 스카이프Skype를 출시한 개발자들을 비롯한 대다수 설계 기사들도 그렇게 생각한 게 확실했다.[25]

공정하게 말하면 일부 사용자들은 터보 코드에 비용을 지급했다. 터보 코드는 3G와 4G 휴대전화 통신에 사용됐을 뿐 아니라 2005년 발사돼 여전히 훌륭하게 임무를 수행 중인 화성 정찰 위성Mars Reconnaissance Orbiter, MRO이 전송한 데이터를 보호하고 있다. 실제로 MRO는 나사가 '행성 간 인터넷interplanetary Internet'이라고 부르는 우주 인터넷망의 첫 번째 연결 고리로 수많은 국제 우주선이 태양계로 더 깊이 진입할 때 신호를 중계할 예정이다.[26] 나사가 보낸 행성 간 우주선과의 통신에 필수적인 라디오 방송국 네트워크, 심우주 통신망Deep Space Network 역시 터보 코드를 사용한다. 지금은 섀넌의 한계에 가까운 속도로 의사소통을 할 수 있다는 게 평범해 보일지 모르지만 터보 코드 이론이 처음 발표됐을 때는 아무도 그 가능성을 믿지 않았다. 터보 코드를 시험한 뒤 성공 여부를 확인한 회의론자들만이 진지하게 받아들였을 뿐이다.

그렇기는 해도 그 회의론은 정당했다. 수학적으로 말하자면 터보 코드가 작동한다는 증거는 없었다. 갤러거의 패리티검사 코드처럼 터보 코드는 기술자들의 해결책이었다. 따라야 할 일련의 지시 사항이지만 왜 작동하는지에 대한 설명은 없었다. 그래서 두 코드 모두 섀넌의 한계 근처에서 작동했어도 수학자들에게 깊은 인상을 주진 못했다. 하지만 에르달 아리칸Erdal Arıkan의 뇌에서 싹튼 '폴라 코드polar code'는 특별했다.

아리칸은 터키 출신 전기·전자공학 교수다. 2008년 정보를 해독하는 알고리즘을 연구하던 아리칸은 자신이 사용하는 폴라 코드로 섀넌의 한계에 도달할 수 있음을 알아냈다. 아리칸이 기술적 세부 사항을 정리하는 데만 2년이 걸렸지만 폴라 코드는 현재 디지털 네트워크에서 휴대전화 신호를 인코딩하는 최신 프로토콜에 속한다. 이 5세대(5G) 프로토콜은 5G '뉴 라디오New Radio' 데이터 표준으로 알려져 있다. 꽤 만족스러운 사실은 이 프로토콜이 5G 데이터 전송 표준의 일부인 갤러거의 1960년 패리티검사와 함께 작동한다는 것이다.[27] 5G는 정말 놀라운 기술이다. 부머Boomer와 주머Zoomer 수학이 나란히 기능한다.

섀넌의 비밀 정보기관

오류 수정 코드를 수학적으로 증명할 수 있다는 건 좋은 일이지만 꼭 필요한 건 아니다. 터보 코드의 첫 번째 사용자가 발견했다시피 코드만 잘 작동하면 그것으로 충분하다. 하지만 수학적 증명이 가장 중요한 정보이론 영역이 있다. 바로 암호학이다.

암호학은 비밀 통신을 만들고 해독하는 이론으로 아마 수학에서 가장 과소평가된 분야일 것이다. 우리의 자유와 번영은 개인 정보를 지키는 능력에 뿌리를 두고 있다. 개인 정보는 정부 운영과 온라인 쇼핑을 위해 중요하다. 르완다 농부들이 사업을 하고 생계를 유지하려면 안전한 모바일 뱅킹으로 개인 정보를 보호해야 한다. 코카인 단속을 관장하는 콜롬비아 마약 밀매 방지 기관은 개인 정보가 가장 중요하다. 부패를 폭로하려는 내부 고발자들은 암호화된 메시징 서비스가 있어야 한다. 암호화는 정보화 시대의 산소 역할을 하는 필수 자원이다.

전시 체제를 경험한 섀넌은 정보이론의 수학으로 암호화 시스템이 잘 작동하는지, 아니면 잘못 작동하는지 설명할 수 있다고 빠르게 깨달았다. 그래서 1949년 그의 생각을 담은 《비밀 유지 시스템의 통신 이론Communication Theory of Secrecy Systems》이라는 책을 발표했다. 섀넌이 1945년 작성한 기밀문서의 수정본이었다.[28] 섀넌은 이 책을 통해 다음과 같은 상황에 주목한다. '암호화할 메시지는 각 유한집합에서 고른 이산 기호의 연속 배열로 이뤄진다. 이런 기호는 언어의 문자, 언어의 단어, "양자화된" 음성 또는 영상신호의 진폭 등이 될 수 있다.' 또 섀넌은 음성 녹음을 거꾸로 재생할 수 있는 기계처럼 전용 기술이 필요한 투명 잉크나 암호문과는 달리 기호로 암호화한 비밀은 수학으로 분석할 수 있다고 지적했다. 그리고 무엇보다도 수학적 분석이 그 암호를 풀기 위해 노력할 만한 가치가 있는지 말해줄 수 있다고 입증했다. 다시 말해 섀넌은 암호 해독은 물론 그 노력의 성과 여부를 따지는 수학을 연구했다.

이 점은 엄청나게 중요하다. 어디에 노력을 기울여야 하는

지 알려주기 때문이다. 섀넌의 지시를 제대로 따르면 우리는 역사를 바꿀 수 있다. 그리고 〈특별 어류 보고서Special Fish Report〉가 그 사실을 똑똑히 보여줬다.

이 보고서는 1944년 12월 미국 육군성에 전달됐지만 제목만 보면 '일급비밀'이라 표시해야 할 이유가 없어 보인다. 하지만 표지를 열면 '피시Fish'를 풀기 위한 노력의 최신 정보를 금방 알 수 있다. 피시는 영국 암호학자들이 제2차세계대전 중 독일 무선통신 사업자들이 보낸 암호화된 메시지에 붙인 명칭이다.[29] 보고서의 저자는 영국 블레츨리 파크 암호 해독 센터Bletchley Park Codebreaking Centre를 돕기 위해 파견된 미 육군 통신부대 소속 앨버트 스몰Albert Small이었다. 스몰은 암호 해독 센터의 노력에 감명받은 게 분명했다. 최신 정보를 설명한 첫 번째 단락에서 그는 블레츨리 파크 센터가 매일 암호 해독에 성공했다고 말한다. 그리고 '영국인의 비범한 수학적 재능, 뛰어난 공학 능력, 탄탄한 상식'이 '암호 해독 과학에 뛰어난 공헌을 했다'고 평가했다.

하지만 그 정도로 뛰어났을까? 블레츨리 파크 센터의 주된 목표는 에니그마의 사악한 후계자 로렌츠Lorenz 암호를 해독하는 것이었다. 로렌츠는 이론적으로 완벽한 무작위 암호 키를 생성할 수 있었다. 이 암호 키는 불의 논리연산과 섀넌이 석사 논문에서 확장한 이론, 즉 AND, OR, NOT 게이트 조합과 XOR 게이트를 이용한 '평문plaintext' 형식 메시지와 섞여 있었다.

이론적으로 그 결과는 해독할 수 없는 암호일 것이다. 연합 군의 유일한 희망은 암호 구현이 이론보다 덜 완벽하다는 것이 었다. 그리고 실제로 그랬다. 독일 전신 기사들이 로렌츠를 사 용하는 방식에는 여러 가지 단점이 있었고 로렌츠 암호기를 설 치하는 방법 자체에도 약점이 있었다.

이때 콜로서스Colossus가 등장했다. 토미 플라워스Tommy Flowers 라는 전화 기술자가 개발한 콜로서스는 프로그래밍이 가능한 세계 최초의 전자식 디지털 컴퓨터였고 오늘날 누구에게나 매 우 친숙한 컴퓨터의 궁극적 조상이다.[30] 게다가 XOR 게이트는 물론 1,000억 개의 불연산도 오류 없이 수행할 수 있었다. 콜로 서스 입력은 거의 시속 30마일로 작동하는 텔레프린터 테이프 가 맡았다. 이 모든 기발한 공학 기술은 1944년 2월 5일 콜로서 스가 작동하자 빛을 발했다. 시시때때로 변하는 로렌츠 암호를 해독하는 데 며칠이 아니라 몇 시간이 걸리기 시작했다. 하지만 플라워스는 더 뛰어난 기계를 개발할 수 있다고 생각했고 같은 해 6월 1일 콜로서스 Mk II가 그 자리를 이어받았다. 내부 구조 가 개선된 콜로서스 Mk II는 30년 후 인텔Intel이 처음 선보인 마 이크로 칩의 작동 속도와 일치할 만큼 매우 빨랐다.

콜로서스 Mk II는 노르망디상륙작전 성공에 핵심 역할을 했 다. 연합군은 콜로서스 Mk II를 이용해 히틀러와 그의 장군들 사이에 오가는 무선 메시지를 해독했다. 콜로서스 Mk II가 작동

된 지 4일 뒤 블레츨리 파크에서 보낸 특사가 참모들과 회의 중이던 드와이트 D. 아이젠하워Dwight D. Eisenhower 장군에게 메모를 건넸다. 그 메모에는 작전 개시일을 둘러싼 연합군의 여러 가지 군사 기만이 있다고 적혀 있었다. 콜로서스 Mk II가 밝혀낸 정보에 따르면 히틀러는 불가피한 공격이 동쪽에서 일어날 거라 믿었고 엄청난 수의 병력을 그의 상륙 예정지에서 멀리 떨어진 지역으로 이동했다. 미국 제1사단은 노르망디 해변 가장 서쪽에 상륙할 예정이었기 때문에 그 정보는 아이젠하워를 매우 기쁘게 했을 것이다. 아이젠하워는 참모들에게 돌아서서 '내일 작전을 개시한다'고 알렸다. 그리고 몇 년 뒤 아이젠하워는 블레츨리 파크의 암호 해독 노력이 전쟁을 2년 단축해 수십만 명의 목숨을 구했다고 선언했다. 불은 물론 아마 라이프니츠도 그들의 노력을 틀림없이 자랑스러워할 것이다.

완벽한 개인 정보 보호

수학적 암호 해독 이야기는 사실 섀넌에서 시작된 게 아니다. 가장 잘 알려진 기원은 기원전 850년경 아랍 수학자이자 철학자 아부 유수프 야퀴브 이븐이샤크 알킨디Abu Yusuf Ya'qub ibn Ishaq al-Kindi가 저서 《암호 메시지 해독에 관한 원고Manuscript on Deciphering

Cryptographic Messages》에서 정보의 통계적 분석을 설명한 때였다. 알킨디는 주파수 분석 같은 통계 기법을 통해 암호 문서의 내용을 읽을 수 있다고 증명했다. 어떤 문자나 단어가 가장 흔한지 알고 있다면(예를 들어 영어의 'e'처럼) 암호화된 메시지에서 해당 문자나 단어의 대체어를 찾아 암호를 해독하면 된다.

알킨디 이후 비밀을 보호하려는 사람들은 언제나 이런 대체물을 만들기 위해 예측할 수 없는 새로운 방법을 찾아야 했다. 하지만 궁극적으로 사적인 정보를 안심하고 보호할 방법은 단 하나뿐이다. 메시지를 암호화하고 해독하는 대체 알고리즘, '키key'를 절대 추측하지 못하는 코드를 개발하는 것이다. 완벽한 키는 대체물에서 완전히 무작위로 작동하고 메시지 수만큼의 문자나 비트를 가지며 발신자와 수신자에게만 알려져 있고 통계 분석을 수행할 기회가 없도록 단 1번만 사용된다. 그래서 암호학계에서는 '일회용 암호one-time pad'로 알려져 있다.

섀넌은 논문을 통해 유일하게 안전한 암호화 방법은 모두 수학적으로 일회용 암호와 동등함을 보여줄 수 있었다. 하지만 아무리 해독할 수 없다고 해도 일회용 암호는 너무 불편했다. 이 완벽한 암호 키에 접근할 수 있는 사람이 발신자와 수신자뿐이라는 걸 어떻게 보장할까? 진정으로 신뢰할 수 있는 배달자가 필요하거나 발신자와 수신자가 각자의 길을 가기 전에 서로 만나 키를 공유해야 한다. 두 사람이 소통하고 싶을 때마다 만나지 않는 한(이 경우 서로의 귀에 대고 속삭일 수 있다) 필요시에만 저장되고 사용되는 전체 키를 공유해야 할 것이다. 그러고 나면 두 사람은 저장 방법이 완벽하게 안전한지, 어떤 키가 어떤 메시지에 적용될지 알아야 한다.

이렇게 실질적인 문제가 제기된다는 건 수학적으로 안전하고 유일한 암호화 방법이 거의 사용되지 않는다는 뜻이다. 그래서 모든 사람이 불완전한 암호를 사용한다. 불완전한 이들이 불완전한 암호를 쓰려고 한다는 더 위험한 문제를 생각하면 그리 끔찍한 생각은 아니다. 로렌츠 암호와 마찬가지로 폴란드 수학자들이 독일의 에니그마를 해독할 수 있었던 주된 이유는 에니그마 기계가 완벽하지 않았기 때문이 아니라 인간 운영자들이 수많은 메시지 끝을 장식하는 '하일 히틀러Heil Hitle'처럼 반복적이거나 추측 가능한 문구에 빠졌기 때문이다.

그래서 흥미로운 질문이 생긴다. 실용적인 일회용 암호를 위한 지름길은 얼마나 위험할까? 이와 관련된 문제에는 사용 가능한 문자의 다양한 선택 사항, 암호화하는 데 사용되는 키의 크기, 누출되는 암호 메시지 수도 포함돼 있다. 섀넌은 의미가 통하는 단어와 구문을 출력하는 동안 가능한 모든 경우의 수로 무작위 키를 조합하는 무차별 대입 공격을 통해 암호를 해독할 수 있는지 상상했다. 그런 다음 이를 달성하기 위해 누출해야 하는 암호 문자 수를 '단일 거리unicity distance'로 정의했다. 이 거리는 선택하는 키와 언어의 통계적 특성에 따라 달라진다. 만약 간단한 대체 암호로 영어 메시지를 보낸다면 문자가 30자는 있어야 그 암호를 해독할 수 있다고 계산했다.

30자 정도면 많은 게 아니다. 그렇지 않은가? 그래서 요즘에는 섀넌의 사례를 바탕으로 한 단순 코드를 사용하지 않는다. 그럼 무엇이 대신할까?

이 질문의 답을 들으면 아마 깜짝 놀랄 것이다. 물론 현대의 암호화는 매우 복잡하지만 그 기술은 1장에서 이미 살펴본 놀랍도록 간단한 전제를 기초로 한다. 바로 곱셈은 나눗셈보다 쉽다는 것이다.

3과 7을 곱한 결과를 물어보면 누구든 21이라고 바로 답할 것이다. 하지만 21의 약수 또는 곱해서 21이 나오는 정수를 물었다면 조금 당황했을지도 모른다.

만약 302,041의 약수를 물으면 어떨까? 이 수의 약수를 구하는 유일한 방법은 무차별 대입법으로 가능한 모든 경우의 수를 따지는 것이다. 3 곱하기 10만부터 시작하면 적당한 조합을 찾을 수 있을 것이다. 조합이라고 말했지만 사실 조합은 아니다. 이 예제의 답은 하나뿐이기 때문이다(1과 자기 자신을 제외하면 그렇다). 302,041은 367과 823을 곱한 결과다. 두 약수는 무한히 많은 소수에 속하므로 더는 나눌 수 없다. 소수는 1과 자기 자신으로만 나눠떨어지는 수다. π나 e와 마찬가지로 사람들은 온갖 종류의 형이상학적 짐 꾸러미를 채운 소수를 무척 신비롭게 생각했다. 특히 비밀을 지키는 일을 하는 사람이라면 더욱 그랬다. 이따금 간교한 말장난 속에서 헤매고 있다는 건 그 말장난이 매우 실용적이라는 뜻이다.

소수를 사용한 암호화 작업은 당연히 벨 연구소에서 시작됐다. 1944년 10월 월터 코닉 주니어Walter Koenig Jr라는 기술자가 〈프로젝트 C-43에 대한 최종 보고서Final Report on Project C-43〉로 알려진 기밀문서를 작성했다.[31] 섀넌이 작업한 X-시스템과 병행해 3년간 진행된 이 프로젝트는 음성 스크램블 기술에 관한 연구였다.

코닉은 보고서 서문에서 '배후에서 이 연구가 진행되도록 즉각적으로 압박한 건 당연히 전쟁이었다'고 말한다. 육군, 해군 및 NDRC는 자국의 음성 통신을 가장 안전하게 유지하는 방법과 적군의 통신을 해독하는 방법을 알고 싶어 했다. 코닉은 이 보고서가 아무리 최종이라고 해도 향후 해야 할 작업이 훨씬 많다는 사실을 잘 알고 있었다. 그래서 '시시각각 변하는 통신 기술에 뒤처지지 않으려면 평상시에도 정부의 지원 아래 이런 연구를 계속해야 한다'고 권고한다.

코닉의 소원은 이뤄졌다. 1969년 제임스 엘리스James Ellis라는 기술자가 자신의 연구 도중 우연히 그 보고서를 발견했다. 엘리스는 영국 정부통신 본부Government Communications Head Quarters, GCHQ에서 암호화 기술을 좀 더 실용적으로 만들 방법을 모색하고 있었다. 그는 프로젝트 C-43이 무엇보다 한쪽 통화자에게만 잡음을 주입할 때 보안을 지켜주는 연구였음을 알아냈다. 만약 수신자가 엄청난 양의 무작위 전기 잡음을 전화선으로 전송하고 통화 내용과 주입한 잡음을 따로 녹음하면 나중에 잡음을 뺄 수 있다. 도청자는 잡음 형태를 알지 못할 것이므로 도청하려는 음성과 잡음을 분리할 수 없을 것이다. 이것이 '한 방향' 전송 기능이다. 만들기는 쉽지만 키가 없다면 되돌릴 수 없다.

엘리스는 비밀의 한 당사자에게만 안전한 보안 기술에 흥미를 느꼈고 유사한 기술로 데이터를 전송할 방법이 반드시 있어야 한다고 생각했다. 어느 여름날 저녁 엘리스는 잠이 들었고 훗날 그가 말한 것처럼 '하룻밤 사이에 그 생각이 머릿속에서 번뜩였다'.[32] 하지만 엘리스는 영리한 첩보원이라 그 생각을 집에 적어두진 않았다. 단지 기억할 수 있기만을 바랐다.

그리고 엘리스는 기억해 냈다. 1969년 7월 엘리스의 보고서가 GCHQ 수석 수학자 숀 와일리Shaun Wylie의 책상에 툭 떨어졌다. 당시 와일리의 반응은 정보 책임자의 부정적 사고방식을 잘 보여준다. 와일리는 "불행히도 난 이 보고서에서 어떤 문제점도 볼 수 없네"라고 말했다.

와일리는 한시름 놓았겠지만 엘리스의 아이디어는 당시 기술로 구현하기가 거의 불가능했다. 1973년 케임브리지대학의 수학자 클리퍼드 콕스Clifford Cocks가 GCHQ에 합류하고 나서야 비로소 앞으로 나아갈 길이 보였다. 콕스는 대학원에서 큰 소수에 관한 연구를 하고 있었다. 누군가 콕스에게 엘리스의 기본 아이디어를 설명했을 때 콕스는 소수를 이용하면 전화선에 잡음을 추가하는 한 방향 효과를 재현할 수 있다고 곧바로 생각해 냈다.

콕스는 하룻밤 사이에 모든 걸 해결했다. 당시 집에 있었던 터라 아무것도 적진 않았지만 콕스의 계획도 머릿속에 선명하게 남아 있었다. (아주) 단순하게 정리하면 이렇다. 콕스가 2개의 큰 소수를 포함하는 수학적 연산으로 '공개 키public key'를 생성한다. 이 키는 공개적으로 사용할 수 있으므로 콕스에게 비밀 메시지를 보내려는 사람은 그 메시지와 공개 키를 수학적으로 섞을 수 있다. 이렇게 만든 데이터 문자열을 콕스에게 보낸다. 콕스는 2개의 소수로 공개 키를 만든 연산을 아는 유일한 사람이므로 콕스만이 메시지를 해독하고 비밀을 밝힐 수 있다.

엘리스와 콕스는 공개 키 암호 방식 개념을 기록했지만 이는 오직 영국과 미국의 보안 기관에서만 사용됐다. 몇 년 뒤 학계 수학자들도 이 아이디어를 알아냈고 1977년 리베스트-샤미르-애들먼 암호 시스템Rivest–Shamir–Adleman Cryptosystem, RSA이 상용화됐다. 그 후 20년이 지나서야 GCHQ는 사실상 수십 년 전에 공개 키 암호화를 발견했다고 밝혔다.

엘리스와 콕스 이후 창의적인 수학자들이 비밀을 보호하는 여러 가지 새로운 방법을 고안해 냈다. 신뢰할 수 있는 암호화 기술은 이제 구현하기가 매우 쉬워 인적 사항, 신용 카드 세부 내역, 통신 내용 등 비공개를 원하는 모든 정보를 보호한다. 온라인 쇼핑은 공개 키 암호화를 이용하는 편이지만 애플은 모바일 기기 잠금 기능에 타원 곡선 수학 기반의 암호화 알고리즘을 이용한다. 타원 곡선 암호화는 소수가 아닌 그래프의 점을 사용해 데이터를 숨긴다. 이 알고리즘은 곡선의 다른 점들 사이를 이동하는 간단한 연산으로 작동한다. 도청자는 끝점과 시작점만 알고 데이터를 숨기는 중간점을 찾을 수 없다. 왓츠앱WhatsApp은 다른 방식을 쓴다. 시그널 프로토콜Signal Protocol이라는 알고리즘으로 여러 암호화 기술을 조합한 방식이다. 모든 암호화 방식의 유일한 문제는 그들 모두 양자 기반의 혁명적인 암호 해독 기술에 위협받고 있다는 것이다.

정보와 양자 미래

허수가 문을 연 낯선 세계를 들여다보면서 분자와 원자, 아원자 입자로 이뤄진 '양자' 세계를 언급했었다. 양자 운영 규칙은 일상적인 규칙과 다소 다르다. 정보이론이 표준 또는 '고전' 컴퓨터에서 구현되면 이진 숫자는 누가 봐도 0과 1이다. 하지만 양자 컴퓨터에서 비트를 인코딩하면 상황이 약간 모호해질 수 있다. 그리고 알고 보면 모든 게 달라진다.

고전 컴퓨터에서는 1과 0이 특정 전기회로 상태로 인코딩된다. 전압(또는 무전압), 트랜지스터의 켜짐/꺼짐 또는 축전기의 충전/비충전 상태일 수 있다. 양자 컴퓨터에서는 이렇게 구체적이지 않다. 수학을 통해서만 설명할 수 있는 실체에서 0과 1을 인코딩한다. 두 장 앞의 허수에서 알아낸 것처럼 양자 세계의 수학은 복소수와 파동방정식을 사용하며 그 물리적 표현은 엄밀히 말해 이 세계의 것이 아니다. 이 말은 정보에 이상한 일들이 일어날 수 있다는 뜻이다.

1994년 벨 연구소 수학자(아니나 다를까)가 이 정보가 얼마나 이상해질 수 있는지 보여줬다. 당시 피터 쇼어Peter Shor는 소인수분해, 즉 곱하면 주어진 합성수가 되는 두 소수를 찾는 방법을 연구하고 있었다. 이미 살펴봤지만 기존 수학은 소인수분해를 빨리 하는 경로를 모른다. 단지 일일이 계산하며 시행착오를 거쳐야만 빠른 소인수분해가 가능하다. 하지만 양자 수학에는 비장의 묘책이 있다.

복잡하지만 그 묘책은 정보를 파동으로 인코딩하는 양자 실체로 가장 잘 설명할 수 있다. 이 파동은 연못의 잔물결처럼 서로 '간섭'할 수 있다. 즉, 물결이 만나는 곳에서 그들의 구조가 예측 가능한 방식으로 바뀐다. 파동에는 다른 속성도 있다. 위치 같은 일부 속성은 부정확하고 강요되지 않는다. 쇼어는 파동의 불확실한 속성 사이에서 간섭을 조작해 미지의 약수를 발견할 수 있음을 보여줬다. 더 자세히 설명하려면 푸리에 변환이 필요하다. 중요한 점은 수많은 양자비트^{qubit}(큐비트)를 동시에 인코딩하는 대규모 양자 컴퓨터가 있다면 쇼어의 알고리즘으로 큰 수의 약수를 아주 쉽게 찾을 수 있다는 것이다.

이 알고리즘의 발견은 전 세계 국가 안보 기관 내부에 상당한 파문을 일으켰다. 그 후 몇 년 동안 각국 정부는 양자 컴퓨터 연구에 막대한 돈을 쏟아부었다. 이 컴퓨터를 구축하는 게 얼마나 쉬울지, 이 컴퓨터가 쇼어의 알고리즘이 암시하는 것처럼 논의할 여지가 있는지 알아내야 했다. 진실을 말하자면 양자 컴퓨터 구축은 더디게 진행됐다. 20년 뒤인 2016년에야 미국 국가안보국$^{National Security Agency}$이 이 문제에 관한 성명을 발표했다. NSA는 '공개 키 암호화를 이용할 수 있는 대규모 양자 컴퓨터가 언제 존재하게 될지 알 수 없다'고 말했다. 하지만 이 성명은 계속해서 다음과 같은 주의의 뜻도 담고 있었다. '양자 컴퓨터 연구가 점점 늘어나고 있고 이제는 NSA가 나서야 할 만큼 많은 진전이 있다.' 또 모든 미국 기업에 큰 수의 소인수분해를 바탕으로 한 암호화에서 벗어나라고 충고했다. RSA 시스템이나 타원 곡선 및 기타 시스템에 충분한 관심을 기울이면 머지않아 유

용한 방식이 되리라는 뜻이 분명했다.[33]

새넌의 암호화 작업이 여전히 확장되고 있다는 사실을 알면 안심할 수 있을 것이다. 오늘날 가장 뛰어난 수학자 중 일부는 양자 공격에도 견딜 수 있는 새로운 대체 알고리즘을 개발하고 있다. 그리고 또 다른 수학자들은 새넌의 1949년 암호학 연구를 재구성해 새로운 양자 정보 시대에 적합하게 만들었다. 비교할 수도, 깨질 수도 없는 일회용 암호로 거슬러 올라가 수학자들은 암호화 키를 안전하게 배포할 수 있는 새로운 방법을 제공하기 위해 양자 세계의 힘을 활용했다. 알려진 대로 양자 암호화는 완벽한 보안으로 광섬유를 따라 또는 위성을 통해 전 세계에 암호 키를 위한 비트를 보내는 수단이다. 만약 도청자가 암호 키를 가로채거나 심지어 그 일부만 빼내려고 한다면 양자 세계의 수학적 법칙이 발신자와 수신자가 그 사실을 알 수 있도록 명령할 것이다. 그러면 발신자와 수신자는 새로운 숫자 집합으로 키 배포 과정을 반복하기만 하면 된다.

이처럼 굉장히 실용적이고 현실적인 연구에 예기치 않은 파생 효과가 있었다는 사실로 결말을 매듭지어도 좋을 것 같다. 양자물리학 법칙과 이진 논리의 결합은 양자 중심으로 우주, 인간 사고 및 행동 양식을 설명하는 새로운 탐구에 자극제가 됐다. 마치 양자 버전의 주역을 개발하고 있다고나 할까. 아마 라이프니츠는 기뻐할지도 모르겠다.

이런 탐구 노력의 중심에는 '비트에서 존재로It from Bit'라는 기이한 문구가 있다. 이 문구는 '블랙홀Black Hole'이라는 용어의 창시자인 물리학자 존 휠러John Wheeler가 만든 것이다. 휠러가 말하는 '존재'는 우리 주변의 모든 것, 바로 우주다. '비트'는 섀넌의 이진수를 말한다. 휠러는 〈정보, 물리학, 양자: 그 연관성에 관한 탐구Information, Physics, Quantum: The Search for Links〉라는 공식 연구 논문에서 그의 아이디어를 선보였다. 그리고 아마 그 첫 줄은 라이프니츠와 불을 흥분시켰을 것이다. "이 논문은 양자물리학과 정보이론이 답해야 하는 오래된 질문을 되새긴다. 바로 '어떻게 존재하는 것일까?'다"[34]

휠러는 '모든 우주, 즉 모든 입자, 모든 힘의 장, 심지어 시공간 연속체 자체도 그 기능과 의미, 그 존재 자체를 완벽하게 또는 어떤 상황에서는 간접적으로라도 네 아니오 질문, 이진 선택, 비트 장치를 끌어낸 대답에서 얻는다'는 개념을 '가장 효과적으로' 나타내는 표현이 '비트에서 존재로'라고 설명했다. 아마 휠러에게는 우주의 모든 것을 줄여 이진수 형태로 정보를 전달하는 일이 논리적으로 보였던 것 같다. 양자 이론과 이렇게 간단히 만든 정보 단위를 올바르게 결합하면 공간과 시간, 별과 행성, 당신과 내가 탄생한다.

탐구는 여전히 계속되고 있다. 오늘날 우주의 복잡성을 이해하려는 물리학자들은 정보이론을 탐사할 풍경으로 제안한다. 그래서 정보 전달을 지도화하고 정량화하는 것을 의미하는 정보 '엔트로피'는 물론 모든 물리학과 화학 법칙이 논리 게이트의 양자 버전에서 물리적 우주의 비트를 처리하는 계산으로 재구성되는 컴퓨팅 관점에서 생각한다. 우리가 바로 그 계산 결과며 우리의 사고와 행동은 계산 과정에 이바지한다. 물리학자 세스 로이드Seth Lloyd가 말했듯이 '모든 원자 및 모든 기본 입자는 우주라는 거대한 계산에 참여하고 있으며 지구상의 모든 인간은 공유된 계산에 속한다'.[35] 물리학의 최첨단에서는 우리를 비롯한 우주의 모든 것이 섀넌, 불, 라이프니츠의 비트, 즉 참과 거짓, 네와 아니오, 1과 0으로 처리돼 축소될 수 있다.

위대한 쇼맨

───────────── • ─────────────

이제 그 중심에 서 있는 인물에 조금 더 주목하며 이 장을 끝내고 싶다. 이전 장에서는 그리 매력적이지 않은 인물들을 만났다. 특히 뉴턴과 데카르트가 그랬다. 수학 천재들이 항상 비호감으로 기억되는 건 너무 부끄러운 일일 것이다.

섀넌에 대한 악담은 들어본 기억이 없다. 생각이 많은 사람이 그렇듯 섀넌은 이따금 대화에 끼는 걸 어려워하기도 했지만 쉴 새 없이 장난을 치기도 했다. 어린 시절 섀넌은 축제 공연자가 되길 꿈꿨고 저글링 기술을 배우고 완벽하게 해내기가 얼마나 어려운지에 몰두해 있었다. 그래서 스스로 저글링을 익히며 저글링이 가능한 로봇까지 설계하고 제작했다. 섀넌의 로봇 광대는 매우 정밀하게 설계돼 있어 '밤새 저글링을 해도 절대 떨어뜨리지 않는다'고 섀넌이 자랑할 정도였다.[36]

섀넌이 자주 저지르는 잘못은 자신을 새로운 고지에 몰아넣는 것이었다. 섀넌은 외발자전거 타는 법을 배웠다가 그다음에는 외발자전거를 타며 저글링 하는 법을 터득했다. 그러고 나서는 강철 줄 위에서 외발자전거를 타며 저글링 하는 법을 익혔다. 이 예는 정보이론을 벗어난 섀넌의 활약상에 대한 수박 겉핥기에 불과하다. 섀넌은 또 물 위를 걸을 수 있는 폴리스티렌 신발과 지하 실험실에서 스위치를 켜면 아내를 부엌에서 불러내는 커다란 손짓 손가락도 만들었다.

손짓 손가락은 장난감 기계였다. 섀넌의 아내 베티는 훌륭한 요리사기도 했지만 그의 연구에 귀중한 협업 상대인 뛰어난 과학자기도 했다. 장난 기계는 또 있었다. 예를 들어 섀넌은 불꽃을 내뿜는 트럼펫과 최초로 '쓸모없는 기계Useless Machine'를 만들었다. 이 기계를 본 적이 없다 해도 괜찮다. 그것의 유일한 목적은 자동으로 스위치를 끄는 것이다. 스위치의 '켜짐'을 누르면 닫힌 상자에서 팔이 나와 다시 '꺼짐'을 누른다. 팔이 쏙 들어가면 스위치를 다시 켤 때까지 기계 전원이 꺼진다.

섀넌은 이 아이디어를 컴퓨터 및 로봇공학 분야의 선구자 마빈 민스키Marvin Minsky에게서 얻었다. 섀넌의 성향을 그대로 보여주는 중요한 증언에 따르면 섀넌은 그 아이디어를 듣자마자 무조건 실제로 만들겠다고 다짐했다. 하지만 모든 이가 쓸모없는 기계를 보고 즐거워한 건 아니었다. 공상과학소설 작가 아서 C. 클라크Arthur C. Clarke는 그 기계를 보고 불안해했다. 그래서 '스위치를 *끄는* 것 말고는 아무것도, 아예 아무것도 하지 않는 기계지만 왠지 말할 수 없는 불길한 뭔가가 있다'고 했다.[37]

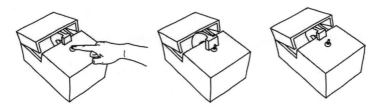

스위치를 끄는 것 외에는 아무것도 하지 않는 섀넌의 쓸모없는 기계

섀넌이 만든 또 다른 기계는 존재 이유Raison D'être가 훨씬 더 많았다. 이 기계는 최초의 착용 컴퓨터로 룰렛 휠을 도는 공의 속도와 궤적을 분석하기 위해 설계됐다.[38] 담뱃갑만 한 크기의 이 컴퓨터는 착용자 신발에 장착된 일련의 마이크로 스위치와 연결돼 있었다. 착용자는 이 스위치로 기계를 재설정하고 분석 과정을 시작했다. 게임이 시작되면 발가락에 달린 소형 스위치

가 공이 룰렛 휠을 1바퀴 도는 데 걸리는 시간을 입력했다. 그러면 선으로 연결된 이어폰에서 음계가 출력되며 착용자에게 베팅 방법을 알려줬다.

1961년 여름 섀넌은 이 기계를 시험하기 위해 공동 개발자인 대학원생 에드워드 소프Edward Thorp와 함께 부부 동반으로 라스베이거스로 향했다. 부인들은 누가 의심받는지 확인하며 망을 보는 역할을 맡았다. 결론부터 말하면 그들은 전혀 의심받지 않았다. 훗날 섀넌이 회상하듯이 이어폰 연결선이 끊어져 소프의 이어폰이 마치 '외계 곤충'처럼 귓바퀴에서 툭 튀어나온 경우를 제외하면 대부분 무사히 넘어갔다. 컴퓨터 역시 몇몇 연결선이 끊어지긴 했어도 잘 작동했다. 심지어 소프와 섀넌은 이어폰을 더 잘 가리기 위해 머리를 더 길게 기른 뒤 다시 라스베이거스로 돌아가는 걸 고려하기도 했다.

두 사람은 다시 돌아가지 않았다. 사실 섀넌은 1960년대부터 동료들의 시야에서 사라지기 시작했다. 10년 뒤에는 정보이론 회의 참석도 그만뒀다. 하지만 세상이나 친구들과 단절된 건 아니었다. 평소 신뢰했던 지인들이 창업한 회사에 꾸준히 투자하고 있었다. 그중 하나가 전 동료 빌 해리슨Bill Harrison이었는데 휴렛과 패커드가 해리슨의 연구소를 인수하자 섀넌은 HP의 초기 주주가 됐다. 그 후 MIT 동기 헨리 싱글턴Henry Singleton의 회사 텔레다인Teledyne에 투자했다. 싱글턴의 능력을 믿고 투자한 섀

년의 직감은 성과를 거뒀다. 텔레다인은 수십억 달러의 회사가 됐다. 섀넌이 모토로라Motorola의 초창기 주식을 갖게 된 일 역시 친구들의 아이디어가 순조롭게 시작되리라는 직감에서 비롯됐다.[39]

대중의 시야에서 사라졌지만 섀넌의 인기는 결코 시들지 않았다. 섀넌이 영국 브라이턴에서 열린 회의에 깜짝 등장했을 때 그 인기가 입증됐다. 1985년 섀넌의 나이는 69세였다. 지금은 아무도 기억하지 못하는 어떤 이유로 섀넌은 정보이론에 관한 국제 심포지엄이 브라이턴 그랜드 호텔에서 열리는 동안 몇몇 강연을 들락날락하고 있었다. 누군가가 섀넌을 알아봤고 정보이론의 아버지가 실제로 그곳에 있다는 말이 소곤소곤 퍼지기 시작했다. 회의 주최자인 로버트 J. 맥엘리스Robert J. McElise는 훗날 '한마디로 뉴턴이 물리학 학회에 나타난 것 같았다'고 당시 분위기를 회고했다.[40]

꽤 좋은 비유지만 뉴턴과 함께 시간을 보내고 싶어 하는 동료들은 그리 많지 않을 것이다. 하지만 섀넌은 모두가 존경했고 사랑했다. 순식간에 동료들의 시선을 한 몸에 받은 섀넌은 만찬 연설을 해달라는 회의 주최자들의 종용을 뿌리치지 못했다. 때가 되자 섀넌은 모두를 지루하게 할까 봐 걱정했다. 그래서 몇 마디 말을 하고 난 뒤 저글링 공 몇 개를 꺼내 만찬장을 서커스 공연장으로 바꿨다. 그날 밤은 평소 유명 인사에 별 관심이 없던 물리학자들조차 섀넌의 사인을 받기 위해 긴 줄을 서는 명장면으로 끝이 났다.

섀넌은 2001년 생을 마감했다. 아이러니하게도 결국 이 거목을 무너뜨린 건 알츠하이머병이었다. 섀넌이 평생 꼼꼼하게 저장하고 세밀하게 분류한 정보는 병마가 파괴한 뇌에서 점차 지워졌다. 위대한 업적으로 가득 찼던 비범한 삶에는 슬픈 결말이었다.

섀넌의 정보이론은 매우 심오하고 영향력 있는 개념이었던 만큼 거의 즉시 인간의 경험을 바꿔놓았다. 사실 정보이론이 처음으로 빛을 본 지 8년 후인 1956년 섀넌은 그의 연구를 걷잡을 수 없이 지나치게 광범위하게 적용하는 사람들에게 일부러 좌절감을 주고 싶었다. 그래서 〈시류The Bandwagon〉라는 논문에서 '생물학, 심리학, 언어학, 기초 물리학, 경제학, 조직 이론 그리고 다른 많은 분야에 응용되고 있다'며 다소 못마땅한 속내를 드러냈다.[41] 비록이토록 '격렬하게 몰아치는 대중의 인기'가 어느 정도는 '즐겁고 흥미진진하다'고 인정하긴 했지만 '정보이론을 무차별적으로 적용할 순 없을 것'이라고 주장했다. 섀넌은 '자연의 비밀이 몇 개 이상씩 동시에 무너지는 경우는 거의 없다'고 말했다.

참으로 대단한 논문이다. 수학자는 사람들에게 그의 연구를 현실 세계에 함부로 적용하려 들지 말라고 몇 번이나 말해야 할까? 그렇다고 사람들을 비난할 수는 없다. 섀넌의 통찰력으로 혜택을 얻지 못하는 삶의 영역은 거의 없어 보인다. 섀넌은 우리에게 태양계의 비밀과 온라인 쇼핑을 마음 놓고 즐기는 방법을 가르쳐 줬다. 그리고 주문형 영화와 (바라건대) 물리학의 최종 이론도 선사했다. 또 인터넷으로 주역을 볼 수 있게 했다. 전쟁에서 승리한 컴퓨터든 데이터가 저장된 휴대전화 신호든 방송을 통해 우리 귀로 스트리밍되고 전송되는 음악이든 섀넌이 수학에 공헌하지 않았다면 우리 세계는 완전히 달랐을 것이다. 정보이론은 수만 년 동안 쌓아 올린 인간의 통찰력과 발명품 그리고 독창성의 절정이자 더 많은 수학적 예술품의 정점이다.

맺음말

수학이라는 위대한 아름다움

우리는 모두 문명인이라는 말에 동의할 것이다. 하지만 그게 무슨 뜻일까? 학자들은 문명을 정확히 정의하는 데 거의 동의하지 않지만 문명의 몇 가지 특징은 곧잘 수긍하는 편이다. 우선 문명은 큰 정착지, 사실상 도시를 갖는다. 그리고 그 사회는 어떤 형태의 종교를 갖는다. 노동 분업, 전문 기술 그리고 법으로 제정한 중앙정부가 있고 거의 틀림없이 정부 행정을 위한 세금 제도도 있다. 계급제도는 물론 안정적인 식량 공급 체계도 있을 것이다. 문명의 일부 시민은 예술이나 음악 그리고 다른 문화를 개발할 수 있는 여가를 즐길 것이다.

대다수 연구에서는 글쓰기 문화 역시 문명의 필수 요소라고 주장한다. 하지만 알다시피 분명 위대한 문명 중 하나인 잉카제국은 어떤 형태의 문자도 없었다. 그런데도 잉카는 모든 사람이 문명을 이루는 필수 목록에서 항상 제외하는 것처럼 보이는 뭔가를 갖고 있다. 사실 이것이 가장 첫 번째, 어쩌면 유일한 요건이어야 한다. 내가 강조하는 요건은 당연히 수학이다.

잉카는 정부 자료나 거래 기록, 장부 그리고 수많은 숫자 모음을 키푸quipu라고 하는 매듭에 기록했다. 모든 마을에는 왕이 임명한 '매듭 관리자'가 있어 일본의 사무라이처럼 정부의 통계학자로 활동했다. 우리는 이미 5,000년 전 수메르 왕국의 중심지는 물론 북부 및 사하라 이남 아프리카에서 모두 발전한 아프리카 문명이 수학을 사용했다는 증거를 확인했다. 14세기 초 역사상 가장 부유했던 말리 제국의 왕 만사 무사Mansa Musa는 팀북투에 방대한 대학을 세워 천문학 및 법학과 함께 수학을 가르치게 했다. 중세 세계에서 유통되는 금의 대부분을 생산하는 무사의 말리 제국은 무역과 세금으로 건설됐고 이 모든 건 숫자에 정통한 덕분이었다.

그로부터 7세기를 지나는 동안 우리는 여전히 수학의 덕을 보고 있다. 수학이 안겨준 좋은 것들을 간단히 나열해 보자. 세계 여행, 농산물로 가득 찬 슈퍼마켓 진열대, 냉장고, 휴대전화, 다채롭고 아름다운 도시 환경, 엔터테인먼트 산업, 전례 없는 번영을 낳은 재정적 기회, 경이로운 예술 작품, 수십 년 동안 누리는 건강한 삶, 우주와 그 역사에 대한 깊은 지식, 인터넷이라는 특별한 자원 등이 방금 머릿속에 떠오른 것이다. 이 모든 것을 생각하면 수학의 심오한 영향력이 왜 그렇게 오랫동안 숨겨져 있었는지 궁금할 수밖에 없다.

나는 플라톤 탓이라고 생각한다. 기원전 4세기 이 그리스 철학자가 선언한 세상은 수학적 이상들로 이뤄진 완벽한 현실의 그림자였다. 플라톤은 우주가 몇몇 입체도형으로 정의된 틀 위에 세워졌다고 생각했다. 그중 가장 중요한 입체도형이 정12면체로 플라톤은 신이 '황도대를 12개로 나누기 위한 모형'으로 삼은 도형이 정12면체라고 설명했다.[1]

기원전 300년경 유클리드는 플라톤의 세계관을 바탕으로 《원론》이라는 수학책을 집필했다. 《원론》은 역사상 가장 영향력 있는 수학 교본으로 묘사됐지만 어떤 귀속성도 담지 않았을 뿐더러 그 개념이 어디서 유래했고 인간은 그 개념을 어떻게 발전시켰는지에 대한 논의도 없었다. 마치 수학이 석판 위에서 우리에게 전해진 것 같았다. 그 결과 수학은 수 세기 동안 신학과

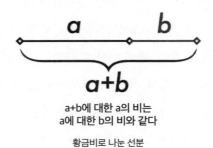

a+b에 대한 a의 비는
a에 대한 b의 비와 같다

황금비로 나눈 선분

거의 비슷한 주제로 알려졌다. 이는 '황금비'를 둘러싼 소란만 살펴봐도 바로 알 수 있다.

황금비에 관한 설명은 간단하다. 한 선분을 두 부분으로 나눌 때 전체 선분과 긴 부분의 비가 긴 부분과 짧은 부분의 비와 같은 비를 말한다. 그 비는 $(1+\sqrt{5})/2$로 대략 1.618이다. 이 숫자가 품은 신비한 힘에 얼마나 감탄했는지, 1509년 파치올리는 황금비에 관한 책을 출판하면서 이 비를 신성한 비례^{The Divine Proportion}라고 불렀다. 이 책의 내용만 봐도 황금비를 향한 파치올리의 경외심을 충분히 알 수 있다. 예를 들어 5장은 '이 책자의 적합한 제목'에 관한 것이다. 즉, 논의 중인 비율이 정말로 신성함을 설명하겠다는 것이다. 11장부터 14장까지는 비율의 속성에 관한 것으로 (순서대로) '필수적이고' '뛰어나고' '형언할 수 없고' '경탄할 만한' 속성이 있다고 말한다. 15장에 묘사된 속성은 '감히 이름 붙일 수 없다'는 것이다. 그러다 '감히 헤아릴 수 없는' 것이 된다. 그다음에는 '최고의' '매우 우수한' '거의 이해할 수 없는' 속성이 있다고 설명한다. 주제에 대한 저자의 열정은 어쩌면 그리 뚜렷해 보이지 않을지도 모른다.

황금비를 둘러싼 소란은 시작과 동시에 계속됐다. 물론 19세기가 돼서야 황금비로 알려졌지만 파치올리의 친구이자 제자인 레오나르도 다빈치도 자신의 책에 삽화를 그려 넣었기 때문에 학자들은 〈모나리자^{Mona Lisa}〉와 〈비트루비안 인간^{Vetruvian Man}〉을 비롯한 수많은 다빈치 작품에 황금비가 있다고 추측했다. 예를 들어 어떤 이들은 모나리자의 얼굴 비율이 황금비를 따른다고 주장한다. 그 가운데 어느 것도 철저한 검증을 통과하지 못했다. 모든 주장이 측정 방식에 따라 달랐기 때문이다.[2]

건축에서 황금비를 찾으려는 시도에서 역시 같은 문제점이 드러났다. 사람들은 거대한 피라미드, 다양한 대성당, 파르테논 신전 등이 모두 엄격한 황금비에 따라 설계됐다고 주장했지만 연구자들은 대부분 회의적이었다. 그런데도 황금비의 신화적 힘은 르코르뷔지에[Le Corbusier]처럼 그 힘을 느낀 현대 건축가들을 압도했고 피보나치수열은 '눈에 보이는 리듬'으로 여겨질 만큼 너무 원초적으로 황금비를 따랐다. 피보나치는 인간 활동의 근원 자체에 피보나치수열이 있다고 말했다. '피보나치수열은 유기적 필연성에 따라 인간에게 울려 퍼진다. 어린이나 노인, 야만인 그리고 지성인이 황금 분할을 찾아다니는 순수한 필연성과 같다.'[3]

르코르뷔지에의 거만한 생각에는 진실이 거의 없다. 황금비는 자연에 존재한다. 식물 줄기에 잎이 배열되는 방식부터 조개껍데기의 나선형 비율, 블랙홀의 열역학적 특성에 이르기까지 수많은 자연현상의 특징을 결정한다. 하지만 황금비를 신비롭게 생각할 필요는 없다. 다른 수많은 숫자가 자연현상에서 반복적으로 튀어나온다.

황금비의 존재를 부인할 수 없는 곳은 살바도르 달리^{Salvador} Dalí가 그린 〈최후의 성찬식^{The Sacrament of the Last Supper}〉이다. 이 그림은 황금비를 따른 직사각형에 그려져 있다. 게다가 그리스도와 사도들 뒤에 있는 거대한 정12면체도 황금비를 따른다. 하지만 이 그림의 황금비는 전적으로 의도됐다. 달리는 미학이 아니라 상징성에 바탕을 두고 황금비를 선택했다. 플라톤 앞에 무릎을 꿇은 것이다. 달리의 황금비는 다양한 수학적 구성 요소에서 신성함과 유사한 힘을 부여해 사람들이 그 앞에 무릎을 꿇게 하려는 의도가 숨어 있다. 나는 이미 π나 e 그리고 2의 제곱근에서 특별한 영감을 느낀 적이 없다고 말했었다. 소수도 마찬가지다.

이렇게 생각해 보자. 앞서 살펴봤듯이 인간은 정수 또는 범자연수를 발명해 주변에서 발견한 것(또는 상상한 것)을 묘사하고 처리했다. 우리는 또 이런 발견을 똑같이 나눌 수 있도록 나눗셈이라는 개념을 발명했다. 아니나 다를까, 정수 중 일부는 다른 정수로 나누면 더 작은 다른 정수를 얻는다는 사실을 발견했다. 동시에 그 정수 중 일부, 즉 소수는 1과 자신 말고는 다른 정수로 나눠지지 않는다는 사실을 알아냈다. 왜 우리가 이 사실에 놀라야 할까? 그건 단지 숫자가 작용한 방식의 결과일 뿐이다. 흥미로운 점은 이 소수들이 1에서 무한대까지 뻗어 있다고 상상하는 수직선의 특정 위치에 있다는 것이다. 하지만 그건 불가사의한 게 아니다. 소수가 불가사의하다고 말한다는 건 특별한 음식에 쓰이는 사프란 향신료에 초자연적 힘을 부여하는 것과 같을 것이다. 그렇다. 사프란 향신료는 수 세기 전 신비로운 동양에서 건너온 비싸고 향기로운 고대 재료라고 말할 수 있다. 하지만 이렇게도 설명할 수 있다. 사프란 향신료는 화학물질 크로신과 피코크로신의 운반체로 식품에 있는 다른 화학물질과 상호작용하며 사람들이 수천 년 동안 즐겼던 특별한 풍미를 지닌 황금빛 음식을 만들어 주는 것이다.

아마 이렇게 말하면 마치 내가 '무지개를 낱낱이 분해'하려는 것처럼 신성모독을 범했다고 생각할 것이다. 이 말은 다양한 색깔의 빛을 혼합하면 백색광이 된다는 뉴턴의 증명을 두고 존 키츠John Keats가 제기한 비난이었다. 하지만 나는 수학적 무지개를 분해해야 할 충분한 이유가 있다고 생각한다. 그대로 두면 플라톤식 숭배에 입문한 사람들만이 숫자의 힘을 볼 수 있다. 하지만 만약 수학이 비민주화된다면 아마 민주화할 수도 있을 것이다. 그러면 모든 사람이 마침내 수학이 유용한 실들로 이뤄져 있음을 알 기회를 얻게 될 것이다. 그 유용한 실 중 어느 것도 자신의 가치를 높이는 데 특별한 마음을 요구하지 않는다. 사람들은 심지어 이런 실의 일부를 잡고 일하는 게 즐겁고 유익할 수 있다는 사실을 인식하기 시작할지도 모른다. 수학은 당연히 모두를 위해 존재해야 하지 않을까?

소수 엘리트가 고의적으로 수학을 조금씩 무단 전용했는지는 알 수 없다. 고대 이집트인의 나일로미터nilometer는 다음과 같은 사실을 암시한다. 나일강의 깊이를 측정하는 나일로미터는 사제들이 독점적으로 접근할 수 있도록 신전 경계선 안에 세워졌다. 사제들만이 홍수가 언제 닥칠지 알았고 평민들의 삶에 영향을 미치는 비밀을 소유했다. 이는 대중 지배 권력을 추구할 때 중요한 속성으로 작용했다. 하지만 아무리 역사 속 수학자들이 대놓고 권력을 얻으려 하지 않았더라도 그들의 연구 주제를 깊고 강력하며 접근하기 어려운 것으로 표현하고 싶어 하는 무의식적 욕망은 쉽게 상상할 수 있다. 수학적으로 유도한 경제학 용어로 바꾸면 그 의미가 완벽하게 이해된다. 그 욕망은 당신만이 공급할 수 있는 뭔가에 대한 수요를 창출하는 간단한 방법이다.

엘리트주의적이고 신비주의적인 수학적 사고를 상대하는 대안이 있다. 수학자를 플라톤식 풍경에서 발견을 해내는 탐험가로 보는 대신 특정 주제를 창조하는 예술가로 보면 된다. 예술가로 변신한 수학자들은 팔레트에 가득 찬 숫자로 그림을 그리고 있고 그들의 도구 상자는 점점 늘어나는 알고리즘 칼과 붓의 균형을 맞추고 있다. 대부분은 옛 거장들이 남긴 공백을 메우며 오래전에 시작된 작품을 완성하고 있다. 하지만 이따금 완전히 새롭고 놀라운 작품을 그릴 것이다. 그래서 우리가 기하학과 로그, 정보이론, 페르마의 마지막 정리의 해법과 같은 작품들을 만나게 되는 것이다. 수학의 진정한 아름다움은 이 작품들이 천재 예술가의 그림과는 달리 우리 모두의 것이라는 데 있다. 우리는 새로운 수학을 통해 놀라운 건축물, 생명을 구하는 의료 기술, 수백만 명에게 기쁨을 안겨주는 데이터 압축 기술을 창조하고 우주에서 우리의 위치를 보여주는 뛰어난 과학적 진보 또는 인류 역사를 새로이 기록하는 수많은 업적을 이뤄낸다.

인류 이야기는 수학 이야기와 끈끈하게 얽혀 있다. 우리는 숫자를 세며 돈과 무역을 발명했다. 우리는 모래 위에 도형을 그리며 세상을 안전하게 여행하는 방법을 배웠다. 또 우리가 알고 있는 지식으로 미처 알지 못했던 진리를 알아냈고 복잡하면서도 네트워크로 연결된 상호 의존적 사회를 구축했다. 그래서 일부 사람들은 이 사회를 통해 격차를 메우는 데 시간을 할애하며 부와 번영을 창출하는 새로운 기회도 만들어 냈다. 우리는 삼각형과 원의 성질이 지금까지 불가능했던 계산을 어떻게 유도했는지 확인했고 그 결과로 얻은 도구로 20세기로 향하는 길을 설계했다. 또 정보나 허수 같은 추상적 개념이 원자와 전자, 전기력의 비밀을 푸는 열쇠임을 이해했다. 당신은 이 경이로운 결과물 속에서 살고 있다. 수학은 인간 존재의 의미를 찾는 참된 경험을 선사하며 우리 모두에게 그 흔적을 남겼다. 물론 우리는 아직 그 흔적을 확인하지 못했다. 따라서 우리가 수학을 발견했는지 창조했는지에는 절대 동의하지 않을 수도 있지만 어쩌면 수학이 우리를 창조했다는 사실에는 이제 모두가 공감할 수 있을 것이다.

감사의 글

책을 완성하고 마침내 세상에 내보인다는 건 달곰쌉쌀한 일이다. 나는 이번만큼 책 쓰는 재미를 즐긴 적이 없었던 것 같다. 그래서 숫자에 관한 새로운 사실을 무궁무진하게 배우는 즐거움이 막상 끝났다고 생각하니 조금 슬프기도 하다. 그러나 아마 우리 가족은 마음이 놓일 것이다. 내가 그날의 연구 결과로 가족들을 맹공격하는 저녁이 더는 없을 테니 말이다. 더는 '이 문제를 이집트식 곱셈으로 풀어볼까, 1분도 안 걸려' 하는 일도, '허수를 처음 접했을 때 어땠는지 말해봐' 하는 질문도, '다음 내 생일엔 계산자나 육분의나 주판을 받고 싶어' 하는 투정도 없을 것이다. 필리파Phillippa, 밀리Millie, 노바Nova, 묵묵히 참고 기다려 줘서 고마워요. 그동안 너무 고통스럽지 않았길 바랍니다.

이 책이 존재한다는 사실은 모두 패트릭 월시Patrick Walsh와 PEW 리터러리PEW Literary 덕분이다. 수학에 전혀 관심 없는 사람들을 위한 수학책이라는 어설프고 섣부른 내 생각에 패트릭이 덜컥 뛰어들었을 때 나는 깜짝 놀랐다. 우리는 쿠크미어 헤이븐 위의 절벽 꼭대기를 걸으며 함께 그 생각에 살을 붙였고 그 이후로 나는 한 치의 의심도 없이 집필에 매진했다. 편집장 몰리 슬라이트Molly Slight과 에드워드 캐스텐마이어Edward Kastenmeie, 스크라이브와 노프에 있는 그들의 팀은 프로젝트 전반에 걸쳐 통찰력 있고 열정적인 지원을 해줬다. 철저한 원고 교열 작업과 함께 마셜 플랜 시대의 농담을 즐겨준 리처드 레이Richard Leigh, 초기 지원을 아끼지 않은 필립 그윈 존스Philip Gwyn Jones에게 특별한 고마움을 전한다.

그리고 솔직하고 부지런한 내 독자들, 전문가인 아르투르 애커트Artur Ekert와 매튜 핸킨스Matthew Hankins 그리고 비전문가인 숀 가너Shaun Garner와 찰리 힉슨Charlie Higson에게 매우 감사한다. 이 사이 어딘가에 있는(내 말이 무슨 뜻인지 릭은 알 것이다) 릭 에드워드Rick Edwards에게도 감사하다고 말하고 싶다. 다들 내게 귀중한 도움을 줬지만 (사실이나 판단에) 남아 있는 모든 오류는 내 몫이다.

끝으로 회계의 역사에서 건축가의 일상 실무에 이르기까지 다양한 주제에 대한 통찰력으로 도움을 준 분들이 있다. 특정 순서 없이 그분들의 성함을 나열하겠다. 리처드 린들리Richard

Lindley, 젠스 호이럽Jens Hoyrup, 존 버터워스Jon Butterworth, 멜라니 베일리Melanie Bayley, 크리스토퍼 네이피어Christopher Napier, 키스 호스킨Keith Hoskin, 리처드 맥브Richard Macve, 맨프레드 졸너Manfred Zollner, 장자크 크래피어Jean-Jacques Crappier, 에르달 아리칸Erdal Arikan, 래드포드 닐Radford Neal, 닉 킹스베리Nick Kingsbury, 데이비드 블록리David Blockley 그리고 앤드루 화이트허스트Andrew Whitehurst에게 감사의 마음을 전한다.

2021년 5월
마이클 브룩스

미주

머리말

1. Peter Gordon, 'Numerical cognition without words: evidence from Amazonia', *Science* 306, no. 5695 (15 October 2004): 496-99, https://doi.org/10.1126/science.1094492.

2. 칼렙 에버레트[Caleb Everett], 《숫자는 어떻게 인류를 변화시켰을까》(김수진 옮김, 2021. 6. 30., 동아엠앤비)

3. Rachel Nuwer, 'Babies are born with some math skills', *Science | AAAS*, 21 October 2013, https://www.sciencemag.org/news/2013/10/babies-areborn-some-math-skills.

4. John Dee, *The Mathematicall Praeface to Elements of Geometrie of Euclid of Megara*, http://www.gutenberg.org/files/22062/22062-h/22062-h.htm.

1장: 산술

1.　Richard Brooks, Bean Counters: *the triumph of the accountants and how they broke capitalism* (London: Atlantic Books, 2019)

2.　François-Auguste-Marie-Alexis Mignet, *History of the French Revolution from 1789 to 1814*, https://www.gutenberg.org/files/9602/9602-8.txt.

3.　제이콥 솔Jacob Soll, 《회계는 역사를 어떻게 지배해왔는가: 르네상스부터 리먼 사태까지 회계로 본 번영과 몰락의 세계사》(정해영 옮김, 2016. 4. 18., 메멘토)

4.　Founders Online, 'From Alexander Hamilton to Robert Morris, [30 April 1781]',http://founders.archives.gov/documents/Hamilton/01-02-02-1167.

5.　더 오래된 수학적 유물로 언급되는 또 다른 뼈가 있다. 레봄보Lebombo 뼈로 알려진 이 뼈는 약 4만 3,000년 된 것으로 추정되며 총계 표시일 수 있는 몇몇 눈금이 있다. 하지만 이 눈금에 대해서는 상당한 의문이 있다. 그래서 이 뼈를 발견한 남아프리카 고고학자 피터 버몬트Peter Beaumont도 이 눈금이 수학적 총계를 나타낸다고 분명하게 주장하진 않는다.

6.　Thorsten Fehr, Chris Code, and Manfred Herrmann, 'Common brain regions underlying different arithmetic operations as revealed by conjunct f MRI-BOLD activation', *Brain Research* 1172 (3 October 2007): 93-102, https://doi.org/10.1016/j.brainres.2007.07.043.

7.　Simone Pika, Elena Nicoladis, and Paula Marentette, 'How to order a beer: cultural differences in the use of conventional gestures for numbers', *Journal of Cross-Cultural Psychology* 40, no. 1 (1 January

2009): 70-80, https://doi.org/10.1177/0022022108326197.

8.   Georges Ifrah, *From One to Zero: a universal history of numbers* (New York: Penguin Books, 1987).

9.   Ilaria Berteletti and James R. Booth, 'Perceiving fingers in single-digit arithmetic problems', *Frontiers in Psychology 6* (16 March 2015), https://doi.org/10.3389/fpsyg.2015.00226.

10.   Brian Butterworth, *The Mathematical Brain* (London: Macmillan, 1999).

11.   Jens Høyrup, 'State, "justice", scribal culture and mathematics in ancient Mesopotamia: Sarton Chair Lecture', *Sartoniana* 22 (2009): 13-45.

12.   Jens Høyrup, 'On a collection of geometrical riddles and their role in the shaping of four to six "algebras"', *Science in Context* 14, no. 1-2 (June 2001): 85-131, https://doi.org/10.1017/S0269889701000047. (정답은 4.874이다. 이 값은 아직 우리가 살펴보지 못한 근의 공식으로 풀 수 있다.)

13.   Crappier J.-J., Farinetto C., Gascou P., Maunoury C., Maunoury F. & Mateusen G., 'The Akan Weighing System restored after 120 years of oblivion. A metrological study of 9301 geometric gold-weights', *Colligo*, 2(2) (21 November 2019), https://perma.cc/H494-E42R.

14.   E.W. Scripture, 'Arithmetical prodigies', *American Journal of Psychology* 4, no. 1 (1891): 1-59, https://doi.org/10.2307/1411838.

15.   Sylvie Duvernoy, 'Leonardo and theoretical mathematics', in *Nexus Network Journal: Leonardo da Vinci: Architecture and Mathematics*, ed. Sylvie Duvernoy (Basel: Birkhäuser, 2008), 39-49, https://doi.org/10.1007/978-3-7643-8728-0_5.

미주
•

16. 레오나르도에게 동정심을 느끼는 것도 이해할 만하다. 물론 어떤 수를 1보다 작은 수로 나누면 크기가 커진다. 하지만 더 쉽게 이해할 수 있도록 예를 들어보겠다. 초콜릿 바 10개를 5개의 아이스하키 팀에게 골고루 나눠준다고 하자. 그러면 각 팀은 2개의 초콜릿 바를 얻는다. 이제는 2개 팀에게만 초콜릿 바를 나눠주자. 이 경우 각 팀은 5개의 초콜릿 바를 갖는다. 즉, 나누는 수가 작아질수록 그 몫이 커진다. 나누는 수가 1보다 작아도 마찬가지다. 자, 그럼 1보다 작은 수로 나눠보겠다. 초콜릿 바 10개를 한 팀의 1/3에게만 나눠준다고 하자. 아이스하키 팀의 1/3은 2명이다. 따라서 10개의 초콜릿 바를 선수 2명에게 나눠주면 선수 1명당 5개의 초콜릿 바를 받는다. 하지만 5×6=30이므로 선수 1명당 5개의 초콜릿 바를 받는다는 건 한 팀에 30개의 초콜릿 바를 주는 것과 같다. 따라서 10을 1/3로 나누면 30이다.

17. Julie McNamara and Meghan M. Shaughnessy, 'Student errors: what can they tell us about what students DO Understand?', Math Solutions, 2011, http://akrti2015.pbworks.com/f/StudentErrors_JM_MS_Article.pdf.

18. 첫 번째 질문의 답은 2/7, 1/2, 5/9다. 두 번째 질문의 답은 2다. 이 답을 얻으려면 어림(12/13과 7/8은 모두 1에 가까우므로 두 분수의 합은 2에 가깝다)으로 계산하거나 분모를 통분한 뒤 분자 크기만 비교한다. 12/13의 분자, 분모에 8을 곱하면 96/104로 바뀐다. 그다음 7/8의 분자, 분모에 13을 곱하면 91/104로 바뀐다. 이제 두 분수의 분자끼리 더한다. 96+91=187이므로 두 분수의 합은 187/104이다. 이 값은 약 1.8이므로 가장 가까운 수는 2다.

19. 피보나치수열은 먼저 0과 1로 시작한 다음 앞의 두 수를 더해 바로 뒤의 수를 얻는 숫자 배열이다. 따라서 첫 12개 숫자는 0, 1, 1, 2, 3, 5, 8, 13, 21, 34, 55, 89다.

20. Blaise Pascal, Pensées, https://www.gutenberg.org/files/18269/ 18269-h/18269-h.htm.

21. John Wallis, 'A Treatise of Algebra, Both Historical and Practical', *Philosophical Transactions of the Royal Society of London* 15, no. 173 (1 January 1685): 1095-1106, https://doi.org/10.1098/ rstl.1685.0053.

22. 찰스 세이프Charles Seife, 《무의 수학 무한의 수학》(고중숙 옮김, 2011. 2. 15., 시스테마)

23. 로버트 카플란Robert Kaplan, 《존재하는 무 0의 세계》(심재관 옮김, 2003. 2. 15., 이끌리오)

24. 'The Internet Classics Archive | Physics by Aristotle', http://classics. mit.edu/Aristotle/physics.html.

25. Jian Weng et al., 'The effects of long-term abacus training on topological properties of brain functional networks', *Scientific Reports* 7, no. 1 (18 August 2017): 8862, https://doi.org/10.1038/ s41598-017-08955-2.

26. Richard Goldthwaite, 'The practice and culture of accounting in Renaissance Florence', *Enterprise & Society* 16, no. 3 (September 2015): 611-47, https://doi.org/10.1017/eso.2015.17.

27. Jane Gleeson-White, *Double Entry: how the merchants of Venice created modern finance* (New York: W.W. Norton & Co, 2012).

28. Michael Schemmen, *The Rules of Double-Entry Bookkeeping(a Translation of Particularis de Computis et Scripturis)* (IICPA Publications, 1494).

29. Steven Anzovin and Janet Podell, Famous *First Facts, International Edition: a record of first happenings, discoveries,*

and inventions in world history (New York: H.W. Wilson, 2000).

30. Edward Peragallo, 'Jachomo Badoer, Renaissance man of commerce, and his ledger', *Accounting and Business Research* 10, sup1 (1 March 1980): 93-101, https://doi.org/10.1080/00014788.1 979.9728774.

31. Allan Nevins, *John D Rockefeller: The Heroic Age Of American Enterprise* (New York: Charles Scribner's Sons, 1940), http://archive.org/ details/in.ernet.dli.2015.58470.

32. Neil McKendrick, 'Josiah Wedgwood and cost accounting in the Industrial Revolution', *Economic History Review* 23, no. 1 (1970): 45-67, https://doi.org/10.2307/2594563.

33. Gleeson-White, Double Entry.

34. 상동

2장: 기하학

1. Andrew Kurt, 'The search for Prester John, a projected crusade and the eroding prestige of Ethiopian kings, c.1200-c.1540', *Journal of Medieval History* 39, no. 3 (1 September 2013): 297-320, https://doi. org/10.1080/03044181.2013.789978.

2. W.G.L. Randles, 'The alleged nautical school founded in the fifteenth century at Sagres by Prince Henry of Portugal, called the "Navigator"', *Imago Mundi* 45, no. 1 (1 January 1993): 20-28, https:// doi.org/10.1080/03085699308592761.

3. Carl Huffman, 'Pythagoras', in *The Stanford Encyclopedia of Philosophy*, ed. Edward N. Zalta, Winter 2018 edition (Metaphysics

Research Lab, Stanford University, 2018), https://plato.stanford.edu/archives/win2018/entries/pythagoras/.

4. Margaret E. Schotte, *Sailing School: navigating science and skill, 1550–1800* (Baltimore, MD: Johns Hopkins University Press, 2019).

5. E.G.R. Taylor, 'Mathematics and the navigator in the thirteenth century', *Journal of Navigation* 13, no. 1 (January 1960): 1-12, https://doi.org/10.1017/S0373463300037176.

6. James Alexander, 'Loxodromes: A rhumb way to go', *Mathematics Magazine* 77, no. 5 (2004): 349-56, https://www.tandfonline.com/doi/abs/10.1080/0025570X.2004.11953279.

7. 'The four voyages', in *Christopher Columbus and the Enterprise of the Indies: A Brief History* with Documents, ed. Geoffrey Symcox and Blair Sullivan (New York: Palgrave Macmillan US, 2005), 60-139, https://doi.org/10.1007/978-1-137-08059-2_3.

8. Mark Monmonier, 'The lives they lived: John P. Snyder; the Earth made flat', *The New York Times*, 4 January 1998, sec. Magazine, https://www.nytimes.com/1998/01/04/magazine/the-lives-they-lived-john-p-snyder-the-earthmade-flat.html.

9. John W. Hessler, *Projecting Time: John Parr Snyder and the development of the Space Oblique Mercator*, Philip Lee Phillips Society Occasional Paper Series, No. 5 (Washington, DC: Geography and Map Division, Library of Congress, 2004), https://www.loc.gov/rr/geogmap/pdf/plp/occasional/OccPaper5.pdf.

10. Helge Svenshon, 'Heron of Alexandria and the dome of Hagia Sophia in Istanbul', Karl-Eugen Kurrer, Werner Lorenz, Volker Wetzk (eds), *Proceedings of the Third International Congress on*

Construction History (Cottbus 2009), Vol. 3, pp. 1387-1394, https://www.academia.edu/3177251/Heron_of_Alexandria_and_the_Dome_of_Hagia_Sophia_in_Istanbul.

11. Giulia Ceriani Sebregondi and Richard Schofield, 'First principles: Gabriele Stornaloco and Milan Cathedral', *Architectural History* 59 (2016): 63-122, https://doi.org/10.1017/arh.2016.3.

12. Krisztina Fehér et al., 'Pentagons in medieval sources and architecture', *Nexus Network Journal* 21, no. 3 (1 December 2019): 681-703, https://doi.org/10.1007/s00004-019-00450-7.

13. Samuel Y. Edgerton, *The Mirror, the Window, and the Telescope: how Renaissance linear perspective changed our vision of the universe* (Ithaca, NY: Cornell University Press, 2009).

14. Antonio Manetti, *The Life of Brunelleschi* (University Park, PA: Pennsylvania State University Press, 1970).

15. Marjorie Licht and Peter Tigler, 'Filarete's Treatise on Architecture (Yale Publications in the History of Art, 16), trans. with intro. by John R. Spencer', *The Art Bulletin* 49, no. 4 (1 December 1967): 351-60, https://doi.org/10.1080/00043079.1967.10788676.

16. Leon Battista Alberti, *On Painting* (London: Penguin, 1991).

17. Evelyn Lamb, 'The slowest way to draw a lute', Scientific American Blog Network, https://blogs.scientificamerican.com/roots-of-unity/the-slowestway-to-draw-a-lute/.

18. Albrecht Dürer, *Memoirs of Journeys to Venice and the Low Countries*, trans. Rudolf Tombo (Auckland: Floating Press, 2010), http://search.ebscohost.com/login.aspx?direct=true&scope=site&db=nlebk&db=nlabk&AN=330759.

19. Kay E. Ramey, Reed Stevens, and David H. Uttal, 'In-FUSE-ing STEAM learning with spatial reasoning : distributed spatial sensemaking in schoolbased making activities', *Journal of Educational Psychology* 112, no. 3 (2020): 466-93, https://doi.org/10.1037/edu0000422.

20. Isabel S. Gordon and Sophie Sorkin, *The Armchair Science Reader* (New York: Simon and Schuster, 1959).

21. Michael Francis Atiyah, *Collected Works*, vol. 6 (Oxford: Clarendon Press, 1988).

3장: 대수학

1. 'FedEx History', FedEx, https://www.fedex.com/en-us/about/history.html.

2. Kent E. Morrison, 'The FedEx problem', *College Mathematics Journal* 41, no. 3 (May 2010): 222-32, https://doi.org/10.4169/074683410X488719.

3. John Hadley and David Singmaster, 'Problems to sharpen the young', *Mathematical Gazette* 76, no. 475 (1992): 102-26, https://doi.org/10.2307/3620384.

4. 소는 총 12마리가 있었다. 소 2마리를 달라고 한 사람은 4마리가 있었고 소 2마리를 준 사람은 8마리를 갖고 있었다. 리넨 천 1장으로는 100개의 튜닉을 만들 수 있다.

5. Terry Moore, 'Why X marks the unknown', *Cosmos Magazine*, 14 June 2015, https://cosmosmagazine.com/mathematics/why-x-marks-unknown-0/.

6. Florian Cajori, *A History of Mathematical Notations, Volume I: Notations in Elementary Mathematics* (London: The Open Court Company, Publishers, 1928), http://archive.org/details/historyofmathema031756mbp.

7. Jens Høyrup, 'Algebra in cuneiform: Introduction to an Old Babylonian geometrical technique', Max-Planck-Institut für Wissenschaftsgeschichte, Preprint Vol. 452, 2013, https://forskning.ruc.dk/en/publications/algebrain-cuneiform-introduction-to-an-old-babylonian-geometrica.

8. Will Woodward, 'Make maths optional — union leader', *The Guardian*, 22 April 2003, http://www.theguardian.com/uk/2003/apr/22/schools.politics.

9. House of Commons Hansard Debates for 26 Jun 2003, https://publications.parliament.uk/pa/cm200203/cmhansrd/vo030626/debtext/30626-22.htm, in col. 1264.

10. Ana Susac and Sven Braeutigam, 'A case for neuroscience in mathematics education', *Frontiers in Human Neuroscience 8* (21 May 2014), https://doi.org/10.3389/fnhum.2014.00314.

11. Georg Christoph Lichtenberg, *Briefwechsel, Band III: 1785-1792*, eds Ulrich Joost and Albrecht Schöne (Munich: Beck, 1990).

12. Wilhelm Ostwald, 'Über Papierformate', *Mitteilungen des Normenausschusses der Deutschen Industrie* 12 (November 1918): 199-200, https://www.cl.cam.ac.uk/~mgk25/volatile/DIN-A4-origins.pdf.

13. J. Robert Oppenheimer, 'Physics in the contemporary world', *Bulletin of the Atomic Scientists* 4, no. 3 (1 March 1948): 65-86,

https://doi.org/10.1080/00963402.1948.11460172.

14. Matteo Valleriani, 'The Nova scientia: transcription and translation', 18 April 2013, https://edition-open-sources.org/sources/6/12/index.html.

15. W. J. Hurley and J. S. Finan, 'Military operations research and Digges's Stratioticos', *Military Operations Research* 22, no. 2 (2017): 39-46.

16. Michael Brooks, *The Quantum Astrologer's Handbook* (Scribe, 2017)

17. 큰 정육면체 한 모서리의 길이를 t라고 할 때 카르다노는 $t^3 = u^3 + (t-u)^3 + 2tu(t-u) + u^2(t-u) + u(t-u)^2$라고 했다. 여기서 u는 작은 정육면체 한 모서리의 길이를 말한다. 이 식을 정리하면 $(t-u)^3 + 3tu(t-u) = t^3 - u^3$이므로 $x = t-u$가 된다. 이 식은 처음 식 $x^3 + mx = n$과 정확히 같은 구조므로 $m = 3tu$고 $n = t^3u^3$이다. 이 식을 조금 더 정리하면($u = m/3t$를 $t^3 - u^3$에 대입하면) $(t^3)2 - n(t^3) - m^3/27 = 0$이다. 이 정리가 별로 도움이 되지 않는다고 생각하겠지만 사실 도움이 된다. 위의 식에서 t^3대신 x를 넣으면 오늘날의 2차방정식이 되고 2차방정식의 해를 구하는 방법은 이미 알려져 있다.

18. Phil Patton, 'The shape of Ford's success', *The New York Times*, 24 May 1987, sec. Magazine, https://www.nytimes.com/1987/05/24/magazine/theshape-of-ford-s-success.html.

19. jdhao, 'The mathematics behind font shapes — Bézier curves and more', 27 November 2018, https://jdhao.github.io/2018/11/27/font_shape_mathematics_bezier_curves/.

20. Tony Rothman, 'Genius and biographers: the fictionalization of Evariste Galois', *American Mathematical Monthly* 89, no. 2 (1982):

미주
•

84-106, https://doi.org/10.2307/2320923.

21. 'Celebrate the mathematics of Emmy Noether', *Nature* 561, no. 7722 (12 September 2018): 149-50, https://doi.org/10.1038/d41586-018-06658-w.

22. Albert Einstein, 'The late Emmy Noether.; Professor Einstein writes in appreciation of a fellow-mathematician', *The New York Times*, 4 May 1935, https://www.nytimes.com/1935/05/04/archives/the-late-emmy-noetherprofessor-einstein-writes-in-appreciation-of.html.

23. *The Collected Papers of Albert Einstein, Volume 8: The Berlin Years: Correspondence*, 1914-1918 (English Translation Supplement), page 217 (245 of 742)', https://einsteinpapers.press.princeton.edu/vol8-trans/245.

24. F. Hirzebruch, 'Emmy Noether and topolog y', http://webcache.googleusercontent.com/search?q=cache:iMmQ_GuV370J:www.mathe2.uni-bayreuth.de/axel/papers/hierzebruch:emmy_noether_and_topolog y.ps.gz+&cd=13&hl=en&ct=clnk&gl=uk.

25. Sergey Brin and Lawrence Page, 'The Anatomy of a Search Engine', http://infolab.stanford.edu/~backrub/google.html.

26. Kurt Bryan and Tanya Leise, 'The $25,000,000,000 eigenvector: the linear algebra behind Google', *SIAM Review* 48, no. 3 (January 2006): 569-81, https://doi.org/10.1137/050623280.

27. P. Wei, L. Chen, and D. Sun, 'Algebraic connectivity maximization of air transportation network: the flight routes' addition/deletion problem', Transportation Research Part E: *Logistics and Transportation Review* 61 (January 2014): 13-27.

28. Harald Hagemann, Vadim Kufenko, and Danila Raskov, 'Game theory modeling for the Cold War on both sides of the Iron Curtain', *History of the Human Sciences* 29, no. 4-5 (1 October 2016): 99-124, https://doi.org/10.1177/0952695116666012.

29. 'Solving Fermat: Andrew Wiles', https://www.pbs.org/wgbh/nova/proof/wiles.html.

30. Keith J. Devlin, *The Millennium Problems: The Seven Greatest Unsolved Mathematical Puzzles of Our Time* (New York: Basic Books, 2002).

4장: 미적분학

1. Gallup Poll, http://ibiblio.org/pha/Gallup/Gallup%201940.htm.

2. 7월 여론조사의 전체 질문은 '미국이 독일과 이탈리아를 상대로 전쟁을 벌일 예정이라는 문제로 향후 2주 이내 국민 투표를 한다면 전쟁에 참여하겠는가 아니면 전쟁에 참여하지 않겠는가?'였다. 9월 미국 국민은 '이 두 가지 중 어느 쪽이 미국에 가장 중요하다고 생각하는가? 우리 스스로 전쟁에 참전하지 않는 것 아니면 전쟁에 휘말릴 위험을 무릅쓰고 영국이 승리할 수 있도록 돕는 것'이라는 질문을 받았다. 1940년 12월 또 다른 여론조사가 이 질문을 반복했다. 응답자의 60퍼센트는 미국이 영국을 도와야 한다고 말했다.

3. Ralph Ingersoll, *Report on England: November* 1940 (New York: Simon and Schuster, 1940), http://archive.org/details/ReportOnEngland.

4. Peter Reese, 'The showgirl and the Schneider Trophy', *The History Press*, https://www.thehistorypress.co.uk/articles/the-showgirl-

and-the-schneidertrophy/.

5.   Jeffrey Quill, *Spitfire: a test pilot's story* (Manchester: Crécy, 1998).

6.   F.W. Lanchester, *Aerodynamics: constituting the first volume of a complete work on aerial flight* (London: Constable, 1907).

7.   Alfred Price, *Spitfire: a documentary history* (London: Macdonald and Jane's, 1977).

8.   Lance Cole, *Secrets of the Spitfire* (Pen & Sword, 2018).

9.   Stephen T. Ahearn, 'Tolstoy's integration metaphor from War and Peace', *American Mathematical Monthly* 112, no. 7 (2005), 631-38.

10.   Roberto Cardil, 'Kepler: The Volume of a Wine Barrel', http://www.matematicasvisuales.com/loci/kepler/doliometry.html.

11.   'A timeline of HIV and AIDS', HIV.gov, 11 May 2016, https://www.hiv.gov/hiv-basics/overview/history/hiv-and-aids-timeline.

12.   Alan S. Perelson, 'Modeling the interaction of the immune system with HIV', in *Mathematical and Statistical Approaches to AIDS Epidemiology*, ed. Carlos Castillo-Chavez, Lecture Notes in Biomathematics (Berlin: Springer, 1989), 350-70, https://doi.org/10.1007/978-3-642-93454-4_17.

13.   David D. Ho et al., 'Rapid turnover of plasma virions and CD4 lymphocytes in HIV-1 infection', *Nature* 373, no. 6510 (January 1995): 123-26, https://doi.org/10.1038/373123a0.

14.   Sarah Loff, 'Katherine Johnson biography', NASA, 22 November 2016, http://www.nasa.gov/content/katherine-johnson-biography.

15.   'Letter from Newton to John Collins, dated 8 November 1676', The Newton Project, http://www.newtonproject.ox.ac.uk/view/texts/normalized/NATP00272.

16. Richard S. Westfall, *Never at Rest: a biography of Isaac Newton* (Cambridge: Cambridge University Press, 1980).

17. William John Greenstreet, *Isaac Newton, 1642–1727: A Memorial Volume Edited for the Mathematical Association* (London: G. Bell, 1927).

18. Jeanne Peiffer, 'Jacob Bernoulli, teacher and rival of his brother Johann', *Electronic Journal for History of Probability and Statistics* 2/1 (June 2006).

19. Daniel Bernoulli and Sally Blower, 'An attempt at a new analysis of the mortality caused by smallpox and of the advantages of inoculation to prevent it', *Reviews in Medical Virology* 14, no. 5 (2004): 275-88, https://doi.org/10.1002/rmv.443.

20. Daniel Bernoulli, 'Exposition of a new theory on the measurement of risk', *Econometrica* 22, no. 1 (1954): 23-36, https://doi.org/10.2307/1909829.

21. 'July 1654: Pascal's letters to Fermat on the "problem of points"', http://www.aps.org/publications/apsnews/200907/physicshistory.cfm.

22. Erdinç Akyıldırım and Halil Mete Soner, 'A brief history of mathematics in finance', Borsa Istanbul Review 14, no. 1 (1 March 2014): 57-63, https://doi.org/10.1016/j.bir.2014.01.002.

23. Fischer Black and Myron Scholes, 'The pricing of options and corporate liabilities', Journal of Political Economy 81, no. 3 (1973): 637-54.

24. Robert C. Merton, 'On the pricing of corporate debt: the risk structure of interest rates', *Journal of Finance* 29, no. 2 (1974):

449-70, https://doi.org/10.1111/j.1540-6261.1974.tb03058.x.

25. Jørgen Veisdal, 'The Black-Scholes formula, explained', *Medium*, 4 July 2020, https://medium.com/cantors-paradise/the-black-scholes-formulaexplained-9e05b7865d8a.

26. Richard Stimson, 'Einstein's wing flops',https://wrightstories.com/einsteinswing-flops/.

27. *The Collected Papers of Albert Einstein, Volume 6: The Berlin Years: Writings, 1914–1917*, p. 402 (430 of 654)', https://einsteinpapers.press.princeton.edu/vol6-doc/430.

28. B. S. Shenstone, 'The Lotz method for calculating the aerodynamic characteristics of wings', *Aeronautical Journal* 38, no. 281 (May 1934): 432-44, https://doi.org/10.1017/S036839310010940X.

29. Price, *Spitfire*.

30. R.C.J. Howland and B.S. Shenstone, 'I. The inverse method for tapered and twisted wings', *The London, Edinburgh, and Dublin Philosophical Magazine and Journal of Science* 22, no. 145 (1 July 1936): 1-29, https://doi.org/10.1080/14786443608561663.

31. 'Adolf Galland: winged knight of the Luftwaffe', *Warfare History Network* (blog), 12 September 2016, https://warfarehistorynetwork.com/2016/09/12/adolf-galland-winged-knight-of-the-luftwaffe/.

32. Heinz Knoke and R. J Overy, *I Flew for the Führer: the memoirs of a Luftwaffe fighter pilot* (London: Frontline Books, 2012), http://site.ebrary.com/id/10651960.

5장: 로그

1. Steinar Thorvaldsen, 'Early numerical analysis in Kepler's new astronomy', *Science in Context* 23, no. 1 (March 2010): 39-63, https://doi.org/10.1017/S0269889709990238.

2. Brian Rice, Enrique González-Velasco, and Alexander Corrigan, 'John Napier', in *The Life and Works of John Napier*, ed. Brian Rice, Enrique González-Velasco, and Alexander Corrigan (Cham: Springer, 2017), 1-60, https://doi.org/10.1007/978-3-319-53282-0_1.

3. kip399, Arithmetic, Population and Energy — Full Length, 2012, https://www.youtube.com/watch?v=sI1C9DyIi_8.

4. Victor Stango and Jonathan Zinman, 'Exponential growth bias and household finance', *Journal of Finance* 64, no. 6 (2009): 2807-49, https://doi.org/10.1111/j.1540-6261.2009.01518.x.

5. Matthew R. Levy and Joshua Tasoff, 'Exponential-growth bias and overconfidence', *Journal of Economic Psychology* 58 (1 February 2017): 1-14, https://doi.org/10.1016/j.joep.2016.11.001.

6. Alessandro Romano. Chiara Sotis, Goran Dominioni, and Sebastián Guidi, 'The public do not understand logarithmic graphs used to portray COVID-19', LSE COVID-19 (blog), 19 May 2020, https://blogs.lse.ac.uk/covid19/2020/05/19/the-public-doesnt-understand-logarithmic-graphsoften-used-to-portray-covid-19/.

7. Tobias Dantzig and Joseph Mazur, *Number: the language of science* (New York: Plume, 2007).

8. Kevin Brown, *Reflections on Relativity* (Lulu.com, 2011).

9. 'Henry Briggs — biography', Maths History,https://mathshistory.standrews.ac.uk/Biographies/Briggs/.

10. 'Statistical Accounts of Scotland: Killearn, County of Stirling, OSA, Vol. XVI, pp. 108-09, 1795, https://stataccscot.edina.ac.uk/static/statacc/dist/viewer/osa-vol16-Parish_record_for_Killearn_in_the_county_of_Stirling_in_volume_16_of_account_1/.

11. Walter W. Bryant, *A History of Astronomy* (London, Methuen, 1907), http://archive.org/details/ahistoryastrono01bryagoog.

12. Max Caspar and Clarisse Doris Hellman, *Kepler* (New York: Dover Publications, 1993).

13. Christopher J. Sangwin, 'Newton's polynomial solver',https://www.sliderulemuseum.com/REF/NewtonsPolynomialSolver_byChristopherJSangwin2002.pdf.

14. Richard Davis and Ted Hume, *Oughtred Society Slide Rule Reference Manual* (Roseville, CA: The Oughtred Society), http://www.oughtred.org/books/OSSlideRuleReferenceManualrevA.pdf.

15. 'The curve is exponential',https://www.atomicarchive.com/history/firstpile/firstpile_10.html.

16. Claudia Dreifus, 'In the footsteps of his uncle, then his father', *The New York Times*, 14 August 2007, sec. Science, https://www.nytimes.com/2007/08/14/science/14conv.html.

17. U.G. Mitchell and Mary Strain, 'The number e', *Osiris* 1 (1936): 476-96.

18. Académie des inscriptions et belles-lettres (France) Auteur du texte, 'Le Journal Des Sçavans', issue, Gallica (1846): 51, https://gallica.bnf.fr/ark:/12148/bpt6k57253t.

19. Wolfgang Karl Härdle and Annette B. Vogt, 'Ladislaus von Bortkiewicz — statistician, economist and a European intellectual',

International Statistical Review 83, no. 1 (April 2015): 17-35, https://doi.org/10.1111/insr.12083.

6장: 허수

1. 'Dudley Craven', http://www.dudleycraven.com/.

2. 폴 나힌Paul J. Nahin, 《*허수 이야기: √-1의 어제와 오늘*》(허민 옮김, 2004. 1. 5., 경문사)

3. Emelie Kenney, 'Cardano: "arithmetic subtlety" and impossible solutions', *Philosophia Mathematica* s2-4, no. 2 (1 January 1989): 195-216, https://doi.org/10.1093/philmat/s2-4.2.195.

4. 로저 펜로즈Roger Penrose, 《*실체에 이르는 길: 우주의 법칙으로 인도하는 완벽한 안내서*》(박병철 옮김, 2010. 11. 30., 승산).

5. 리처드 P. 파인만Richard P. Feynman, 《*물리법칙의 특성*》(안동완 옮김, 2016. 1. 8., 해나무)

6. Guido Bacciagaluppi and Antony Valentini, *Quantum Theory at the Crossroads: reconsidering the 1927 Solvay Conference* (Cambridge: Cambridge University Press, 2009).

7. Eugene P. Wigner, 'The unreasonable effectiveness of mathematics in the natural sciences. Richard Courant Lecture in Mathematical Sciences delivered at New York University, May 11, 1959', *Communications on Pure and Applied Mathematics* 13, no. 1 (1960): 1-14, https://doi.org/10.1002/cpa.3160130102.

8. John Baez, 'The octonions', *Bulletin of the American Mathematical Society* 39, no. 2 (2002): 145-205, https://doi.org/10.1090/S0273-0979-01-00934-X.

9.   Simon L. Altmann, 'Hamilton, Rodrigues, and the quaternion scandal', *Mathematics Magazine* 62, no. 5 (1989): 291-308, https://doi.org/10.2307/2689481.

10.   Melanie Bayley, 'Alice's adventures in algebra: Wonderland solved', *New Scientist*, 19 December 2009, https://www.newscientist.com/article/mg20427391-600-alices-adventures-in-algebra-wonderland-solved/.

11.   Melanie Bayley, Email communication with author, 22 April 2020.

12.   월터 아이작슨Walter Isaacson, 《아인슈타인 삶과 우주》(이덕환 역, 2014. 8. 5., 까치).

13.   폴 핼펀Paul Halpern, 《아인슈타인이 주사위와 슈뢰딩거의 고양이》(김성훈 역, 2016. 12. 20., 플루토).

14.   Graduate Mathematics, Michael Atiyah, *From Quantum Physics to Number Theory* [2010], 2015, https://www.youtube.com/watch?v=zCCxOE44M_M.

15.   *Proceedings of the International Electrical Congress Held in the City of Chicago, August 21st to 25th, 1893* (New York, American Institute of Electrical Engineers, 1894), http://archive.org/details/proceedingsinte01chicgoog.

16.   'Modern Jove hurls lightning at will; million-horse-power forked tongues crackle and flash in laboratory. To perfect arresters Dr. Steinmetz's artificial bolts shatter wood, and wire vanishes in dust', *The New York Times*, 3 March 1922, https://www.nytimes.com/1922/03/03/archives/modern-jove-hurlslightning-at-will-millionhorsepower-forked.html.

17.   Letters to the Editor, *LIFE* magazine, May 14, 1965, 27, (Time Inc., 1965).

18. David Packard, David Kirby, and Karen R. Lewis, *The HP Way: how Bill Hewlett and I built our company* (New York: HarperBusiness, 1995).

7장: 통계

1. Ian Sutherland, 'John Graunt: a tercentenary tribute', *Journal of the Royal Statistical Society, Series A* 126, no. 4 (1963): 537, https://doi.org/10.2307/2982578.

2. Max Roser, Esteban Ortiz-Ospina, and Hannah Ritchie, 'Life expectancy', Our World in Data, 23 May 2013, https://ourworldindata.org/lifeexpectancy.

3. 'From the height of this place', Official Google Blog, https://googleblog.blogspot.com/2009/02/from-height-of-this-place.html.

4. 'Timeline of statistics',http://www.statslife.org.uk/images/pdf/timeline-ofstatistics.pdf.

5. Francis Galton, 'Eugenics: its definition, scope and aims', *American Journal of Sociology* 10, no. 1 (July 1904): 45-50, https://galton.org/essays/1900-1911/galton-1904-am-journ-soc-eugenics-scope-aims.htm.

6. George Bernard Shaw, 'Lecture to the Eugenics Education Society', *Daily Express*, 4 March 1910.

7. Winston Churchill, 'Asquith Papers, MS 12, Folios 224-8', 10 December 1910.

8. 스티븐 제이 굴드Stephen Jay Gould, 《인간에 대한 오해》(김동광 역, 2003. 7. 4., 사회평론).

9. Adrian J. Desmond and James R. Moore, *Darwin's Sacred Cause: race, slavery and the quest for human origins* (London: Penguin

Books, 2013).

10.   Angela Saini, *Superior: the return of race science* (London: 4th Estate, 2020).

11.   Francis Galton, 'Vox Populi', *Nature* 75, no. 1949 (7 March 1907): 450-51, https://galton.org/essays/1900-1911/galton-1907-vox-populi.pdf.

12.   Francis Galton, 'I. Co-relations and their measurement, chiefly from anthropometric data', *Proceedings of the Royal Society of London* 45, no. 273-279 (1 January 1889): 135-45, https://doi.org/10.1098/rspl.1888.0082.

13.   Francis Galton, 'The history of twins' (1875), https://galton.org/essays/1870-1879/galton-1875-history-of-twins.htm.

14.   Simon Scarr and Marco Hernandez, 'Drowning in plastic: visualising the world's addiction to plastic bottles', Reuters (4 September 2019), https://graphics.reuters.com/ENVIRONMENT-PLASTIC/0100B275155/index.html.

15.   'The Sick and Wounded Fund', *The Times*, 8 February 1855.

16.   Lynn McDonald (ed.) *Florence Nightingale: The Crimean War*, The Collected Works of Florence Nightingale, Vol. 14 (Waterloo, Ontario: Wilfrid Laurier University Press, 2010).

17.   Michael D. Maltz, 'From Poisson to the present: applying operations research to problems of crime and justice', *Journal of Quantitative Criminology* 12, no. 1 (1 March 1996): 3-61, https://doi.org/10.1007/BF02354470.

18.   World Health Organization, 'Cancer: carcinogenicity of the consumption of red meat and processed meat', accessed 8 January

2021, https://www.who.int/news-room/q-a-detail/cancer-carcinogenicity-of-the-consumption-ofred-meat-and-processed-meat.

19. Ronald Aylmer Fisher et al., *Statistical Methods, Experimental Design, and Scientific Inference* (Oxford [England]; New York: Oxford University Press, 1990).

20. Tommaso Dorigo, 'Demystifying The Five-Sigma Criterion', Science 2.0, 14 August 2014, https://www.science20.com/quantum_diaries_survivor/demystifying_fivesigma_criterion_part_ii-118442.

21. Royal Statistical Society, 'Royal Statistical Society concerned by issues raised in Sally Clark case', news release (23 October 2001), http://www.inference.org.uk/sallyclark/RSS.html.

22. Vincent Scheurer, 'Convicted on Statistics?', Understanding Uncertainty, https://understandinguncertainty.org/node/545.

23. 당신 마음속에서 내가 무죄일 확률(H)은 30퍼센트 또는 0.3이다. 우리가 알아내고 싶은 건 증거 E를 고려할 때 내가 무죄일 확률이다. 이 확률을 구하려면 먼저 내 혈액이 범죄 현장의 혈액과 일치할 확률 P(E)을 알아야 한다. 이 확률은 두 가지 확률의 합이다. 첫 번째로 구할 확률은 내가 무죄일 때 혈액이 일치할 확률과 내가 무죄인 확률의 곱이다.

$$P(E|H) \times P(H)$$

여기서 P(E | H)는 내 혈액이 무고한 사람의 혈액과 일치할 확률로 35 퍼센트 또는 0.35다. 따라서 첫 번째 확률을 계산하면 0.35×0.3, 즉 0.105다.

두 번째로 구할 확률은 내가 결백하지 않을 경우(100퍼센트 또는 1) 혈액이 일치할 확률과 65퍼센트 또는 0.65로 내가 유죄일 확률의 곱이다.

$$P(E \mid \text{not } H) \times P(\text{not } H)$$

따라서 이 확률은 1×0.65, 즉 0.65이다.

이제 두 확률을 더하면 0.105+0.65=0.755이 된다. 이 확률이 바로 P(E), 즉 내 혈액이 범죄 현장의 혈액과 일치할 확률이다. 따라서 내가 무죄일 확률은 당신의 원래 추정치 P(H | E), 내 혈액이 무고한 사람의 혈액과 일치할 확률 P(E | H) 그리고 현장에서 발견된 혈액이 내 일치할 확률 P(E)의 조합이다. 그래서 다음과 같은 등식이 주어진다.

$$P(H \mid E) = P(H) \times \frac{P(E \mid H)}{P(E)}$$
$$= 0.3 \times \frac{0.35}{0.755}$$
$$= 0.14$$

따라서 내가 무죄일 확률은 14퍼센트임을 보여준다.

24. 'State v. Spann, 617 A.2d 247, 130 N.J. 484', CourtListener, https://www.courtlistener.com/opinion/2389693/state-v-spann/.

25. 'State v. Spann', Casetext, https://casetext.com/case/state-v-spann-17.

26. Thomas Levenson, *Newton and the Counterfeiter: the unknown detective career of the world's greatest scientist* (London: Faber, 2010).

27. E. G. V. Newman, 'The gold metallurg y of Isaac Newton', Gold

Bulletin 8, no. 3 (1 September 1975): 90-95, https://doi.org/10.1007/BF03215077.

28. Joan Fisher Box, 'Guinness, Gosset, Fisher, and small samples', *Statistical Science* 2, no. 1 (February 1987): 45-52, https://doi.org/10.1214/ss/1177013437.

29. David Brillinger, 'John W. Tukey: his life and professional contributions', Annals of Statistics 30 (1 December 2002), https://doi.org/10.1214/aos/1043351246.

30. Francis Galton, 'Personal identification and description', Nature 38 (21-28 June 1888): 173-77, 201-02,https://galton.org/essays/1880-1889/galton1888-nature-personal-id.pdf.

31. Simon Newcomb, 'Note on the frequency of use of the different digits in natural numbers', *American Journal of Mathematics* 4, no. 1/4 (1881): 39, https://doi.org/10.2307/2369148.

32. 'From Johnstown flood to research lab — a success story', *The Michigan Alumnus*, 28 October 1939.

33. Frank Benford, 'The law of anomalous numbers', *Proceedings of the American Philosophical Society* 78, no. 4 (1938): 551-72.

8장: 정보이론

1. Brandon C. Look, 'Gottfried Wilhelm Leibniz', in *The Stanford Encyclopedia of Philosophy*, ed. Edward N. Zalta, Spring 2020 (Metaphysics Research Lab, Stanford University, 2020), https://plato.stanford.edu/archives/spr2020/entries/leibniz/.

2. Jerry M. Lodder, 'Binary arithmetic: from Leibniz to von Neumann',

in *Resources for Teaching Discrete Mathematics*, ed. Brian Hopkins (Washington DC: Mathematical Association of America, 2009), 169-78, https://doi.org/10.5948/UPO9780883859742.023.

3. Jan Krikke, *Digital Dragon: the road to Nirvana runs through the Land of Tao* (CreateSpace, 2017).

4. 'Explanation of binary arithmetic (1703)', http://www.leibniz-translations.com/binary.htm.

5. Mary Everest Boole, *Indian Thought and Western Science in the Nineteenth Century* (The Ceylon National Review, 1901), http://archive.org/details/indianthoughtwes00bool.

6. George Boole, *An Investigation of the Laws of Thought on which Are Founded the Mathematical Theories of Logic and Probabilities* (London: Walton and Maberly, 1854).

7. J. Venn, 'I. On the diagrammatic and mechanical representation of propositions and reasonings', *The London, Edinburgh, and Dublin Philosophical Magazine and Journal of Science* 10, no. 59 (1 July 1880): 1-18, https://doi.org/10.1080/14786448008626877.

8. C.E. Shannon, 'A symbolic analysis of relay and switching circuits', *Transactions of the American Institute of Electrical Engineers* 57, no. 12 (December 1938): 713-23, https://doi.org/10.1109/TAIEE.1938.5057767.

9. Erico Marui Guizzo, 'The essential message: Claude Shannon and the making of information theory' (master's thesis, Massachusetts Institute of Technolog y, 2003), https://dspace.mit.edu/handle/1721.1/39429.

10. A.M. Turing, 'Intelligent machinery' (National Physics Laboratory, 1948), https://www.npl.co.uk/getattachment/about-us/History/Famous-

faces/Alan-Turing/80916595-Intelligent-Machinery.pdf ?lang=en-GB.

11. C.E. Shannon, 'A mathematical theory of communication', *Bell System Technical Journal* 27, no. 3 (July 1948): 379-423, https://doi.org/10.1002/j.1538-7305.1948.tb01338.x.

12. M. Mitchell Waldrop, *The Dream Machine: J. C. R. Licklider and the revolution that made computing personal* (New York: Penguin, 2001).

13. R.V.L. Hartley, 'Transmission of information', *Bell System Technical Journal* 7, no. 3 (1928): 535-63, https://doi.org/10.1002/j.1538-7305.1928.tb01236.x.

14. 'Apollo expeditions to the Moon: Chapter 9.6', https://history.nasa.gov/SP-350/ch-9-6.html.

15. Bill Anders, '50 Years after 'Earthrise,' a Christmas Eve message from its photographer', Space.com, https://www.space.com/42848-earthrise-photoapollo-8-legacy-bill-anders.html.

16. NASA Content Administrator (Brian Dunbar), 'Excerpt from the "Special Message to the Congress on Urgent National Needs"', NASA (7 August 2017), http://www.nasa.gov/vision/space/features/jfk_speech_text.html.

17. L. Baulert, M. Easterling, S.W. Golomb, and A, Vitterbi, 'Coding theory and its applications to communications systems', JPL Technical Report No. 3267 (1961), http://archive.org/details/nasa_techdoc_19630005185.

18. United States Congress House Committee on Science and Astronautics, *1967 NASA Authorization: Hearings, Eighty-Ninth Congress, Second Session, on H. R. 12718* (Superseded by H. R. 14324) (Washington, DC: US Government Printing Office, 1966).

19. 'Engineering the communications system for Apollo 11 — general dynamics', https://gdmissionsystems.com/space/apollo11.

20. Email to author from NASA STI Information Desk, 'Re: 19770091020 — design philosophy of ', 20 August 2020.

21. G.D. Forney, 'Coding and its application in space communications', IEEE Spectrum 7, no. 6 (June 1970): 47-58, https://doi.org/10.1109/MSPEC.1970.5213419.

22. 칼 세이건Carl Sagan, 《창백한 푸른 점》(현정준 옮김, 2020. 3. 15., 사이언스북스).

23. 'Robert G. Gallager wins the 1999 Harvey Prize', https://wayback.archiveit.org/all/20070417175505/http://www.ee.ucla.edu/~congshen/robert_gallager.pdf.

24. Robert G. Gallager, 'Low-density parity-check codes' (1963), https://web.stanford.edu/class/ee388/papers/ldpc.pdf.

25. Enrico Guizzo, 'Closing in on the perfect code', IEEE Spectrum: Technolog y, Engineering, and Science News, https://spectrum.ieee.org/computing/software/closing-in-on-the-perfect-code.

26. 'Mars Reconnaissance Orbiter', https://mars.nasa.gov/mars-exploration/missions/mars-reconnaissance-orbiter.

27. Jung Hyun Bae, Ahmed Abotabl, Hsien-Ping Lin, Kee-Bong Song, and Jungwon Lee, 'An overview of channel coding for 5G NR cellular communications', APSIPA Transactions on Signal and Information Processing8 (24 June 2019), https://doi.org/10.1017/ATSIP.2019.10.https://doi.org/10.1017/ATSIP.2019.10.

28. C.E. Shannon, 'Communication theory of secrecy systems', Bell System Technical Journal 28, no. 4 (October 1949): 656-715, https://

doi.org/10.1002/j.1538-7305.1949.tb00928.x.

29. Albert W. Small, 'The Special Fish Report (1944)', https://www. codesandciphers.org.uk/documents/small/PAGE001.HTM.

30. B. Jack Copeland, *Colossus: The secrets of Bletchley Park's code-breaking computers* (New York: Oxford University Press, 2010).

31. Walter Jr Koenig, 'Final Report on Project C-43' (1944).

32. Tom Espiner, 'GCHQ pioneers on birth of public key crypto', ZDNet, https://www.zdnet.com/article/gchq-pioneers-on-birth-of-public-keycrypto/.

33. The original NSA post is no longer online, but is excerpted and discussed in Neal Koblitz and Alfred J. Menezes, 'A riddle wrapped in an enigma', 2015, https://eprint.iacr.org/2015/1018.

34. John Archibald Wheeler and International Symposium on the Foundations of Quantum Physics, 'Information, Physics, Quantum: The Search for Links' (Tokyo, 1989).

35. 세스 로이드Seth Lloyd, 《프로그래밍 유니버스》(오상철 옮김, 2007. 10. 31., 지호)

36. 지미 소니Jimmy Soni, 로이 굿맨Rob Goodman, 《저글러, 땜장이, 놀이꾼, 디지털 세상을 설계하다: 세상을 바꾼 괴짜 천재의 궁극의 놀이본능》(양병찬 옮김, 2020. 2. 20., 곰출판)

37. Daniel Oberhaus, 'Marvin Minsky on making the "most stupid machine of all"', https://www.vice.com/en/article/vv7enm/marvin-minsky-on-makingthe-most-stupid-machine-of-all-artificial-intelligence.

38. E.O. Thorp, 'The invention of the first wearable computer', in *Digest of Papers. Second International Symposium on Wearable*

Computers (Cat. No.98EX215), 1998, 4-8, https://doi.org/10.1109/ISWC.1998.729523.

39. Rogers, 'Claude Shannon's cryptography research during World War II and the mathematical theory of communication', in *1994 Proceedings of IEEE International Carnahan Conference on Security Technology*, 1994, 1-5, https://doi.org/10.1109/CCST.1994.363804.

40. John Horgan, 'Claude Shannon: tinkerer, prankster, and father of information theory', *IEEE Spectrum*: Technolog y, Engineering, and Science News (27 April 2016), https://spectrum.ieee.org/tech-history/cyberspace/claude-shannon-tinkerer-prankster-and-father-of-information-theory.

41. C. Shannon, 'The Bandwagon (Edtl.)', *IRE Transactions on Information Theory* 2, no. 1 (March 1956): 3-3, https://doi.org/10.1109/TIT.1956.1056774.

맺음말

1. Plato, Timaeus, https://www.gutenberg.org/files/1572/1572-h/1572-h.htm.

2. George Markowsky, 'Misconceptions about the golden ratio', *College Mathematics Journal* 23, no. 1 (1 January 1992): 2-19, https://doi.org/10.1080/07468342.1992.11973428.

3. 르코르뷔지에 Le Corbusier, 《건축을 향하여》(이관석 옮김, 2007. 9. 10., 동녘).